Technik im Fokus

Die Buchreihe Technik im Fokus bringt kompakte, gut verständliche Einführungen in ein aktuelles Technik-Thema.
Jedes Buch konzentriert sich auf die wesentlichen Grundlagen, die Anwendungen der Technologien anhand ausgewählter Beispiele und die absehbaren Trends.
Es bietet klare Übersichten, Daten und Fakten sowie gezielte Literaturhinweise für die weitergehende Lektüre.

Weitere Bände in der Reihe http://www.springer.com/series/8887

Michael Nolting

Künstliche Intelligenz in der Automobilindustrie

Mit KI und Daten vom Blechbieger zum Techgiganten

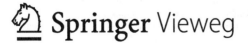 Springer Vieweg

Michael Nolting
Hannover, Deutschland

ISSN 2194-0770   ISSN 2194-0789   (electronic)
Technik im Fokus
ISBN 978-3-658-31566-5   ISBN 978-3-658-31567-2   (eBook)
https://doi.org/10.1007/978-3-658-31567-2

Die Deutsche Nationalbibliothek verzeichnet diese Publikation in der Deutschen Nationalbibliografie; detaillierte bibliografische Daten sind im Internet über http://dnb.d-nb.de abrufbar.

Fotonachweis Umschlag: autopilot-smart-car-scenario background/stock.adobe.com
Umschlaggestaltung: deblik Berlin

Verantwortlich im Verlag: Markus Braun
Springer Vieweg ist ein Imprint der eingetragenen Gesellschaft Springer Fachmedien Wiesbaden GmbH und ist ein Teil von Springer Nature.
Die Anschrift der Gesellschaft ist: Abraham-Lincoln-Str. 46, 65189 Wiesbaden, Germany

Für Finja und Sabrina

Vorwort

Es steht eine Disruption in der Automobilbranche an, die ihresgleichen sucht. Und ich bin jeden Tag froh darüber, dass ich ein Teil von diesem historischen Ereignis sein darf. Die automobile Wertschöpfungskette wird sich fundamental ändern. Daher müssen sich die Automobilhersteller und die komplette Dienstleisterbranche dieses Themas annehmen. Allerdings ist noch nicht klar, wo die Reise hingehen und enden wird. Keiner weiß, wie schnell das autonome Fahren vor Kunde verfügbar sein wird und wann die E-Mobilität die kritische Marktdurchdringung erreicht hat. Trotz dieser ganzen Unsicherheiten ist eines klar: Daten sind das neue Gold bzw. Öl unseres Jahrhunderts. Denn Daten bilden die Basis für Künstliche Intelligenz. Künstliche Intelligenz ist nur das Haus, welches mit Leben gefüllt werden soll. Und dieses Leben entsteht aus Daten. Da immer mehr Daten in der nahen Zukunft zur Verfügung stehen werden und die Rechenpower weltweit durch Cloud-Anbieter stets zunimmt, wird Künstliche Intelligenz definitiv ein Treiber sein, der die automobile Wertschöpfungskette disrumpieren wird. Dieses Buch soll alle Entscheider in der Automobilindustrie sowie Dienstleister, Studenten und sonstige Interessierte dabei unterstützen, diesen Trend und seine Auswirkungen besser zu verstehen, um fundierte Entscheidungen treffen zu können.

Seit ungefähr drei Jahren lebe ich ohne Zeitgefühl. Als ich anfangs noch alleine als Projektleiter bei einem der größten Automobilhersteller der Welt dastand und behauptete, dass digitale Dienste und Daten die Zukunft sein werden, erntete ich seltsame Blicke. Mit nordischer Sturheit und denselben Behauptungen stehe ich jetzt drei Jahre später mit einem Team von 70 Seelen da und kann dieses Thema aktiv angehen. Ich genieße jede Sekunde der Transformation – lebe allerdings ohne Zeitgefühl, weil jeden Tag etwas Neues, Spannendes, Aufregendes und Umwälzendes passiert. Wir leben jetzt in der sogenannten VUKA-Welt. VUKA steht für Volatilität, Unsicherheit, Komplexität und Ambivalenz. So gibt es zum Beispiel immer mehr Ausschläge an den Aktienmärkten. Die Währungen werden immer volatiler. Neue, aufstrebende Automobilhersteller ohne große Verkaufszahlen erhalten Bewertungen, die höher sind als die von renommierten Automobilherstellern mit vielen Assets. Ebenso nimmt die Unsicherheit immer stärker zu. Die Rohstoffe werden knapper. Der Klimawandel zwingt uns dazu, CO_2-Emissionen einzusparen. Dieses alles zusammen führt zu einem komplexen Gefüge, das eine Mehrdeutigkeit (Ambivalenz) nach sich zieht. Jeder fragt sich: Wie wird der Kunde von morgen aussehen? Was wird er konsumieren? Welche Produkte und Dienste ergeben Sinn? Welche Automobilhersteller wird es in 5 oder 10 Jahren noch geben? Wer wird zum Foxconn der Automobilindustrie? Wer ist der Kodak und Nokia ohne Zukunft?

Egal wie der Kunde von morgen aussehen wird, er wird auf jeden Fall Produkte schätzen, die kundenorientiert sind und für einen schmalen Euro zu haben sind. Das ist auch der Grund, warum Künstliche Intelligenz in unseren Alltag einziehen wird. Durch Künstliche Intelligenz wird die Automatisierung vorangetrieben und die Preise werden zwangsläufig sinken. Kundenorientierung ist ein Muss, da uns die Techgiganten wie Amazon und Google exzellent vormachen, dass sich letztlich nur das beste Produkt am Markt durchsetzt.

Ich wünsche Ihnen jetzt viel Spaß beim Lesen des Buches und möchte Sie auf eine Reise mitnehmen in die Umwälzung der Automobilindustrie. Wir werden uns anschauen, wie sich die Automobilhersteller durch Nutzung von Daten und künstlicher Intelligenz ebenfalls zu Techgiganten wie Amazon und Google verändern können – wenn sie es wirklich wollen. Machen ist wie Wollen, nur krasser! :-)

Hannover   Dr. Michael Nolting
Mai 2020

PS: Wer einen Live-Einblick in den Transformationsalltag bekommen möchte, den lade ich herzlich zu meinem Blog www. michaelnolting.com ein. Hier schreibe ich über Themen wie Künstliche Intelligenz (englisch: AI für Artificial Intelligence), DevOps und Leadership.

Inhaltsverzeichnis

Zusammenfassung

Die Einleitung soll dem Leser einen Überblick darüber geben, warum Künstliche Intelligenz die Automobilindustrie nachhaltig verändern wird. Alle Automobilhersteller müssen jetzt reagieren. Aufgrund des exponentiellen IT-Wachstums der weltweit verfügbaren Rechenleistung ist es nur noch eine Frage der Zeit, bis Innovationen auf den Markt kommen werden, die nachhaltig den Markt verändern. Die Techgiganten aus dem Silicon Valley (wie Google, Amazon, Netflix, UBER und Apple) dienen in diesem Buch als Vorbild für Unternehmen, die ihren Kunden und Künstliche Intelligenz in den Mittelpunkt ihres Handelns stellen. Es wird kurz auf die Struktur und die avisierte Leserschaft eingegangen.

1.1 Künstliche Intelligenz – ein Game Changer

Das Thema *Künstliche Intelligenz* (KI) wird in naher Zukunft ein *Game Changer* in allen Unternehmen sein – häufig getrieben durch die Angst, dass hierdurch viele Arbeitsplätze und Marktanteile an gut finanzierte Start-Ups aus dem *Silicon Valley* verloren gehen. Niemand möchte der Nokia oder Kodak der Automobilindustrie werden und die Disruption nicht überleben. Ebenso wenig möchte man der Foxconn der Automobilindustrie werden, das heißt die

© Der/die Herausgeber bzw. der/die Autor(en), exklusiv lizenziert   1
durch Springer Fachmedien Wiesbaden GmbH, ein Teil von
Springer Nature 2021
M. Nolting, *Künstliche Intelligenz in der Automobilindustrie,*
Technik im Fokus, https://doi.org/10.1007/978-3-658-31567-2_1

Autos der Zukunft lediglich produzieren, ohne Kontakt zum Kunden zu haben. Foxconn stellt Millionen von Mobiltelefonen für Apple her, erhält allerdings nur einen Bruchteil der Margen, die Apple hat. Apple besetzt nämlich die Kundenschnittstelle mit seinem Betriebssystem und seinen Apps, wo das Geld verdient und bezahlt wird. Daher ist es elementar, sich auf die *Disruption* vorzubereiten – so gut es geht. Es ist wichtig, das Potential von KI möglichst früh zu verstehen und dieses in die DNA des eigenen Unternehmens einzuweben. Schnelligkeit, Kreaktivität und Anpassungsfähigkeit sind gefragt, da sich die Wertschöpfungskette der Automobilindustrie aktuell stark verändert. Künstliche Intelligenz wird ein zentraler Treiber dieser Veränderung sein, da mit ihr spürbare Effizienzsteigerungen entlang der kompletten Wertschöpfungskette möglich sein werden sowie intelligente digitale Dienste realisierbar sind, die dem Kunden einen deutlichen Mehrwert liefern. Ein konkreter Dienst könnte zum Beispiel die Vohersage sein, ob ein Fahrzeug in naher Zukunft eine Panne haben wird. So kann mit Verfahren aus dem Bereich *Predictive Maintenance* ein Werkstattaufenthalt im Vorfeld geplant werden, bevor das Fahrzeug kaputt geht. Hierdurch können hohe Kosten und Ausfallzeiten für den Kunden vermieden werden.

Der Überlebensdrang sowie die Aussicht auf die Erschließung neuer Märkte werden alle Automobilhersteller dazu treiben, das Thema *Künstliche Intelligenz* hoch zu priorisieren. Niemand kann es sich leisten, Rendite zu verschenken und die Bedürfnisse der Kunden nicht optimal abzudecken. Dafür ist die Wettbewerbssituation mittlerweile zu angespannt. Das belegt auch Abb. 1.1, welche den Umsatz in Milliarden Euro nach Industrie zeigt, der in Deutschland durch KI-Anwendungen im Jahr 2019 beeinflusst wurde. Rund 221 Mrd. EUR Umsatz sind es in Summe in Deutschland. Vor allem in der Autoindustrie wurde geschätzt, dass 45,4 Mrd. EUR Umsatz im Jahr 2019 durch Künstliche Intelligenz beeinflusst waren.

Zusätzlich zu den vorher beschriebenen Zielen versprechen sich Automobilhersteller von künstlicher Intelligenz, das Kundenverstädnis und die Kundenzufriedenheit zu verbessern, um mehr zu verkaufen, neue Märkte (sogenannte Profit-Pools) zu erobern und Produktinnovationen voranzutreiben. Daher ist großen Teilen der

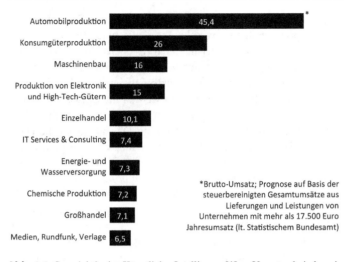

Abb. 1.1 So wichtig ist Künstliche Intelligenz [1] – Umsatz, bei dem in Deutschland KI eine Rolle spielte (2019, in Milliarden Euro)

Belegschaft von Automobilherstellern klar, dass etwas getan werden muss. Aber was genau? Wo fängt man an? Häufig wird das Thema Künstliche Intelligenz in kleinen Initiativen und Projekten aufgegriffen. Hier gibt es aber immer wieder Unsicherheiten, wie das richtige Vorgehen und wie groß der eigene Handlungsspielraum ist. Manchmal kommen dann auch kritische Stimmen auf, die hinter dem Schlagwort *Künstliche Intelligenz* (oder Artifical Intelligence) nur eine *neue Sau sehen, die durchs Dorf getrieben wird.* In gelassener Großunternehmensmanier wird dann geraten, das Thema auszusitzen und lediglich überschaubare Projekte in diesem Feld zu starten. Damit zumindest ein wenig Aktionismus gezeigt wird, werden zum Beispiel kleine Bots und Chat-Bots entwickelt, die alte Unternehmensprozesse automatisieren, deren Mangel eher in schlechten und nicht vorhandenen Schnittstellen liegt. Mit künstlicher Intelligenz hat das wenig zu tun.

Mit Hinblick auf den schnellen Wandel, der momentan passiert, ist es aber sehr gefährlich, bestehende Prozesse und Geschäftsmodelle als gegeben hinzunehmen und vereinzelt Bots und maschinelles Lernen einzusetzen, um damit das Thema Künstliche Intelligenz abzuhaken. Wir stehen am Anfang einer Disruption und einer exponentiellen Entwicklung, die alle Industrieunternehmen treffen wird. Dies ist elektrisierend, da es ebenso hohe Risiken wie auch immense Chancen in sich birgt. Man kann davon ausgehen, dass alles, was mit Hilfe von KI automatisierbar und optimierbar ist, von Unternehmen angegangen werden muss. Das sind große Unternehmen ihren Aktionären, dem Kapitalmarkt und ihren Mitarbeitern zur Existenzsicherung schuldig. Daher kann ich die These von Karl-Heinz Land nur stützen, der einmal sagte: *Alles, was sich digitalisieren lässt, wird digitalisiert werden. Was sich vernetzen kann, wird sich vernetzen. Und was sich automatisieren lässt, wird automatisiert werden. Das triff auf jeden Prozess der Welt zu* [2]. Daher ist es entscheidend und überlebenswichtig, an den Beginn jeder Überlegung Künstliche Intelligenz im Unternehmen zu stellen und die bisher etablierten Geschäftsmodelle und Prozessabläufe der Wertschöpfungskette komplett zu hinterfragen. Basierend auf einer durchdachten Vision und einer abgeleiteten Mission ist dann das Thema Künstliche Intelligenz nachhaltig anzugehen – nicht als einmaliges Projekt, sondern als kontinuierlicher Transformationsprozess, der das Thema nachhaltig in der Unternehmens-DNA verankert – so wie es Google, Amazon, Netflix, UBER oder auch Apple über Jahrzehnte gemacht haben.

1.2   Exponentielles Wachstum

Das Thema Künstliche Intelligenz wird alle Unternehmen und insbesondere die Automobilindustrie mit großer Schlagkraft treffen. Dies ist auch darin begründet, dass die weltweite Rechenleistung stets zunimmt. Diese Zunahme folgt dem Verlauf einer Exponentialfunktion [3]. Seit der Corona-Pandemie haben wir sicherlich alle ein Gefühl dafür, wie eine Exponentialfunktion unser Leben in unerwarteter Schnelligkeit verändern kann. Dabei ging es um die Anzahl der Menschen, die ein Erkrankter anstecken kann, bevor er selber merkt, dass er krank ist. Dies wurde Reproduktionszahl oder kurz R-Index genannt. Liegt er über eins, wächst die Anzahl Infizierter exponentiell. Da wir soziale Wesen sind, haben wir mindestens 20 bis 30 Kontakte mit anderen Menschen am Tag. Wenn ich nun 20 Kontakte pro Tag habe und davon 10 anstecke und diese 10 wieder 10, dann ist dies ein exponentielles Wachstum.

Wir werden uns exponentielles Wachstum nun anhand eines dramatischen Beispiels abseits von der Corona-Pandemie anschauen, um noch einmal zu verdeutlichen, wie schwer es uns Menschen fällt, die Schnelligkeit eines solchen Wachstums intuitiv richtig einzuschätzen. Wir stellen uns jetzt vor, wir sitzen in einem kastenförmigen Transporter – einem Fahrzeug, das dazu gedacht ist, Dinge zu transportieren. Dieser ist zwei Meter breit, zwei Meter hoch und fünf Meter lang und hat damit ein Volumen von $20\,\text{m}^3$. Das heißt, es passen $20\,000\,\text{l}$ Wasser rein. Ganz schön viel. Nehmen wir jetzt an, dass wir eine Zauber-Pipette gefunden haben, die in der Lage ist, ihre Tropfenanzahl jede Sekunde zu verdoppeln. Sie gibt also einen Tropfen in der ersten Sekunde, zwei Tropfen in der zweiten Sekunde, vier Tropfen in der dritten Sekunde, acht Tropfen in der vierten Sekunde von sich und so weiter. Ihre Tropfenanzahl wächst somit exponentiell – genau wie die verfügbare Rechenleistung, die sich seit 50 Jahren alle zwei Jahre verdoppelt. Wir sitzen im Auto und sind angegurtet. Die Pipette fängt an, den ersten Tropfen von sich zu geben. Wir wissen, dass sich die Tropfenanzahl pro Sekunde verdoppelt. Wie lange haben wir Zeit, um uns in Sicherheit zu bringen, bevor das Wasser unseren Transporter komplett ausfüllt? Minuten, Stunden, Tage, Wochen, Monate, Jahre? Wir können uns ja jetzt mal 30 s dafür Zeit nehmen, um darüber nachzudenken. Was denken Sie? Was ist Ihre Antwort? Monate oder Jahre?

Die Antwort ist folgende: Wir haben gerade mal 26 s Zeit, uns in Sicherheit zu bringen. Kaum zu glauben. Noch beeindruckender ist allerdings, dass der Transporter nach 23 s immer noch zu 80 % leer sein wird. Zu dem Zeitpunkt hat das Wasser unsere Knöchel gerade mal erreicht und wir wiegen uns in Sicherheit und erkennen die Gefahr noch nicht. Nach den Gesetzen des exponentiellen Wachstums ist dies allerdings die letzte Chance, unseren Gurt zu öffnen und zu fliehen. Drei Sekunden später ertrinken wir.

Und genau diese exponentielle Entwicklung herrscht seit den 60er Jahren in der Informationstechnologie und ist der Wegbereiter für die Leistungsfähigkeit der Künstlichen Intelligenz, die in den letzten Jahren zu beeindruckenden Ergebnissen geführt hat. Erst kürzlich haben Wissenschaftler eine Publikation zurückgezogen, in der sie einen KI-Algorithmus entwickelt hatten, der auf Basis einer Überschrift, die man vorgab, einen kompletten Artikel generierte [4]. Das Ergebnis war so gut und kaum vom Produkt eines menschlichen Autors zu unterscheiden, dass die Wissenschaftler befürchteten, hiermit könnte großer Missbrauch getrieben werden. Letztendlich ist dies möglich durch den Einsatz Neuronaler Netze und massiver Rechenpower.

Über Jahrzehnte wurden Computerchips immer kleiner und schneller. Die prophetische Aussage der Verdoppelung der integrierten Schaltkreise auf einem Prozessor stammt von dem Intel-Mitgründer Gordon Moore, der sie 1965 erstmals zu Papier brachte – noch mit der optimistischen Schätzung, nach der sich die Anzahl der Transistoren jedes Jahr verdoppeln würde [5]. Zehn Jahre später korrigierte er den Zeitraum auf alle zwei Jahre – und behielt über Jahrzehnte Recht. Moores Prophezeiung war dabei so akkurat, dass sie Moore's Law – also Moores Gesetz – getauft wurde. Das „Gesetz" hielt damit 51 Jahre lang. Mit der Verdoppelung der Anzahl der Transistoren rund alle zwei Jahre verdoppelte sich auch ungefähr die Leistung der Computerchips. Auf Großrechner folgten sogenannte Mini-Computer, die nur noch etwa Kühlschrankgröße hatten, darauf die PC- und dann die Smartphone-Revolution – und die Raspberry Pis. Der Tod von Moore's Law wurde von Experten schon lange vorhergesagt, weil die immer kleineren Schaltkreise auf den Chips, die die rasante Entwicklung möglich machten, zunehmend an physikalische Grenzen stießen. Es dauert nicht mehr lange, dann sind die Schaltkreise so klein, dass die physikalischen Gesetze der Quantenmechanik eine Rolle spielen, die bestimmen, wie die Welt im Kleinsten funktioniert.

Dachte man, dass das exponentielle Wachstum nun an seine Grenzen stoße, ist es jetzt durch die Einführung sogenannter Graphics Processing Units (GPUs), die aus der Computer-Spieleindustrie stammen, erst richtig in Fahrt gekommen. Das liegt daran, dass mit Hilfe von GPUs Rechengeschwindigkeiten erreicht werden, die sich nicht mehr begreifen, sondern nur noch beschreiben lassen [6]. Und genau diese Performance wird für Künstliche Intelligenz benötigt. Der CEO Jensen Huang des

Computergraphikkarten-Herstellers Nvidia wird nicht müde zu erklären, dass sich die Menschheit an der Schwelle eines neuen Zeitalters befinde – und hat damit wahrscheinlich auch Recht. Künstliche Intelligenz, insbesondere Deep Learning, stellt Gewohntes in Frage und vieles auf den Kopf. Noch schreiben Entwickler und Mathematiker die Computer-Software selbst. Doch schon bald reichen Performance und Datenvolumen der Computer, dass diese Software neue Programme selbst schreibt – wie in dem obigen Beispiel, bei dem automatisch Texte auf Basis von Überschriften erzeugt wurden. So rechnet Huang damit, dass sich die Leistungsfähigkeit innerhalb von 10 Jahren mindestens vertausendfacht. In einem Vergleich mit der Weiterentwicklung Siliziumbasierter CPUs, bestenfalls nach Moore's Law, lässt er das alte exponentielle Wachstum lächerlich erscheinen. Und das ist genau das exponentielle Wachstum, welches wir als Menschen schwer verstehen, aber das ganze Industrien (wie auch die Automobilindustrie) in eine Disruption laufen lässt.

1.3 Disruption in der Automobilindustrie

Die oben nur kurz dargestelle exponentielle Entwicklung wird sich fortsetzen und immer mehr an Fahrt gewinnen. Das führt zu massiven Umwälzungen in unterschiedlichsten Industrien und Unternehmen. Besonders wird dies aber die Automobilindustrie treffen. Hier stehen zeitgleich mehrere Umbrüche an, die alle durch Künstliche Intelligenz getrieben sind und kurz mit *CASE* abgekürzt werden:

1. Connected Services (das heißt die Vernetzung des Fahrzeugs, das Fahrzeug als rollender Computer, Over-the-Air Updates) (C)
2. Shared Mobility mit Wandel des Kundenbedarfs von Fahrzeugbesitz zu bedarfsorientierter Mobilität (S)
3. Autonomes Fahren (A)
4. Elektroantrieb (E)

Alle CASE-Trends belegen sehr schön, dass sich die Automobilindustrie derzeit in einem massiven Veränderungsprozess befindet. Und alle Themenfelder werden durch Künstliche Intelligenz
ermöglicht und gestärkt. Das autonome Fahren setzt verstärkt Neuronale Netze ein, um zum Beispiel Umfeldobjekte mit digitalen
Kameras zu erkennen. Diese Erkennungsraten sind mittlerweile im
Bereich der übermenschlichen Genauigkeit. Die Vernetzung des
Fahrzeugs nutzt Künstliche Intelligenz, um Mehrwertdienste für
den Kunden anzubieten wie zum Beispiel die Routenoptimierung
oder Vorhersagen, wann Bauteile gegebenenfalls ausfallen könnten, damit dem Kunden unangenehme Werkstattaufenthalte erspart
werden. Für die Einführung der Elektromobilität sind Algorithmen
aus dem Bereich der Künstlichen Intelligenz erforderlich, da hier
Routen mit Aufenthalten an Ladesäulen geplant werden müssen.
Und das Themenfeld Shared Mobility nutzt ebenfalls umfassend
Optimierungsalgorithmen aus dem Bereich der Künstlichen Intelligenz, da intermodale Mobilität ebenfalls ein kniffliges Optimierungsproblem darstellt.

Speziell die etablierten Hersteller sind gefordert und bei der
Transformation zum KI-gestützten Unternehmen unter Zeitdruck,
weil junge, wilde Wettbewerber in den Markt drängen, die frei von
Erbe (englisch: legacy) sind und von Anfang an auf grüner Wiese
ihre Dienste entwickeln können. Sehr häufig konzentrieren sich die
aggressiven Marktneulinge auf einzelne Bereiche und können gut
finanziert hervorragend ausgebildete Teams (mit sogenannten A-
Level-Mitarbeitern) auf diese Themen ansetzen. Die alteingesessenen Unternehmen tun sich besonders schwer, die neuen Anforderungen aggressiv und schnell umzusetzen, da das oft zu Lasten
der bisherigen Produkte geht [7]. So werden diese Unternehmen
durch ihr eigenes *Immunsystem* geschützt, welches die Innovation
als Eindringling betrachtet. Daher sind die Anfangserfolge und die
Marktresonanz der im Jahr 2007 gegründeten Firma Tesla Motors
nicht erstaunlich, obwohl die Produktionsqualität der Fahrzeuge
derjenigen eines jeden deutschen Fahrzeugs nachsteht. Ein weiteres sehr beeindruckendes Unternehmen im Bereich des autonomen Fahrens ist Waymo, welches zu Google gehört und die meisten autonom gefahrenen Kilometer vorweisen kann. Im Bereich
der Shared Mobility sticht klar UBER hervor, welches bereits

Milliarden von Euro an Umsatz macht und mittlerweile mit dem Bereich *UBER Elevate* daran forscht, wie Drohnen autonom fliegen können, und somit die Flugbusse der Zukunft entwickelt. Aber auch im chinesischen Raum gibt es Unternehmen mit unglaublichen Reichweiten und Kundenstämmen, die für europäische Verhältnisse echte Giganten sind. Sowohl das chinesische Amazon-Pendant Alibaba als auch das chinesische Google-Pendant Baidu planen, ins Autogeschäft einzusteigen. China ist das neue *Silicon Valley*. Es ist ungewiss, wie gut diese neuen Firmen im Automobilgeschäft Fuß fassen werden – allerdings muss diese Gefahr ernst genommen werden.

Sechs der zehn wertvollsten Unternehmen der Welt haben vor, in den Automobilmarkt einzusteigen [9]. Nachfolgend sind ihre Aktivitäten diesbezüglich zusammengefasst:

- **Apple** möchte eine führende Rolle im Automobilmarkt einnehmen – nicht nur auf der Dienste-Seite mit Fahrerfokus durch Angebot seiner CarPlay-Plattform, sondern auch im Bereich des autonomen Fahrens.
- **Google** bietet ähnlich wie Apple auf Dienste-Seite die Android-Auto Plattform an, hat bereits heute mit seiner Tochterfirma Waymo eine führende Rolle im autonomen Fahren aufgebaut und kann bisher die meisten autonom gefahrenen Kilometer vorweisen.
- **Microsoft** hat bisher zahlreiche Kooperationen mit Automobilherstellern geschlossen (zum Beispiel Daimler und Volkswagen) und kann interessante KI-Dienste wie virtuelle Assistenten und Dienste für das mobile Büro vorweisen, die in seiner Connected-Vehicle-Plattform gruppiert sind.
- **Amazon** hat bereits erfolgreich sein Produkt Alexa in einige Fahrzeuge (zum Beispiel bei BMW) integriert und verliert somit nicht den Kontakt zum Kunden, wenn er das Auto verlässt und die Türschwelle seines Zuhauses betritt.
- **Alibaba** entwickelt aktuell sein eigenes Betriebssystem für Fahrzeuge mit dem Namen AliOS, das in der Lage ist, Navigationsdienste und Smartphone-ähnliche Dienste im Fahrzeug anzubieten.

- **Tencent** – das chinesische Facebook – ist der jüngste Neuzugang im Automobilmarkt und möchte ebenfalls im Bereich des autonomen Fahrens tätig werden.

Der Automobilhersteller, der das Thema Künstliche Intelligenz meistern wird, wird auch eine gute Ausgangsposition in den Zukunftsthemen autonomes Fahren, Connected Services mit digitalen vernetzten Mehrwertdiensten, Elektromobilität und Shared Mobility aufbauen. Daher gibt es für die Automobilindustrie keine andere Option, als sich mit diesem Thema intensiv auseinanderzusetzen. Und am besten muss dieses Thema mutig und mit voller Priorität angegangen werden, sowohl auf Fachbereichs- als auch auf IT-Seite. Speziell in diesem synergetischen Vorgehen liegt das größte Optimierungspotential. Dennoch werden KI-Projekte aktuell oft stiefmütterlich in Silos angegangen. Weitere Blockaden liegen in dem klassischen Projektvorgehen. Es wird nicht verstanden, dass Künstliche Intelligenz ein Produktthema ist, welches in die DNA des Unternehmens nachhaltig übergehen muss. Die Änderungsbereitschaft ist noch zu gering und häufig sind KI-Experten nicht vertreten.

Das Thema *Industrie 4.0* ist hierfür ein Paradebeispiel. In naher Zukunft werden große Teile der Produktion automatisierbar sein. Roboter werden direkt mit Arbeitern zusammenarbeiten. Sowohl die dazu nötige Prozessautomatisierung als auch die Umfelderkennung wird auf künstlicher Intelligenz beruhen. Die Nutzung unternehmenseigener Daten zur weiteren Optimierung der Prozesse wird dabei das Alleinstellungsmerkmal sein, welches diesen Prozess von einer klassisch eingekauften Lösung abheben wird.

Um das Thema Künstliche Intelligenz unternehmensweit zu meistern, muss ebenso die Fahrzeugseite betrachtet werden. Nur wer in der Lage ist, die Fahrzeugdaten gewinnbringend einzusetzen, wird das volle KI-Potential nutzen können. Wie können Daten aus der echten Fahrzeugflotte zur Absicherung neuer KI-Algorithmen für das autonome Fahren genutzt werden (siehe Tesla)? Wie kann man die Fahrzeugdaten nutzen, um die Fahrzeugserprobung zu optimieren? Wie soll man sich gegen neue Marktteilnehmer aus dem IT-Bereich schützen? Mit welchem Marktteilnehmer sollte man kooperieren, um Wissen aufzubauen und gestärkt aus der Disruption hervorzugehen? All das sind Fragen, die jetzt geklärt werden müssen, bevor eine nachhaltige KI-Strategie aufgesetzt werden kann.

1.4 Die Techgiganten als Vorbild

Die Techgiganten (so wie Google, Amazon, Netflix, UBER und Apple) sollen als KI-Vorbild dienen, auch wenn diese Unternehmen nicht aus der Automobilbranche kommen. Sie sollen als Modell dienen, weil sie:

1. extrem kundenorientiert sind und dies durch den Einsatz künstlicher Intelligenz ausbauen,
2. mehrfach ihre Anpassungsfähigkeit unter Beweis gestellt haben
3. und als Basis modernste IT-Infrastruktur als Enabler nutzen.

Genau diese Kriterien sind auch für die Automobilindustrie wichtig, um die KI-Disruption zu überleben.

Exemplarisch greifen wir uns hier Netflix heraus, weil Netflix sich in den letzten Jahrzehnten mehrfach neu erfinden musste und als Paradebeispiel für Kundenorientierung und Anpassungsfähigkeit steht. Die Gründung von Netflix liegt schon 20 Jahre zurück. Es entstand im Jahr 1997 als DVD-Verleihservice. Dabei konnten Kunden sich DVDs bestellen und per Post zuschicken lassen. Dieses Geschäftsmodell attackierte damals die Videotheken. Um sich von den Videotheken abzusetzen, fokussierte Netflix auf ein gutes Kundenerlebnis und attraktive Preise. Im Endeffekt sind es dieselben Dinge, auf die sich jetzt auch die Automobilindustrie fokussieren muss. Zur Optimierung des Kundenerlebnisses sowie für die Preisoptimalität kann Künstliche Intelligenz genutzt werden. Netflix wuchs sehr stark und erreichte 10 Jahre später den Durchbruch, indem es täglich über 1 Mio. DVDs an Kunden verschickte [8]. Zu diesem Zeitpunkt stand ein technologischer Wendepunkt an, da die Bandbreiten der Netze stark anstiegen und somit die Downloadkosten für einen Film unter die Versandkosten fielen. Netflix erkannte dies frühzeitig und reagierte darauf, indem es die

Transformation zum Download-Provider vornahm und somit sein Geschäftsmodell anpasste.

Die Transformation glückte. Allerdings folgte daraufhin ein neuer technologischer Wendepunkt. Das Streaming gewann immer mehr an Popularität und bot neuen Wettbewerbern das Potential, den Markt zu disrumpieren. Aber auch dies erkannte Netflix rechtzeitig und vollführte den Wandel vom Download- zum Streaming-Anbieter. Nach der erfolgten Geschäftsmodellanpassung stiegen die Einkaufskosten für Filme, Shows und andere Inhalte aufgrund einer veränderten Rechtslage. Um nicht Opfer dieses Kostenanstiegs zu werden, fing Netflix an, selbst Serien und Filme zu produzieren wie zum Beispiel die sehr erfolgreiche Serie *House of Cards* [8]. Netflix mutierte damit zum Produzenten. Einhergehend damit modernisierte Netflix seine IT-Infrastruktur und schaffte die Basis, um maschinelles Lernen und Künstliche Intelligenz einzusetzen. Künstliche Intelligenz war ein wesentlicher Faktor bei den Analysen von *House of Cards.* Erst als mit hoher statistischer Wahrscheinlichkeit nachgewiesen werden konnte, dass die Serie gut bei den Kunden ankommt, wurde die Produktion fortgesetzt. Speziell die IT-Infrastruktur schaffte die Basis für das weitere Wachstum und die hohe Wettbewerbsfähigkeit von Netflix. Mit dieser Marktpositionierung und Strategie wuchs Netflix auf 7100 Mitarbeiter im Jahr 2018 und erzielte einen Umsatz von 16 Mrd. EUR. Damit wuchs es im Vergleich zum Vorjahr um 35 %. Das rapide Wachstum ist dem kontinuierlichen Einsatz von künstlicher Intelligenz und der Auswertung der Daten zu verdanken.

Die Kernaspekte dieser erfolgreichen Transformation zum KI-Unternehmen waren:

1. Absolute Kundenfokussierung
2. Aufbau von High-Performance-Teams/-Management mit klarer Vision und psychologischer Sicherheit
3. Schaffung einer KI-tauglichen IT-Infrastruktur

   - Micro-Service-basierte Backend-Struktur; Öffnung der API nach außen
   - Cloud-first-Strategie; keine eigene IT-Infrastruktur

Mit diesen drei Punkten schaffte es Netflix, ein Unternehmen aufzubauen, welches eine hohe Kundenbindung erreicht, Prozessoptimierungen mit KI schnell umsetzen kann und eine Mannschaft
hat, die jedem Wandel optimistisch entgegentritt.

1.5 Struktur des Buches

Um diese notwendige Transformation vom Blechbieger zum Techgiganten der Automobilindustrie vornehmen zu können, erklärt
dieses Buch die Bedürfnisse von künstlicher Intelligenz und adres-
siert notwendige Veränderungen auf Basis eines methodisch
fundierten und praxiserprobten Leitfadens. Damit kann die Wettbewerbsfähigkeit nachhaltig abgesichert werden. Es wird eine klare
KI-Strategie für die Automobil- und Zuliefererindustrie aufgezeigt, um den Wandel vom diskreten Blechbieger hin zu einem fle-
xiblen, kontinuierlichen Techgiganten der Automobilindustrie zu
schaffen. Der Übergang zur automatisierten, KI-gestützten Optimierung neuer und alter Geschäftsprozesse wird ebenso dargestellt
wie das Aufgreifen der massiven Veränderung der aktuellen automobilen Wertschöpfungskette, in der der Kundenfokussierung und
Besetzung der Kunden-Touchpoints eine elementare Bedeutung
zukommt. Mit Hinblick auf diese Zielsetzung ist das Buch in die
folgenden drei Teile aufgeteilt:

- Teil 1 *GRUNDLAGEN DER KÜNSTLICHEN INTELLIGENZ*
  (mit Kap. 2 bis 4)
  Um besser zu verstehen, warum es in der Zukunft ein *Muss*
  sein wird, Künstliche Intelligenz in der Automobilindustrie
  einzusetzen (genauer um zukünftige Potentiale hinsichtlich
  Kostenoptimierung sowie Kundenbindung bewerten zu können), wird zuerst Moore's Law erklärt. Hierdurch wird hinrei-
  chend Rechenkapazität zur Verfügung stehen. Zusätzlich gibt es
  dank Big Data genug Trainingsdaten, um die KI-Algorithmen
  mit Leben zu füllen. Ebenso wurden die Algorithmen (zum
  Beispiel Künstliche Neuronale Netze) wesentlich verbessert.
  Durch Cloudtechnologien steht jetzt auf Knopfdruck ausreichend Rechenpower für jedermann für die Anwendung solcher

Algorithmen zur Verfügung. Es ist wichtig, die Grundlagen des maschinellen Lernens sowie der Künstlichen Intelligenz zu verstehen. Dazu werden gängige Verfahren zur Klassifikation, Regression und zum Clustering von Daten erklärt und es wird erläutert, worin die Unterschiede im überwachten, unüberwachten Lernen und im Reinforcement-Lernen liegen. Ebenso wird erklärt, welche KI-Verfahren im autonomen Fahren eingesetzt werden. Das daraus gewonnene Verständnis ist wichtig, um nachfolgend bewerten und verstehen zu können, welche Bereiche der neuen automobilen Wertschöpfungskette durch Künstliche Intelligenz automatisierbar und verbesserbar sind.

- Teil 2 *BLECHBIEGER ODER TECHGIGANT?* (mit Kap. 5 bis 6)

  In diesem Teil wird ausführlich auf die neue automobile Wertschöpfungskette eingangen und erklärt, in welchen Phasen Künstliche Intelligenz zur Hebung von Kosteneffizienzen sowie zur Entwicklung kundennaher Dienste eingesetzt werden kann. Ebenso wird die neue CASE-Welt genauer erklärt, in der Connected Services, autonomes Fahren, Shared Mobility und die E-Mobilität eine zentrale Rolle spielen werden. Je stärker die Automobilhersteller die beiden Faktoren Kundenzentrierung und Hebung von Kosteneffizienzen im Unternehmen auf Basis künstlicher Intelligenz verankern können, desto eher werden sie die Transformation zum Techgiganten schaffen.

- Teil 3 *SCHRITTE ZUM TECHGIGANTEN* (mit Kap. 7 bis 9)

  Voraussetzung für eine erfolgreiche Umsetzung ist eine Daten- und KI-Kultur im Unternehmen, die in einer KI-Vision verankert und von der Unternehmensspitze vorgelebt werden muss. In Kombination mit angemessenen Motivationsmitteln sowie auch der nötigen Grundausbildung der Mitarbeiter und der Nutzung innovativer, agiler Umsetzungsmethoden kann die Organisation zu einem KI-Unternehmen umgebaut werden. Auf dieser Basis muss die Transformation des Unternehmens stattfinden, indem eine Vision und Mission entwickelt wird, wie täglich neue Funktionen vor Kunde ausgeliefert werden können. Dazu müssen der Wertfluss und die digitale Lieferzeit innerhalb des Unternehmens optimiert werden. Dies kann nur geschehen, indem ein KI-Backlog aufgebaut wird, auf dessen Basis Engpasssysteme im Unternehmen identifiziert werden. Software-Code und Daten müssen zentral im Unternehmen abgelegt werden. Darauf aufbauend können dann priorisierte KI-Projekte angegangen werden, die das Unternehmen Schritt für Schritt zum Techgiganten der Autoindustrie umbauen. Zusätzlich wird erklärt, welche IT-Plattformen und technischen Funktionen für Künstliche Intelligenz notwendig sind, um täglich neue intelligente Dienste für seine Kunden entwickeln zu können. Dies erfordert nämlich flexible IT-Strukturen, die so aufgebaut sein müssen, dass sie reaktionsschnell und bedarfsgerecht Ideen umsetzen können. Cloudarchitekturen (mit Nutzung moderner Methoden wie dynamischer Test-Infrastrukturen und Feature-Toggles, wie es Google vorlebt) bilden die Basis, um auch in einer Großunternehmensstruktur Auflagen zu IT-Sicherheit, Compliance und Datenhaltung zu respektieren sowie schnell neue Funktionen für seine Kunden entwickeln zu können.

1.6   Eingrenzung Fokus und Leserschaft

Dieses Buch gibt Handlungsempfehlungen zur Entwicklung und Umsetzung einer KI-Vision für die Automobilindustrie. Der Fokus liegt sowohl auf Automobilherstellern als auch auf Unternehmen (zum Beispiel Zulieferern), die in dieser Industrie tätig sind. Ebenso kann es KI-Start-Ups als Orientierung dienen, wie sie eine spannende Positionierung für Automobilhersteller einnehmen können.

Das Buch richtet sich sowohl an Führungskräfte aus allen obigen Bereichen als auch an Forschungseinrichtungen und Beratungsunternehmen. Es soll Studierenden der Informatik, der Elektrotechnik und des Maschinenbaus sowie Berufseinsteigern einen Einblick in die Anwendung von künstlicher Intelligenz in der Automobilindustrie geben, die Teil dieser Disruption und spannenden Reise werden möchten. Sie beginnt genau jetzt und wird sicherlich in den nächsten fünf bis zehn Jahren unsere gewohnte Welt auf den Kopf stellen.

Literatur

1. "Künstliche Intelligenz rechnet sich" von STATISTA. https://de. statista.com/infografik/16992/umsatz-der-in-deutschland-durch-ki-anwendungen-beeinflusst-wird/. Zugegriffen: 19. März 2019.
2. Lang, K. Alles, was digitalisiert werden kann, wird digitalisiert werden. Vortrag auf dem BME Procurement-Tag. https://www.bme.de/alles-was-digitalisiert-werden-kann-wird-digitalisiert-werden-1427/. Zugegriffen: 19. März 2019.
3. Kurzweil, R. (2006). *The singularity is near: When humans transcend biology*. New York: Penguin Books.
4. Radford, A., Wu, J., Amodej, D., Clark, J., Brundage, M., & Sutskever, I. Better language models and their implications von OpenAI. https://openai.com/blog/better-language-models/. Zugegriffen: 19. März 2019.
5. Schaller, R. R. (1997). Moore's law: Past, present, and future. *IEEE Spectrum, 34*(Juni), 52–59.
6. Ostler, U. GPUs überflügeln CPUs und sind die Basis für KI-Anwendungen jeder Art. (Bericht zur Keynote von Jensen Huang auf der GTC Europe 2018 in München). https://www.datacenter-insider.de/gpus-ueberfluegeln-cpus-und-sind-die-basis-fuer-ki-anwendungen-jeder-art-a-768032/. Zugegriffen: 19. März 2019.
7. Wessel, M., & Christensen, C. M. (2012). Surviving disruption. *Harvard Business Review* (Dez.), 141–156. ISBN: 1633691004, 9781633691001.
8. Keese, C. (2016). *Silicon Germany – Wie wir die digitale Transformation schaffen* (3. Aufl.). München: Knaus.
9. Seiberth, G. (2018). Data-driven business models in connected cars, mobility services and beyond, BVDW Research No. 01/18.

Teil I

GRUNDLAGEN DER KÜNSTLICHEN INTELLIGENZ

Das ABC der Künstlichen Intelligenz

2

Zusammenfassung

Angespornt durch den extremen Anstieg der weltweit verfügbaren Rechenpower kommt die KI-Welle immer schneller auf uns zu. Das bereits vor über 50 Jahren von James Moore propagierte Gesetz – Moore's Law – ist immer noch gültig und besagt, dass sich die Leistungsfähigkeit alle zwei Jahre verdoppelt. Auf Basis der damaligen Technologie hätte dies nicht gestimmt, aber stetige Technologiesprünge – zuletzt die Einführung von GPU-Prozessoren aus der Spieleindustrie – machen es möglich, dass dieses Gesetz noch nicht gebrochen wurde. Somit scheint es nur noch eine Frage der Zeit, wann die menschliche Intelligenz durch Künstliche Intelligenz überflügelt und der Zeitpunkt der technologischen Singularität erreicht wird. Um diese Zusammenhänge (sowie die Gründe, Möglichkeiten, Chancen und Grenzen von künstlicher Intelligenz) zu verstehen, erläutert dieses Kapitel zuerst die Grundlagen der KI-Entwicklung, indem es auf die bisherige Entwicklung in der Informationstechnologie (IT) und in den Bereichen Algorithmik, Big Data und Cloudtechnologien eingeht. Danach werden die Spannungsfelder erklärt, in denen sich die Künstliche Intelligenz befindet und durch die Entwicklung ausgebremst werden kann.

© Der/die Herausgeber bzw. der/die Autor(en), exklusiv lizenziert   19
durch Springer Fachmedien Wiesbaden GmbH, ein Teil von
Springer Nature 2021
M. Nolting, *Künstliche Intelligenz in der Automobilindustrie*,
Technik im Fokus, https://doi.org/10.1007/978-3-658-31567-2_2

2.1   KI-Enabler: Exponentielles Wachstum

Gordon Moore veröffentlichte im April 1965 einen Fachartikel zu integrierten Schaltkreisen [3]. Darin äußerte er die These, dass sich die Transistorenanzahl auf einem Silizium-Chip bei gleichen Kosten in einem konstanten Zeitraum verdoppeln werde. Diese kontinuierliche Verdoppelung führe zu einem exponentiellen Anstieg der Rechenleistung. Der in der Publikation genannte Zeitraum wurde zwar im Nachgang mehrfach aufgrund von Änderungen der technologischen Rahmenbedingungen modifiziert, aber die These des exponentiellen Wachstums hielt stand. Heutzutage beträgt dieser Zeitraum 18 bis 24 Monate. Das zurückliegende sowie prognostizierte Wachstum ist in Abb. 2.1 dargestellt. Hier ist die Anzahl der Transistoren in unterschiedlichen Prozessortypen in logarithmischer Skala auf der y-Achse gegenüber der Zeit visualisiert. Gründe für die großen Steigerungsraten liegen in der Packungsdichte, die stetig steigt, und in der kontinuierlichen Verkleinerung der Bauelemente. Dies wird durch eine stetige Verbesserung der Fertigungsverfahren und neue Chip-Architekturen erreicht. Das ist auch der Grund dafür, dass die heutigen GPU-Architekturen maßgeblich das Gesetz von Moore am Leben halten.

Die Bauteildichte und -größe auf den Chips hängt unmittelbar mit der daraus resultierenden Rechenpower zusammen. Je kleiner

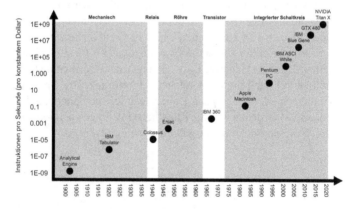

Abb. 2.1 120 Jahre Moore's Law

ein Transistor ist, desto höher ist seine Taktrate. Die Packungsdichte der Transistoren steigt quadratisch mit fallender Strukturgröße und somit steigt auch die Anzahl von Speicherbausteinen, die auf Basis dessen gebaut werden können. Im Jahr 2001 lag die Chip-Strukturgröße in der Massenherstellung bei 100 nm. Im Jahr 2019 lag sie bei 10 nm, womit Moore's Law weiterhin gültig ist [2].

Moore's Law beruht auf Beobachtungen und ist wissenschaftlich nicht fundiert. Trotzdem hat es sich in der Industrie als Standard durchgesetzt und wird heute als Basis von Produktplanungen genutzt, um den Entwicklungsstand der Chip-Industrie vorherzusagen. Daher wird auch manchmal von einer *self-fulfilling prophecy* (deutsch: selbsterfüllenden Prophezeiung) gesprochen, die die exponentielle Entwicklung antreibt und kontinuierlich befeuert. Die Prozessorleistung aus der Transistoranzahl abzuleiten, ist eine Vereinfachung, die gemacht werden kann, um zu verdeutlichen, dass die Rechenpower stets zunimmt. Allerdings kommen heutzutage auch starke Leistungssteigerungen aus den immer besser werdenden Chip-Architekturen. Ein sehr gutes Beispiel sind hierfür die Graphics Processing Chips (GPUs) und Architekturen, die speziell für die Künstliche Intelligenz von immenser Bedeutung sind. Wie in Abb. 2.2 dargestellt, ist die notwendige Zeit, AlexNet zu trainieren, innerhalb der letzten 5 Jahre von 6 Tagen auf 18 min

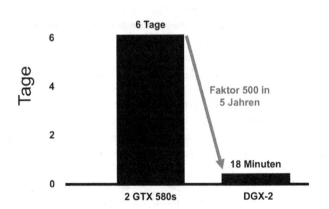

Abb. 2.2 Nötige Zeit zum Training von AlexNet

gesunken [1]. AlexNet ist ein Neuronales Netz, welches mit Hilfe von 15 Mio. Bildern trainiert wird. Dies entspricht einem Faktor von 500 und hält ebenso Moore's Law am Leben.

Ebenso spannend ist zu sehen, dass das exponentielle Wachstum, welches Moore für die integrierten Schaltungen beobachtet und definiert hat, ebenso für ältere Technologien galt (siehe Abb. 2.1). Die auf 1 Dollar normierte Rechenpower steigt unabhängig von der dominanten Technologie im jeweiligen Zeitraum (Lochkarte, mechanisches Relais, Elektronenröhre oder Transistor) exponentiell an.

Auswertungen in anderen Bereichen der Informationstechnologie zeigen ein ähnliches Verhalten. Verfügbare Bandbreiten, Kapazitäten von Speicherbausteinen und Taktraten steigen rasant an. Dies führt wiederum dazu, dass sich das exponentielle Wachstum auf das Wachstum der weltweit aktiven Smartphone-Nutzer überträgt. Ebenso nimmt die Verbreitung von IoT-Geräten rapide zu. Sowohl der Anstieg vernetzter Geräte (Smartphones und IoT-Geräte) als auch die Verbesserung der Vernetzungstechnologie im Fahrzeug folgt einem exponentiellen Wachstum gemäß Moore's Law. Im Fahrzeug liegt es daran, dass sich die Bustechnologie stets weiterentwickelt. Dieses fing mit der Lin-Technologie an, der die CAN-Technologie folgte. Mittlerweile ist in fast allen neuen Fahrzeugprojekten Ethernet die Technologie der Wahl. Moderne Fahrzeuge ähneln in Bezug auf Kabellänge (mehrere Kilometer) und Verdrahtung dabei immer stärker kleinen Firmennetzwerken.

Unter Berücksichtigung dieser Trends ist es sehr wahrscheinlich, dass die verfügbare Rechenpower und Datenmenge weltweit und somit auch in allen Unternehmen in den nächsten Jahren exponentiell ansteigen werden. Um sowohl die Potentiale zu nutzen als auch sicherzustellen, dass Unternehmen in dieser Entwicklungsphase nicht von Konkurrenten abgehängt werden, muss massiv Geschwindigkeit bzgl. der Transformation zum modernen, KI-gestützten Unternehmen aufgenommen werden. Es liegt die Frage auf der Hand, wie weit die Automobilhersteller in dieser Transformation sind. Obwohl Tesla mit dem angebotenen Elektroantrieb und seinem „Over-the-Air-Update"-Feature, mit dem Software-Updates für den Autopiloten nachträglich installiert werden können, weit vorne in der Transformation zu sein scheint, zeigen doch Beiträge im Internet, dass die zugrunde liegende Informationsarchitektur Mängel aufweist, so dass nicht das volle Potential von künstlicher Intelligenz genutzt werden kann. Daher scheinen andere Techgiganten, die keine Automobilhersteller sind, aber in diesen Markt vordringen, viel ernster zu nehmende Konkurrenten zu sein. Speziell Amazon mit seiner zugrunde liegenden IT-Architektur ist in der Lage, alle paar Sekunden neue Funktionen an seine Kunden auszuliefern. Damit kann es am meisten von der exponentiellen Entwicklung profitieren und seine Prozesseffizienz und starke Kundenorientierung weiter ausbauen.

Jetzt ist die Frage: Wenn die weltweit verfügbare Rechenkapazität weiterhin exponentiell ansteigt, wann sind die Maschinen schlauer als wir? Wann sind sie in der Lage, sich von sich aus selbst weiterzuentwickeln? Wann erwacht *SkyNet* aus dem Film Terminator und erkennt den Menschen als größte Bedrohung für die Umwelt und sich selbst?

Dieser vielleicht ein wenig düster beschriebene Zeitpunkt wird in der Literatur als *Technologische Singularität* bezeichnet [4] und ist in Abb. 2.3 dargestellt. Ebenso zeigt die Abbildung die aufsum-

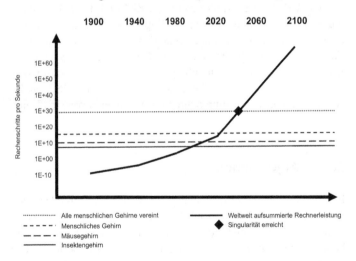

Abb. 2.3 Entwicklung der Rechnerleistung im Vergleich zum Gehirn von Lebewesen [4]

mierte Rechenleistung aller heutigen Computer im Vergleich zu allen Mäuse-, Elefanten- und Menschengehirnen. Nach aktuellen Schätzungen könnte dieser Zeitpunkt 2050 sein [5]. Zu diesem Zeitpunkt würde auf Basis der Annahme, dass das exponentielle Wachstum weiter besteht, die weltweit verfügbare Rechenleistung die der menschlichen Gehirne überflügeln. Es ist schwer abzuschätzen, was das für alle Lebensbereiche bedeuten wird. Allerdings wird das sicherlich auch ein Zeitpunkt sein, ab dem sich die Künstliche Intelligenz selbst weiterentwickeln könnte und ebenso das exponentielle Wachstum der Informationstechnologie in einem nie anzunehmenden Maße beschleunigen wird. Ob die *Technologische Singularität* erreicht wird oder nicht, ist jetzt allerdings egal. Wichtig ist für alle Unternehmen – auch der Automobilindustrie – zu erkennen, dass das exponentielle Wachstum die Künstliche Intelligenz immer weiter antreiben wird. Daher besteht keine andere Option, als sich damit zu beschäftigen und sich diese Technologie zu erschließen, um die KI-Transformation anzugehen.

Die Definition der notwendigen Maßnahmen zur Transformation zu einem KI-getriebenen Techgiganten (wie Google, Amazon, Netflix, UBER oder Apple) stellt das Ziel und den Löwenanteil dieses Buches dar. Im folgenden Kapitel werden auf Basis der exponentiellen Entwicklung entscheidende Enabler-Technologien für Künstliche Intelligenz (kurz ABC-Technologien) erläutert. Im Anschluss wird auf gegenläufige KI-Trends wie den stetig steigenden Energiebedarf, IT-Sicherheit und die zum Glück ständig zunehmenden Gesetze zum Schutz von personenbezogenen Daten eingegangen.

2.2   Algorithmen

Ein weiterer Durchbruch gelang auf Basis des exponentiellen Wachstums im Bereich der KI-Algorithmen. Wo früher die Algorithmen in Bezug auf ihre Leistungsfähigkeit beschränkt waren, beliebig viele Daten zu prozessieren und daraus zu lernen, ist es heutzutage möglich, beliebig viele Daten in die Algorithmen hinenzufüttern und diese damit immer besser zu machen. Den Durchbruch lieferte Deep Learning mit seinen neuronalen Netzen.

Was bedeutet nun genau die Aussage, dass die früheren Algorithmen in Bezug auf ihre Leistungsfähigkeit begrenzt waren? Diese Tatsache stammt von dem so häufig zitierten *Fluch der Dimensionalität*. Dieser Fluch beschreibt ein Phänomen, das auftritt, wenn man immer mehr Dimensionen und somit Aspekte in den Daten berücksichtigen möchte. Nehmen wir einmal an, dass ich ein Modell erstellen möchte, wann ich das Dach von meinem Cabrio aufmachen kann. Ich könnte die Temperatur, den Wind und den Umstand, ob es regnet oder nicht berücksichtigen. Das sind drei Aspekte. Erhöhe ich nun die Anzahl dieser betrachteten Aspekte und damit die Anzahl der Eingabeparameter für die Wetterprognose, etwa den Zustand meines Mitfahrers, die Strecke, die ich fahren werde, ob die Pollenbelastung entlang der Strecke mit meiner Allergie harmoniert usw., fängt der *Fluch der Dimensionalität* zu wirken an. Man sagt, dass die Daten verwässern. Was bedeutet verwässern? Je mehr Dimensionen (das heißt Aspekte) in den Daten berücksichtigt werden, desto schwieriger wird es, Muster zu finden. Nehmen wir einmal an, dass wir die Anzahl an Dimensionen als Anzahl an Bewegungsrichtungen verstehen, die ein Tier durchführen kann, mit dem wir spielen. Wir versuchen es zu fangen. Ein Tier, welches sich in zwei Dimensionen bewegen kann (wie auf einem Feld), kann sich nach links oder rechts (in x-Richtung) bzw. nach vorne oder hinten (in y-Richtung) bewegen. Das könnte ein Hase, ein Hund oder eine Katze sein. Nehmen wir jetzt einmal an, dass wir versuchen, einen Vogel oder einen Fisch zu fangen, wird das schon um so einiges schwieriger, da sich beide noch in z-Richtung bewegen können. Ein Vogel kann nach oben oder unten fliegen und ein Fisch kann tauchen. Beide haben somit drei Dimensionen zur Verfügung. Setzen wir jetzt noch einen obendrauf und denken, dass ein anderes Zaubertier Zeitreisen beherrscht und in die Zukunft bzw. Vergangenheit (der vierten Dimension, also in t-Richtung) entfliehen kann, wird es fast unmöglich, das Tier zu fangen. Das genannte Tier ist unser Muster, das wir entdecken möchten. So kann man sich veranschaulichen, dass es mit jeder Dimension schwieriger wird, Muster in Daten zu finden.

Das gleiche Problem tritt im Bereich der Künstlichen Intelligenz auf. Wie in Abb. 2.4 gezeigt, führte das in klassischen

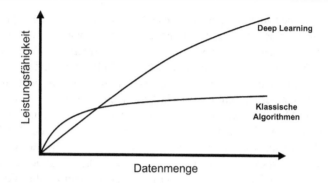

Abb. 2.4 Der Durchbruch durch Deep Learning

Algorithmen dazu, dass die Leistungsfähigkeit (das bedeutet die Anzahl an Dimensionen, die betrachtet werden konnte) irgendwann begrenzt war, weil die notwendige Datenmenge exponentiell anstieg. Der Fluch hielt stand. Um diesen zumindest abzuschwächen, gab es zahlreiche Verfahren wie die Dimensionsreduktion. Neuronale Netze und Deep Learning verhalten sich hier anders. Mit ihnen ist es möglich, beliebig komplexe Modelle, in denen beliebig viele Dimensionen berücksichtigt werden können, aufzubauen. Das Einzige, was man dazu benötigt, sind Daten, Daten, Daten. Deshalb ist Deep Learning in den letzten Jahren immer beliebter geworden. Aber warum Deep Learning nicht unter dem *Fluch der Dimensionalität* leidet, ist noch weitgehend unklar und Stand der aktuellen Forschung. Es gibt viele Theorien, aber komplett aufgeklärt ist dieses Rätsel noch nicht.

Deep Learning bedeutet, dass neuronale Netze aufgebaut werden, die aus unterschiedlichen Schichten bestehen. Jetzt benötigt man nur noch viele markierte Daten (labeled data), bei denen klar ist, was die Ausgabegröße ist, und es kann losgehen. In unserem obigen Beispiel ist die Ausgabegröße, ob das Cabrioverdeck aufgemacht werden kann oder nicht. Nehmen wir jetzt an, dass wir zu den obigen Eingabedimensionen wie Temperatur, Windgeschwindigkeit, Pollenflugdaten, Beifahrerzustand und so weiter Daten erhoben haben und von 15.000 Carbriofahrern wissen, ob sie unter diesen Bedingungen das Dach aufgemacht haben oder nicht, können wir jetzt ein neuronales Netz antrainieren. Über die

Anzahl der Schichten, die wir vorgeben, können wir dem Netz die Möglichkeit geben, viele Dimensionen zu berücksichtigen.

Das geht so weit, dass bei Bildern Neuronalen Netzen die Pixelinformationen ausreichen, um die notwendigen *Features* (und damit Dimensionen) selbst zu lernen. Daher haben Neuronale Netze ihren größten Durchbruch bisher hauptsächlich bei unstrukturierten Daten wie Bildern, Sprache oder Videos gehabt. Hier sind Neuronale Netze auch in der Lage, nur mittels einer ausreichenden Menge an Daten die notwendigen *Features* selbst zu erlernen. Wie viele *Features* (und damit Dimensionen) berücksichtigt werden sollen, wird durch die Anzahl der Ebenen (Layers) vorgegeben. Je mehr Ebenen vorgesehen werden, desto rechenintensiver wird es. Im Jahre 2017 war der Stand der Technik, dass bis zu 1000 Ebenen berücksichtigt werden konnten. Je schneller die Rechenleistung somit durch das exponentielle Wachstum zunimmt, desto komplexer können die Modelle werden.

Schon heutzutage übertreffen diese Netze in vielen Bereichen die Fähigkeiten des Menschen. Beispiele hierfür sind die Diagnose von Krankheiten oder auch *Fraud Detection* (deutsch: Betrugserkennung) im Finanzwesen [7]. Abb. 2.5 zeigt, wie die Fehlerrate

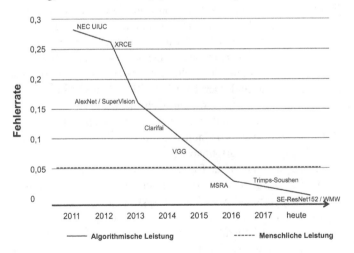

Abb. 2.5 Meilensteine der Fehlerrate bei der Klassifizierung von Bildern durch KI-Algorithmen [6]

von KI-Algorithmen bei der Erkennung von Bildern aus der Datenbank ImageNet, die mehrere Millionen von Fotos der unterschiedlichsten Motive enthält, von über 30 % im Jahr 2010 auf unter vier Prozent im Jahr 2016 gesunken ist. Die Fehlerrate vom Menschen liegt ungefähr bei 5 %. Somit erreichen Algorithmen schon heute in einigen Bereichen eine *superhuman* (übermenschliche) Genauigkeit.

2.3 Big Data

Ein weiterer *Enabler* der Künstlichen Intelligenz ist das Thema Big Data. Darunter ist zu verstehen, dass sich in den letzten 10 Jahren das verfügbare Datenvolumen (sowie die Fähigkeit, dieses kostengünstig zu verarbeiten) erheblich gesteigert hat.

Big Data wird in der Fachliteratur immer in Bezug auf folgende vier *V*s beschrieben: Volume, Variety, Velocity und Value. Anstatt des vierten *V*s *Value* wird auch manchmal *Veracity* (Synonym für Vertrauenswürdigkeit oder Datenqualität) genommen.

Big Data steht an und für sich erstmal als Oberbegriff für die Erhebung und Verarbeitung von Datenmengen, die ein hohes Datenvolumen haben, aus unterschiedlichen Datenquellen stammen und in unterschiedlicher Struktur vorliegen. Um mit solchen Daten umgehen zu können, muss eine gewisse Datenhaltung eingehalten werden, damit sie skalierbar verarbeitbar, verschränkbar und analysierbar sind. Der Treiber für Big Data war ebenso das exponentielle Wachstum, wovon auch die weltweit verfügbaren Daten profitierten. Gründe hierfür sind zum Beispiel das Internet of Things, das Web 2.0, Industrie 4.0 und die weltweit ansteigende Menge an Smartphones. Es wird prognostiziert, dass sich in den nächsten Jahren die Datenmenge weltweit jährlich verdoppelt und somit im Jahr 2020 ein geschätztes Volumen von über 40 Zettabytes erreicht wird. Ein Zettabyte sind eine Milliarde Terabytes (angeblich speichert die NSA Datenmengen von mehreren Zettabytes schon heutzutage). Die Mehrheit dieses Datenvolumens werden unstrukturierte Daten sein wie Bilder, Videos, Präsentationen oder Audiodateien. Der Anstieg der verfügbaren und verarbeitbaren Datenmenge wird alle Industriebereiche umfassen – ganz besonders die Automobilindustrie. Besonders Themen wie das autonome Fahren und das vernetzte Fahrzeug werden ein großer Treiber sein. Der Automobilhersteller BMW schätzt, dass seine Rechenzentren im Jahre 2023 ungefähr 500 Petabytes an Speicherplatz für Daten aus dem autonomen Fahren benötigen. Vernetzte Fahrzeuge bei BMW werden ungefähr 73 Petabytes Speicherplatz pro Jahr in Anspruch nehmen.

Um die Entwicklung von Big Data zu verstehen, muss man sich die Entwicklung vom World Wide Web (WWW) und die vergangenen Entscheidungen und Herausforderungen der Techgiganten aus dem *Silicon Valley* anschauen. Vor der Zeit des Internets liefen Datenbankapplikationen hauptsächlich auf sogenannten *Mainframe*-Computern in Unternehmen. Diese Computer wurden *Big Irons* genannt. Sie wurden für administrative Zwecke eingesetzt und besaßen keinerlei Kundenschnittstelle. Mit der Ankunft des Internets und dem Beginn von dessen kommerzieller Nutzung im Jahre 1987 änderte sich alles. 1991 wurde auf dieser Basis das World Wide Web (WWW) etabliert. Kunden griffen auf Websites im Internet über ihre PCs zu – wie heutzutage. Die Website lief auf einem Server, der Teil des WWW war, und speicherte Daten in einer relationalen Datenbank – häufig SQL. Ein wichtiger Teil des WWW war also von Anfang an der Zugriff auf Daten. Dies war die Zeit der Client-Server-Architektur (siehe Abb. 2.7).

Datenbanken (und auch das Internet) wurden zustandslos (englisch: stateless) aufgebaut. Dies bedeutet, dass man an die Datenbank eine Abfrage stellte und die nächste Abfrage keinen Bezug mehr zur vorherigen hatte. Sie waren voneinander unabhängig. So konnte man die Datenbank fragen *Wie viele Produkte wurden letzten Monat verkauft?* und man bekam eine Antwort. Wollte man jedoch herausfinden, wie viele Produkte davon blau gewesen waren, musste man eine komplett neue Abfrage stellen: *Wie viele blaue Produkte wurden letzten Monat verkauft?* Damit wurde zweimal Rechenleistung angefragt und die zweite Abfrage konnte nicht von der ersten profitieren. Man kann sich jetzt fragen: Na und? Wen interessiert es? Die Rechenpower wächst doch eh exponentiell. Es gab aber eine Person, die dieses sehr stark interessierte: den Gründer von Amazon Jeff Bezos, der die Welt des Handels revolutionieren wollte.

Amazon war ebenso ein Teil des WWW und baute auf diesem auf. Der Erfinder vom WWW, Sir Tim Berners-Lee, hatte die grundlegende Architektur des WWW definiert und es eben auch als *zustandslos* definiert. Der Grund hierfür war, dass Tim Berners-Lee große Teile des WWW mit Xerox PARC und dessen Computern aufbaute. Er orientiere sich an deren Aufbau und war in engem Austausch mit Larry Tesler, einem Informatiker, der dort arbeitete und strenger Gegner von Zuständen war. Diese behinderten nach dessen Auffassung nur die Skalierbarkeit von Systemen. Daher wurde das WWW zustandslos entwickelt.

Den Techgiganten (wie zum Beispiel Amazon) bereitete dies aber große Probleme. Wie sollte Jeff Bezos die Welt des Handels verändern und das Kundenerlebnis optimieren, wenn er den Kundenzustand nicht speichern und jede Datenabfrage erneut stellen musste? In den Anfangszeiten bei Amazon war es so, dass alle Warenkorbdaten verloren waren, wenn man sich als Kunde wieder ausloggte. Nur was man kaufte, wurde gespeichert. Loggte man sich aus und wieder ein, musste man seine Einkaufstour erneut starten. Kein optimales Kundenerlebnis. Jeff Bezos, der vorher an der Wall Street in der IT mit Business Intelligence Tools gearbeitet hatte, hatte da andere Vorstellungen. Er wollte eine Website haben, die den Kunden beim nächsten Login fragt, ob er immer noch an dem Buch interessiert ist, welches er das letzte Mal in den Warenkorb getan, aber nicht gekauft hatte. Und genau dieser Gedanke, die Nutzerhistorie zu archivieren und daraus Entscheidungen und Vorhersagen abzuleiten, war der Anfang von Big Data – mal wieder getrieben durch einen Techgiganten aus dem *Silicon Valley:* Amazon.

Amazon baute seinen Online-Shop auf der Basis der relationalen Datenbank von Oracle auf und investierte 150 Mio. Dollar, um genau die obige Funktionalität zu implementieren. Wenn man einmal ehrlich ist, ist die Anforderung gar nicht so kompliziert und es ist schwer zu glauben, wie das einen Aufwand von 150 Mio. Dollar verursachen konnte. Jeff Bezos und Amazon fingen anfangs an, nur abzuspeichern, was der Kunde sich angeschaut hatte, und weiteten das dann schnell aus, so dass am Ende jeder Tastenanschlag und Mausklick vom Kunden aufgenommen wurde. Und genau das machen sie auch noch heute – aber heute sowohl bei ein- als auch ausgeloggten Nutzern. Dadurch entsteht ein riesiges Datenvolumen. Wenn man sich das mal zeitlich anschaut, ist das auch sehr überraschend, da Amazon dieses Projekt bereits im Jahre 1996 durchführte, wo Venture Capitalists 3 bis 5 Mio. Dollar in Internet Start-Ups investierten. Zu dem Zeitpunkt steckte Jeff Bezos schon 150 Mio. Dollar in die Anfänge von Big Data, um ein optimales Kundenerlebnis zu schaffen. Wenn man heute einmal auf Amazon mit einem Unternehmenswert von 347 Mrd. Dollar schaut, kann man sagen, dass diese Investition sehr weise war.

Das war das erste Big-Data-Wunder. Jeff Bezos hatte es geschafft, eine solche Funktion auf Basis einer klassischen, relationalen SQL-Datenbank von Oracle aufzubauen, die nur mit strukturierten Daten umgehen konnte. Der Nachteil der Lösung war nur, dass man alle Fragen im Vorfeld stellen musste. Auf Basis des zum damaligen Zeitpunkt vorliegenden Produktsortiments musste die Datenbanktabelle aufgebaut werden. Jedes Produkt wurde mit jedem verschränkt und somit konnte berechnet werden, wie wahrscheinlich es ist, wenn ich einen neuen Schuh kaufe, dass ich auch Schnürsenkel, Socken oder etwas anderes benötige. Aber wie wollte man mit einem wachsenden Produktsortiment umgehen? Jedes Mal die Tabellenstruktur neu aufbauen? Zu wissen, wie sich das Produktsortiment entwickelt, ist wie vorherzusagen, wie sich die Liste aller Freunde seines ungeborenen Kindes einmal entwickeln wird – und zwar die vollständige Liste über die komplette Lebenszeit seines Kindes. Das ist schier unmöglich.

Daher war der Bedarf an flexibleren Technologielösungen groß. Die größte Herausforderung in den 90er Jahren im Internet war insofern, mit unstrukturierten Daten umzugehen – also mit Daten, deren Struktur nicht im Vorfeld klar war. Und das sind Daten, von denen wir jeden Tag umgeben sind, wie Bilder, Sprache, Videos, Daten aus Apps, die wir nutzen, und so weiter. Dieses waren die Daten, die sehr häufig auftraten, von denen man sich viel Wissen und Erkenntnisse versprach, die aber kostengünstig gespeichert und verarbeitet werden mussten, da das Risiko auch hoch war, dass vielleicht doch keine spannenden Erkenntnisse herauskamen. Wenn die NSA täglich Millionen von Telefonaten abhört und an nur einem spezifischen Wort interessiert ist, heißt das, dass man entweder eine sehr große Menge an Speicherplatz und Rechenpower benötigt, um diese Audio-Daten zu speichern und zu verarbeiten (damit man die Nadel im Heuhaufen findet), oder man eine clevere Art und Weise braucht, wie man die Daten verarbeitet. Und das Internet, das heißt Google, hatte genau das gleiche Problem – aber nicht beim Abhören von Telefonaten – sondern bei seiner *Freitextsuche*. Suchmaschinen investierten Millionen von Dollar, um eine gute Suchfunktion aufzubauen, die Websites im WWW absuchen und archivieren sollte, um dann über Werbung Geld zu verdienen.

Im Jahr 1998 gab es über 30 Mio. Websites (heutzutage sind es mittlerweile mehr als 2 Mrd.). Das waren 30 Mio. Anlaufpunkte für Daten, da Websites ja Bilder, Meta-Daten, Unterseiten, Verweise auf andere Websites, Videos, Audiodateien und somit Abertausende von Wörtern enthalten. Um das WWW gut durchsuchbar zu machen und das Problem der Freitextsuche zu lösen, musste das komplette Internet daher indexiert werden. Das war nun wirklich Big Data! Zum Indexieren müssen natürlich alle Websites erstmal angeschaut und analysiert werden. Man kann ja auch kein Glossar von einem Buch aufbauen, wenn man es noch nicht gelesen hat. Dies geschah im Internet durch sogenannte *Spider*. Das sind kleine, automatisierte Programme, die das ganze Internet nach Inhalten und Änderungen absuchen, um die Inhalte dann in ein Glossar zu legen – sprich zu indexieren. Gute Suchmaschinen halten nicht nur ihren Index aktuell, sondern historisieren auch alle alten Versionen dieses Index. Ein Index nimmt im Schnitt ein Prozent des abgesuchten Datenvolumens in Anspruch. Aber einen Index zu haben, bedeutet noch nicht, dass man damit Suchanfragen beantworten kann. Aus diesem Index gute Antworten auf Suchanfragen abzuleiten, ist ein noch viel größeres Problem. So gab es damals Dutzende von Suchmaschinen, die versuchten, dieses Problem zu lösen. Alta-Vista war eine Suchmaschine, die zu der Zeit sehr bekannt war und vom Computer Science Lab von Xerox PARC entwickelt wurde. Aber am Ende setzte sich nur Google durch. Warum? Weil es das Big-Data-Problem am effizientesten löste. AltaVista konnte das vierte V (Veracity) nicht gut erfüllen. Die Suchergebnisse enthielten zu viel Müll. Es wertete nur die Häufigkeit von Wörten aus und so konnten Website-Besitzer ihre Website in dem Index posi-

tiv beeinflussen, indem sie einfach tausende Male das Wort, auf
das sie optimierten, auf ihre Website schrieben.

Und dann kam Google! Google hob sich von allen anderen
Suchmaschinen wie AltaVista, Yahoo und Excite ab, indem es
einen neuen Algorithmus – den Page-Rank-Algorithmus – ein-
führte und auf billige Standard-Hardware zum Aufbau seines Index
setzte. Der Page-Rank-Algorithmus war in der Lage, die Nütz-
lichkeit einer Website mit in Betracht zu ziehen, indem er maß,
wie häufig eine Website verlinkt war. Die anderen Suchmaschinen nutzten alle teure Supercomputer. Deshalb hatte Google die
Chance, ein tragfähiges Geschäftsmodell mit seiner Suchmaschine
aufzubauen.

Somit kommen wir zu dem zweiten entscheidenden Big-Data-
Durchbruch, der erklärt, warum Google heute 479 Mrd. Dollar wert
ist und sich als die einzige relevante Suchmaschine durchgesetzt
hat. Weil die beiden Google-Gründer rechtzeitig erkannten, dass
der Schlüssel zu einem funktionsfähigen Geschäftsmodell der Aufbau einer kosteneffizienten, skalierbaren Serverinfrastruktur ist,
fingen sie genau damit an. Sie erforschten, wie es möglich ist, tausende günstiger Standardrechner zu einem Verbund zusammen-
zuschließen, der wie ein riesiger Supercomputer agiert – in einer
Größe, wie es die Welt noch nicht gesehen hatte. Wo sich andere
Unternehmen zu der Zeit darauf verließen, dass Moore's Law und
das exponentielle Wachstum ausreichen würden, die verfügbare
Rechenpower stetig wachsen zu lassen, beschäftigte sich Google
bereits Ende der 1990er Jahre damit, wie es sein Geschäftsmodell
kostenmäßig optimieren konnte. Googles Arbeit auf diesem Themengebiet hat zu allen Schlüsseltechnologien geführt, auf denen
heutzutage die Tools zum Prozessieren von Big Data (wie Hadoop,
Spark und HDFS) basieren (siehe Abb. 2.6). Da es für jede dieser
Open-Source-Software die Ursprungsidee lieferte, verfügt es in
jedem Bereich über strategisches Wissen, was diese Komponenten betrifft.

Um dieses verteilte Netzwerk von Google besser zu verstehen,
welches wie ein großer Supercomputer funktioniert, werden wir
uns das einmal genauer anschauen. Wenn ich eine Google-Suche
starte, interagiere ich im ersten Schritt mit ungefähr drei Millionen Webservern. Diese stehen in hunderten über die ganze Welt

verteilten Datencentern. Diese Server nehmen die Nutzersuchan-
fragen entgegen (ungefähr 12 Mrd. pro Tag) und fragen bei anderen Servern nach passenden Ergebnissen an. Dann bereiten sie das
Ergebnis auf (zum Beispiel fügen sie passende Werbung hinzu)
und liefern es an den Nutzer aus. Der komplette Suchindex ist auf
weiteren 2 Mio. Servern gespeichert. Drei Millionen zusätzliche
Server enthalten die zu den indizierten Wörtern passenden Doku-
mentseiten. Insgesamt kommt Google somit auf 8 Mio. Server, die
wie ein großer Supercomputer agieren – und die YouTube-Server
sind noch nicht dazugerechnet.

Die wichtigsten Kernkomponenten, die Google ebenso veröffentlicht hat, um solch einen Supercomputer zu entwickeln, sind
in Abb. 2.6 dargestellt. Aus diesen Komponenten sind über Reverse
Engineering zahlreiche bedeutende Open-Source-Projekte entstanden wie zum Beispiel Hadoop. Eine der wichtigsten Entwicklungen war sicherlich das Google File System (kurz: GFS), mit dem
Millionen von Servern auf denselben Speicher zugreifen können.
Zumindest sieht es für die Server so aus. In Wirklichkeit sind die
Daten in Teile aufgespalten, die clever verteilt sind und bei Änderungen schnell aktualisiert werden. Dadurch werden Datenkon-
sistenz sowie schnelle Antwortzeiten halbwegs sichergestellt. Um

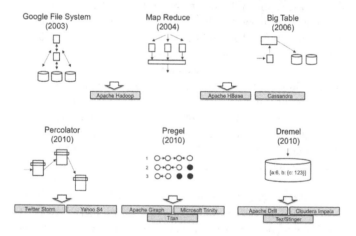

Abb. 2.6 Big-Data-Geschichte anhand der technologischen Entwicklung von
Google

diese Aktualisierungen schnell durchführen zu können, braucht Google gute Datenleitungen – am besten auf Basis von Glasfaser. Google veröffentlichte die wissenschaftliche Publikation dazu im Jahr 2003. Die zweite bahnbrechende Entwicklung war die Technologie MapReduce, die die Welt verändert hat und 2004 von Google veröffentlicht wurde. MapReduce verteilt ein großes Problem auf hunderte oder tausende von Servern. Das Problem wird in der ersten Phase auf die Server in kleine Pakete verteilt (map) und dann wieder zu einer Antwort eines Servers aggregiert (reduce). BigTable ist die hochskalierbare Datenbanktechnologie von Google, die alle Daten enthält und auf unstrukturierte Daten spezialisiert ist. Hieraus ist das berühmte Open-Source-Projekt HBASE entstanden sowie die Facebook-Datenbank Cassandra, auf die viele Big-Data-/KI- und Analytics-Start-Ups setzen.

Den Durchbruch erreichte Google, als es begriff, dass es nicht reicht, das Internet so kostengünstig wie möglich mit Millionen von Standard-Computern zu indexieren. Irgendwann verstanden die Manager, dass der Schlüssel zum Erfolg ist, dass sie – wie Amazon – den Nutzer und sein Verhalten aufnehmen, analysieren und indexieren müssen. Sie nahmen alle Tools, die sie schon hatten, und waren jetzt in der Lage, die perfekte Werbung für jeden Nutzer auszuspielen. So erhöhten sie die Klickraten und Einnahmen um das 10- bis 100-Fache.

Jetzt war das Thema Big Data so weit, seinen Siegeszug weltweit anzutreten.

2.4 Cloud

Ein wesentlicher Enabler für Künstliche Intelligenz sind Cloud-Services, da hierdurch flexible Rechenleistung und Infrastruktur bei Bedarf zur Verfügung gestellt werden können. Dies begann mit der Entwicklung von Mainframe-Systemen in den 1970er Jahren, die noch recht unflexibel waren. Danach folgte die Vernetzung von Standard-Computern auf Basis von Big-Data-Technologien, die heutzutage zu Clouds vernetzt werden können (siehe Abb. 2.7). Dadurch ist die skalierbare Ausführung von KI-Algorithmen möglich und die Datenmenge stellt keinen Blocker mehr dar. Egal

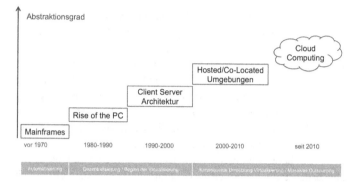

Abb. 2.7 Cloud-Geschichte

wie viele Daten analysiert werden sollen, die heutigen Cloud-Umgebungen können auf Knopfdruck die nötigen Ressourcen zur Verfügung stellen.

Dabei werden drei Modelle beim Angebot von Cloud-Services unterschieden:

1. Infrastructure as a Service (IaaS),
2. Platform as a Service (PaaS) und
3. Software as a Service (SaaS) (mit Function as a Service (FaaS) als Teilbereich).

IaaS-Lösungen stellen die Hardware (Storage, Kommunikations-netz und Server) zur Verfügung. Häufig unterliegt diese sogenann-ten Service-Leveln (Service Level Agreements, SLAs). Die Ser-ver werden mit vorinstallierten Betriebssystemen zur Verfügung gestellt. Auf dieser Basis kann dann eigene Software installiert und betrieben werden. PaaS-Lösungen unterscheiden sich insofern von IaaS-Lösungen, als neben der Infrastruktur noch vorinstallierte Software in Form einer Plattform angeboten wird. Dies kann ein Framework zur einfachen Softwareentwicklung und zum Softwa-rebetrieb wie Cloudfoundry sein. Der Nachteil gegenüber IaaS-Lösungen liegt darin, dass der sogenannte *Lock-In-Effekt* höher ist. Im Rahmen einer homogenen Betriebslandschaft müssen entwe-der alte Services auf die jeweilige Plattform konvertiert und neue

Services streng dort hineingeschrieben werden. Daher bevorzugen Automobilhersteller aktuell noch die Nutzung von IaaS gegenüber PaaS. Bei SaaS-Lösungen ist auch Software in Form von Anwendungsprogrammen vorinstalliert. Das kann ein komplettes Flottenmanagement-System oder SAP-Modul sein. Unter FaaS fallen „Managed Services", die bei Cloud-Anbietern auf Knopfdruck dazugebucht werden können, wie AWS Lambda bei Amazon Web Services. Solche Services lösen häufige Standardprobleme und können als Funktion eingekauft werden, ohne dass man sich selbst über den Betrieb Gedanken machen müsste.

Häufig wird noch zwischen *Private Cloud* und *Public Cloud* unterschieden. Dabei umfasst das öffentliche Modell (public cloud) die Nutzung von frei verfügbaren Cloud-Anbietern wie Amazon Web Services, Microsoft Azure oder der Google Cloud. Viele Großunternehmen verfügen bereits heute über Rahmenverträge mit einem oder allen dieser Cloud-Anbieter. Im „public cloud"-Modell bekommen dann die Mitarbeiter Zugriff auf einen exklusiven Bereich in der jeweiligen Cloud. Das Modell „private cloud" bedeutet, dass Unternehmen auf Basis von Open-Source-Software wie OpenShift, OpenStack oder sogenannten Big Data Frameworks wie Cloudera, MapR oder Hortonworks ihre eigenen Rechenzentren ermächtigen, Cloud-Services anzubieten. Dies hat den Vorteil, dass theoretisch kein anderes Unternehmen Zugang zu ihren Daten hat. Dieser Vorteil geht aber mit dem Nachteil einher, diese komplexe Lösung selbst betreiben zu müssen. Aufgrund der Schnelligkeit, mit der das exponentielle Wachstum und die Marktentwicklung in der Automobilindustrie voranschreiten, wird der „public cloud"-Ansatz immer häufiger genutzt.

Wie oben dargestellt bieten somit Cloud-Services die Option, flexibel und bedarfsweise genutzt zu werden. Dabei muss man sich selbst nicht mehr Gedanken über Servicequalität, Verfügbarkeit, Skalierbarkeit und Ähnliches Gedanken machen. Es wird sozusagen Rechenleistung wie Strom bezogen. Die Abrechnung erfolgt nach Verbrauch und die Leistung steht täglich 24 h zur Verfügung. Genau diese Flexibilität und die Möglichkeit, Spitzenlasten schnell auszugleichen, gelten als die Hauptargumente, mit denen die Cloud ihren Durchbruch auch im Bereich der Künstlichen Intelligenz hatte. Dauerte es vorher Monate, eine Infrastruktur aufzubauen, mit der man sich einen strategischen Vorteil im Markt verschaffen konnte, kann das nun theoretisch jeder auf Knopfdruck innerhalb von Stunden. Genau diese Möglichkeit, große Datenmengen schnell auszuwerten und komplexe, rechenintensive Modelle wie neuronale Netze bedarfsgerecht zu trainieren, bietet in der heutigen Welt, wo schnell auf Kundenbedürfnisse agil reagiert werden muss, immense Vorteile.

Häufige Probleme hinsichtlich der Datenauswertung bestehen noch darin, dass die Daten in der jeweiligen Cloud liegen müssen. Handelt es sich nun um eine „public cloud", hat der Anbieter theoretisch Zugriff auf sensible Unternehmensdaten. Speziell in der heutigen Zeit, in der jeder Cloud-Anbieter auch ein potentieller Konkurrent im Automobilumfeld sein kann, kann man da schon einmal ins Zweifeln kommen, ob das sinnvoll ist. Aber letztendlich bleibt keine andere Option, wenn man schnell sein möchte. Ein weiterer kritischer Punkt liegt vor, wenn es sich um personenbezogene Daten handelt. Diese sollten in jedem Fall in der „private cloud" liegen. Dies kann dann aber wiederum zu sehr komplizierten hybriden Cloud-Umgebungen führen, die extrem schwierig zu betreiben sind.

Insgesamt kann man sagen, dass Cloud-Services eine hervorragende Möglichkeit darstellen, flexibel große Datenmengen zu speichern und rechenintensive KI-Algorithmen skalierbar auszuführen. Anstatt lange auf die Bereitstellung von Rechenleistung warten und große Investitionen für die notwendigen Server tätigen zu müssen, wie es früher in großen Unternehmen häufig vorkam, stehen die erforderlichen Services heute schnell und bedarfsgerecht zur Verfügung. Die Kosten entstehen aus den eingekauften Service-Leveln und der Art der Bereitstellung als IaaS-, PaaS-, SaaS- oder FaaS-Lösung. Cloud-Lösungen können daher als entscheidender Enabler für KI-Projekte gesehen werden, da sie ein agiles Vorgehen unterstützen und mit überschaubaren Kosten die Analyse großer Datenmengen sowie das Training komplexer, rechenintensiver Algorithmen ermöglichen.

2.5 Spannungsfelder für Künstliche Intelligenz

Nun wird auf vier gegenläufige Trends für Künstliche Intelligenz eingegangen, die zumindest ein Spannungsfeld darstellen:

- Der steigende Energiebedarf der Informationstechnologie
- IT-Sicherheit
- Analyse personenbezogener Daten
- Leistungsfähige Unternehmens-Netzwerke

Der steigende Energiebedarf der Informationstechnologie durch immer höhere Taktraten und Leistungsfähigkeit treibt negative Entwicklungen wie zunehmende Wärmeentwicklung und Umweltverschmutzung. Daher muss es das Ziel sein, trotz stetiger Leistungsverbesserung auch auf die Energieeffizienz zu achten. Da die Künstliche Intelligenz und somit auch die Informationstechnologie als Enabler für stetig effektivere Algorithmen, Big Data und Cloud einen immer stärkeren Anteil im Geschäftsmodell der Automobilhersteller einnehmen wird, müssen Automobilhersteller dies in ihrer Ökobilanz berücksichtigen.

Alle Automobilhersteller verfügen über eigene Rechenzentren und sind im Begriff, Rahmenverträge oder strategische Kooperationen mit Cloud-Anbietern einzugehen. Ein gutes Beispiel hierfür ist die strategische Kooperation zwischen Volkswagen und Microsoft [8]. Auch wenn man denken sollte, dass es von Vorteil wäre, als Automobilhersteller ein großes, globales Rechenzentrum aufzubauen, liegt der Trend doch eher darin, verteilt Rechenzentren in relevanten Geo-Positionen zu errichten. Dadurch können bei nutzerzentrischen Diensten kurze Reaktionszeiten garantiert werden. Ebenso ist es Auflage in China, Rechenzentren vor Ort aufzubauen, die ebenso von chinesischen Firmen betrieben werden.

Automobilhersteller haben einen stets steigenden Bedarf an Rechenleistung. Dies kommt vom Bedarf, das Fahrzeug zu vernetzen und dem Kunden digitale Dienste anzubieten, sowie von der Notwendigkeit strukturierte und unstrukturierte Daten für KI-Projekte zu speichern. Treiber hierfür sind die Digitalisierung der Produktion mit Industrie 4.0, die „Gesprächigkeit" von Kleinstcomputern („Internet of Things", IoT) sowie das steigende Daten-volumen in Fahrzeugen. Um diese Daten durch Künstliche Intel-ligenz auszuwerten, wird viel Energie benötigt und Strom ver-braucht.

Daher arbeiten Cloud-Anbieter kontinuierlich daran, ihren Rechenzentrumswirkungsgrad zu verbessern, so dass weniger Energie für den Betrieb des Rechenzentrums notwendig ist. Diese eingesparte Energie steht dann als frei gewordene Rechenpower zur Verfügung. Zusätzlich zu den Cloud-Anbietern, die an ihrer Energieeffizienz arbeiten, versuchen auch die Computerhersteller, die Leistungsaufnahme von Rechnern stets zu senken. Lag diese im Jahr 2010 noch bei knapp 100 Watt, haben leistungsfähige Chips in Smartphones heutzutage einen Bedarf von unter 3 Watt. Das kann sich sehen lassen und ist positiv zu beurteilen. Allerdings besteht das Problem darin, dass fast jeder heutzutage so ein Gerät besitzt. Dieser Trend wird sich zudem weiterhin fortsetzen. Zählt man noch die PCs, Notebooks und Tablets dazu, haben wir schon heute mehrere Geräte pro Nutzer. Als weiteren negativen Trend kann man noch die Vernetzung dieser Geräte betrachten. Dies ist ebenso gültig für die vernetzten Fahrzeuge. Durch ihre Vernet-zung mit Backend-Systemen produzieren sie eine stetige Last bei den Cloud-Anbietern. Daher wird der notwendige Energiebedarf bei den Cloud-Anbietern durch die Vernetzung ebenso ansteigen. Somit wird auch der weltweite IT-seitige Energiebedarf exponen-tiell wachsen [9].

Den steigenden Energiebedarf müssen Automobilhersteller auch in ihrer Ökobilanz berücksichtigen. Um die Umwelt zu schüt-zen und den Klimawandel aufzuhalten, müssen Automobilherstel-ler sowohl bei der Produktion als auch in den späteren Service-Phasen wenig Energie verbrauchen. Diese Energie sollte auch aus umweltfreundlichen Quellen bezogen werden. Das ist auch ein Grund, warum aktuell Automobilhersteller wie Volkswagen ihre Kraftwerke umrüsten. Der IT-Energieverbrauch muss somit in die gesamte Ökobilanz des Automobilherstellers einbezogen werden. Dies muss beim „CO_2-Footprint" der Fahrzeuge miteinbezogen werden, der so gering wie möglich sein sollte.

Gemäß der exponentiellen Entwicklung und der damit stei-genden verfügbaren Rechenleistung wird es möglich sein, mehr Software zu entwickeln und auszuführen. Speziell Open-Source-

Software, die häufig von den Techgiganten öffentlich zugänglich gemacht wurde, um die Entwicklungsleistung wieder für andere Themen zur Verfügung zu haben, besteht aus Millionen Zeilen von Software-Code. Das Problem mit Software-Code ist allerdings, dass es unmöglich ist, diesen fehlerfrei zu entwickeln. Daher wird durch den Einsatz von KI im Unternehmen, die häufig auf Open Source-Projekten aufsetzt, das Thema IT-Sicherheit immer wichtiger.

Basis für die richtige Anwendung von IT-Sicherheit, damit eine Auditierung stattfinden kann, bilden zahlreiche Gesetze und Normen. Dabei hat die ISO-2700x-Normenreihe die höchste Wichtigkeit. Hierin werden Vorgaben und Empfehlungen zu Authentifizierung, Verschlüsselung, Schlüsselmanagement, Monitoring und Identitätsmanagement gemacht. Ebenso werden Empfehlungen zu Schutzbedarfsanalysen gegeben und es wir angeraten, welche Maßnahmen im Falle des Erkennens eines Eindringlings ergriffen werden sollten. Zusätzlich gibt es zahlreiche Spezialnormen wie die DIN EN 50600, die speziell für Cloud-Anbieter von Relevanz ist, da hier auf den Aufbau und die Konfiguration von Infrastruktur eingegangen wird. Die IEC62443 gibt Vorgaben für die Zertifizierung der IT-Sicherheit in industriellen Automatisierungssystemen.

Die oben genannten Normen und Gesetze bilden einen guten ersten Anlaufpunkt, um IT-Sicherheit stärker im Unternehmen zu verankern und auch eine gute Basis für KI-Projekte zu legen. IT-Sicherheit stellt ein eigenes Thema dar und kann hier nur oberflächlich gestreift werden. Einen sehr guten Fachüberblick mit weiterführenden Quellen gibt ein Abschlussbericht vom Bundesministerium für Wirtschaft und Energie, der im Rahmen der Studie „IT-Sicherheit für die Industrie 4.0" erstellt wurde [10]. Auch wenn diese Studie auf Industrie 4.0 fokussiert, gibt sie doch einen guten Überblick hinsichtlich Themen, die für IT-Sicherheit relevant sind, wie rechtliche, technologische und organisatorische Anforderungen.

Auf die in den Studien aufgezeigten und empfohlenen Maßnahmen wird hier nicht im Detail eingegangen. Es ist aber wichtig zu verstehen, welche Bedeutung die IT-Sicherheit gerade unter dem Aspekt der Künstlichen Intelligenz hat. Mit der fortlaufenden Vernetzung der Fahrzeuge und der Integration und Automatisierung von Prozessen über die komplette automobile Wertschöpfungskette hinweg, der Nutzung neuer KI-Algorithmen und Open-Source-Software, dem Einsatz von Big Data und Cloud-Technologien steigen die möglichen IT-Sicherheitsrisiken und somit die Relevanz dieses Themas erheblich. Um dennoch die Schnelligkeit in der KI-Transformation zu halten und neue Technologien wie Open-Source-Frameworks nutzen zu können und neue Ideen schnell an den Kunden auszuliefern, muss IT-Sicherheit in den agilen Entwicklungsteams verankert werden. Hier spricht man auch von DevSecOps, was bedeutet, dass Entwicklungsteams nicht nur Software entwickeln und diese betreiben, sondern auch die Software kontinuierlich auf Security-Lücken prüfen. So arbeiten sie proaktiv an der Sicherstellung der IT-Sicherheit in ihren Komponenten.

Ebenso stellt die Analyse personenbezogener Daten ein Spannungsfeld dar. Personenbezogene Daten haben für die Datenanalyse den höchsten Wert, da sie die meisten Informationen enthalten. Diesen Personenbezug zu entfernen (zum Beispiel durch Anonymisierung), bedeutet Wert aus den Daten zu beseitigen. Die Prozessierung und Nutzung solcher Daten (das Speichern, Verändern, Übermitteln, Sperren, Löschen und Analysieren) unterliegt in Deutschland dem Bundesdatenschutzgesetz (BDSG). Um personenbezogene Daten handelt es sich, wenn aus den Daten ein Personenbezug ableitbar ist. Ziel des Gesetzes ist es, die Bevölkerung vor Datenmissbrauch zu schützen. Im Grunde gilt, dass es nur erlaubt ist, personenbezogene Daten zu erheben, zu analysieren und zu nutzen, wenn der betroffene Kunde diesem explizit zugestimmt hat (das heißt sein *Consent* vorliegt) bzw. dieses durch die Gesetzeslage erlaubt ist. Damit der Kunde der Verarbeitung zustimmen kann, muss er über den Verwendungszweck und die Art und Weise der Verarbeitung aufgeklärt werden. Somit erteilt er seinen *Consent*. Dieser *Consent* ist dann ausschließlich für den vereinbarten Anwendungsfall gültig. Für andere Anwendungsfälle dürfen diese Daten nicht genutzt und ausgewertet werden. Besteht der Verwendungszweck nicht mehr und ist obsolet, müssen die Daten gelöscht werden.

Ebenso ist im Einzelfall zu entscheiden, welche Informationen einen Personenbezug enthalten. Denkt man im ersten Schritt, dass es sich nicht um ein personenbezogenes Datum handelt, kann es sein, dass über die geschickte Verknüpfung mit öffentlichen Datensätzen ein Personenbezug herstellbar ist. So handelt es sich im Automobilbereich bei der Fahrzeugidentifikationsnummer um eine Information mit Personenbezug, da diese in Verkaufssystemen mit dem Käufer verknüpft ist. Über immer leistungsfähigere KI-Algorithmen ist es daher auch möglich, einen Personenbezug herzustellen, der vielleicht früher nicht berechenbar war.

In KI-Projekten, wo häufig solche personenbezogenen Daten in Cloud-Rechenzentren gespeichert und analysiert werden, treten immer wieder komplexe juristische Fragestellungen auf. Dies kommt daher, dass entweder die Rechenzentren oder die Cloud-Anbieter in den USA angesiedelt sind, wo weniger strikte Schutzgesetze und der *Patriot Act* gelten. Daher sollte in KI-Projekten auch immer ein Rechtsexperte bzw. der Datenschutzbeauftragte des Unternehmens involviert sein, um dieses Spannungsfeld zu adressieren.

Leistungsfähige Unternehmens-Netzwerke stellen ebenfalls eine wichtige Voraussetzung bei der Umsetzung einer KI-Strategie bzw. bei der Durchführung von KI-Projekten dar. Die IT-Infrastruktur in der Automobilindustrie ist um die Prozesse der Automobilproduktion entstanden. Daher ist sie auf Themen wie Industrie 4.0, wo große Datenmengen übertragen und gespeichert werden müssen, nicht vorbereitet. Zusätzlich erfordern Industrie-4.0-Programme eine zuverlässige Kommunikation auf Werksebene und eine starke Integration in die bisherige Unternehmens-IT für eine mögliche Datenverschränkung. Somit steigen die Anforderungen an die Unternehmens-Netzwerke erheblich.

Die heutzutage verfügbaren Bandbreiten der genutzten Netzinfrastruktur können diese Bedarfe nicht abdecken und es ist wichtig, rechtzeitig Maßnahmen zu definieren und umzusetzen, damit das Unternehmensnetzwerk nicht zum *Bottleneck* (deutsch: Engpass) für KI-Projekte bzw. die KI-Transformation des Unternehmens wird. Um die Potentiale der Cloud bei der Datenauswertung nutzen zu können, müssen dann die Unternehmensnetzwerke sicher und leistungsfähig an das Rechenzentrum des Cloud-Anbieters (zum Beispiel über VPN) angeschlossen werden. Große initiale Datenübertragungen (in der Größe von Tera- oder Petabytes) sollten dabei händisch über leistungsfähige Festplatten übertragen werden. Hierfür bietet zum Beispiel Amazon Web Services einen Dienst an, der *Snowball* heißt. Der Snowball ist ein Computer mit einem Speichervolumen von 80 bis 120 Terabyte, auf den Daten hochgeladen werden können. Danach wird dieser Computer, der in einem sehr robusten Plastikgehäuse versandsicher verpackt ist, zurück an Amazon geschickt und die Daten werden in den jeweiligen Cloud-Speicherbereich übertragen. Darüber können initial große Datenmengen komfortabel in die Cloud übertragen werden. Solche Datenmengen liegen bei Automobilherstellern in der Produktion oder in der Fahrzeugabsicherung von Erprobungsfahrten vor, bei denen normalerweise der komplette Fahrzeug-Datenbus aufgezeichnet wird.

Literatur

1. Perry, T. S. Move Over, Moore's Law: Make Way for Huang's Law. (IEEE Spectrum). https://spectrum.ieee.org/view-from-the-valley/computing/hardware/move-over-moores-law-make-way-for-huangs-law. Zugegriffen: 25. März 2019.
2. Bohr, M. (2015). Moore's law will continue through 7 nm chips. ISSCC Conference.
3. Moore, G. (1965). Cramming more components onto integrated circuits. *Electronics, 38*(8).
4. Kurzweil, R. (2006). *The Singularity Is Near: When Humans Transcend Biology.* Penguin Books, London.
5. Riegler, A. Singularität: Ist die Ära der Menschen zu Ende? futurezone. 11. Apr. 2011. https://futurezone.at/science/singularitaet-ist-die-aera-der-menschen-zu-ende/24.565.454. Zugegriffen: 26. März 2019.
6. EFF. (2018). AI progress measurement. https://www.eff.org/de/ai/metrics. Zugegriffen: 4. Apr. 2019.
7. Fawcett, T., & Provorst, F. (1997). Adaptive fraud detection. *Data Mining and Knowledge Discovery, 1*(3), 291–316.
8. Klauß, A. Volkswagen und Microsoft treiben Zusammenarbeit bei Automotive Cloud voran, Microsoft News Center. https://news.microsoft.com/de-de/volkswagen-und-microsoft-treiben-zusammenarbeit-bei-automotive-cloud-voran/. Zugegriffen: 25. März 2019
9. Hintemann, R., Ostler, U. Verschlingen Rechenzentren die weltweite Stromproduktion? Datacenter-Insider. https://www.datacenter-insider.de/verschlingen-rechenzentren-die-weltweite-stromproduktion-a-811445/. Zugegriffen: 25. März 2019.
10. Bachlechner, D., Behling, T., Holthöfer, E. *IT-Sicherheit für die Industrie 4.0. BMWi-Studie.* Abschlussbericht 01/201.

Künstliche Intelligenz

3

Zusammenfassung

Dieses Kapitel gibt einen leichten Einstieg in die Künstliche Intelligenz. Beginnend mit deren Geschichte werden die für die Automobilindustrie relevanten Verfahren kurz erklärt. Dies reicht von Verfahren aus dem Bereich des überwachten Lernens bis hin zum Deep Learning und Reinforcement-Learning. Zum Ende wird auf die Bewertung von entwickelten Verfahren sowie auf die Chancen und Grenzen von KI-Verfahren eingegangen.

3.1 Die Geschichte der Künstlichen Intelligenz

Viele Hollywood- und Science-Fiction-Autoren haben schon darüber Bücher geschrieben und Filme gedreht, wie KI unsere Welt verändern wird. Am populärsten ist wahrscheinlich SkyNet aus dem Terminator-Film. Hier wird die KI SkyNet von den Menschen geschaffen, um Amerika gegen seine Feinde zu verteidigen, und schnell – mit immer größerer Intelligenz – erkennt SkyNet den Menschen als schlimmsten Gegner für die Menschheit und startet einen Kampf gehen ihn. Aber wie weit sind wir wirklich mit der KI? Ist es realistisch, dass wir alsbald ein SkyNet erschaffen und werden uns dann die Maschinen übertrumpfen? Uns auslöschen?

© Der/die Herausgeber bzw. der/die Autor(en), exklusiv lizenziert durch Springer Fachmedien Wiesbaden GmbH, ein Teil von Springer Nature 2021
M. Nolting, *Künstliche Intelligenz in der Automobilindustrie*, Technik im Fokus, https://doi.org/10.1007/978-3-658-31567-2_3

45

Wenn man zurückblickt auf die Geschichte der Künstlichen Intelligenz, findet man immer wieder in Büchern Hinweise darauf, dass es bereits in der Antike erste Denkanstöße in diese Richtung gegeben haben soll [2]. Dennoch ist sicherlich das *Summer Research Project on Artificial Intelligence,* welche im Jahr 1956 am Dartmouth College in Hanover (New Hampshire) stattfand, als Geburtsstunde der Künstlichen Intelligenz anzusehen (siehe Abb. 3.1). Es handelte sich um eine 6-wöchige Konferenz, die von John McCarthy organisiert wurde, welcher die Programmiersprache LISP entwickelt hatte. Andere renommierte Teilnehmer dieser Konferenz waren der KI-Forscher Marvin Minsky (1927–2016), der Informationstheoretiker Claude Shannon (1916–2001), der Kognitionspsychologe Alan Newell (1927–1992) und der spätere Nobelpreisträger Herbert Simon (1916–2001). Die Teilnehmer waren sich einig, dass Intelligenz nicht nur auf das menschliche Gehirn beschränkt sein muss, sondern auch außerhalb künstlich geschaffen werden könnte. Daher verwendeten sie den Begriff *Artificial Intelligence,* der sowohl damals als auch heute umstritten ist [3].

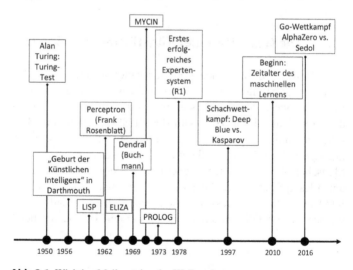

Abb. 3.1 Wichtige Meilensteine der KI-Forschung

Nach der Konferenz fand ein KI-Boom statt, da zu dieser Zeit das exponentielle Wachstum anfing und Computer begannen, stets leistungsfähiger und günstiger zu werden. Genauso wurden auch Fortschritte in der Algorithmik erzielt und die *Künstlichen Neuronalen Netze* geboren, die der Ursprung für das heutige *Deep Learning* sind. Es wurden Prototypen entwickelt. Newell und Simon entwickelten den General Problem Solver. Joseph Weizenbaum entwickelte das Programm ELIZA, welches der Vorläufer für alle heutigen Chat-Bots und auch Sprachassistenten wie Amazons Alexa ist. Hier bekam man schon damals ein Gefühl von dem, was die Künstliche Intelligenz vielleicht irgendwann alles schaffen kann.

Aber auf diesen Boom und KI-Sommer folgte auch bald der KI-Winter. Angespornt durch die frühen Erfolge, kam es zu sehr starken Fehleinschätzungen und Übererwartungen. Herbert Simon stellte 1957 die Prognose auf, dass innerhalb der nächsten 10 Jahre ein Computer den Schachweltmeister schlagen und einen mathematischen Satz entdecken und beweisen würde [4]. Der Schachweltmeister wurde allerdings erst wesentlich später besiegt. Ebeno äußerte sich Marvin Minsky im Jahr 1970 im Life-Magazin dahingehend, dass es *nur noch 8 Jahre dauere, bis eine Maschine so schlau wie ein durchschnittlicher Mensch sein werde*. Somit wurden viele Erwartungen und Prophezeiungen zunächst nicht erfüllt. Obwohl die Rechenleistung stets anstieg, reichte sie damals noch nicht aus. Die Zeitspanne von 1965 bis etwa 1975 wird daher als *KI-Winter* bezeichnet.

Ab 1980 konzentrierten sich Forscher auf die Entwicklung von Expertensystemen. Als Vater solcher Expertensysteme wird der Informatik-Professor Edward Feigenbaum genannt, der an der Stanford University lehrte. Expertensysteme basierten auf einer Menge von Regeln und einer Wissensbasis, die in einem klar abgegrenzten Themengebiet logische Schlüsse ziehen konnte. Als eines der bekanntesten Expertensysteme gilt das MYCIN-System, welches das differentialdiagnostische Schließen beherrschte und zur Unterstützung von Diagnose- und Therapieentscheidungen bei Meningitis und Blutinfektionskrankheiten genutzt wurde [20]. Expertensysteme konnten sich allerdings nicht durchsetzen, da sie zu unflexibel und nur begrenzt lernfähig waren. Ebenso zu Beginn der 1980er Jahre investierte Japan 400 Mio. Dollar in Künstliche Intelligenz und erschuf das *Fifth Generation Project*. Dieses Projekt hatte das Ziel, praktische Anwendungen für Künstliche Intelligenz zu finden und zu fördern. Für die Implementierung setzten sie nicht auf die funktionale Programmiersprache LISP, sondern auf die neu entstandene objektorientierte Sprache PROLOG [5].

Ab ungefähr 1990 entstand das Forschungsgebiet der Verteilten Künstlichen Intelligenz. Dieses Gebiet wurde von Marvin Minsky geschaffen und wurde die Basis der sogenannten Agententechnologie, welche Antworten auf komplexe Fragestellungen durch Simulationen findet [6]. Zu dieser Zeit wurden auch auf dem Gebiet der Robotik große Fortschritte gemacht. Hierbei half besonders ein Wettbewerb mit dem Namen RoboCup, an dem viele Wissenschaftler und Studenten aus der ganzen Welt teilnahmen. Ziel war es, Roboter-Teams zu entwickeln, die Fußball gegeneinander spielten [7]. In diesem Zeitraum wurden auch komplexe Algorithmen im Bereich der Künstlichen Neuronalen Netze entwickelt [8,9].

Im Jahre 1997 – also 30 Jahre später als von Herbert Simon vermutet – konnte IBMs Deep Blue den damaligen Schachweltmeister Garri Kasparov schlagen. Deep Blue konnte das Duell knapp für sich entscheiden, was in der Presse als Sieg des Computers über die Menschheit gefeiert wurde. Deep Blue war allerdings kein intelligentes System, da es nicht mehr als Schach spielen konnte und schlicht durch *Brute Force* gewonnen hatte. Es war in der Lage, durch hohe Rechenleistung eine gewisse Anzahl an möglichen Halbzügen basierend auf dem aktuellen Spielstand durchzurechnen, und musste lediglich einen Fehler abwarten.

Im Jahr 2011 gewann IBM-Watson das US-Fernsehquiz Jeopardy gegen den damals amtierenden Meister [10]. Ganz anders im Vergleich zum Sieg gegen den Schachweltmeister wird der Sieg im Jahre 2016 von AlphaGo über den Go-Weltmeister gesehen. Hier gewann AlphaGo von Google-DeepMind gegen den amtierenden Go-Champion. Dies galt bis dahin als unmöglich aufgrund der hohen kombinatorischen Komplexität des asiatischen Brettspiels. Es wurde für nicht möglich gehalten, dass ein Go-Champion mit traditionellen *Brute-Force*-Algorithmen (dem Durchprobieren vieler möglicher Züge) geschlagen werden konnte [11]. AlphaGo hatte von menschlichen Spielern gelernt, indem es eine riesige

Anzahl an zurückliegenden Go-Spielen als Datenquelle erhielt. Danach gingen die Entwickler von AlphaGo einen Schritt weiter: Das neue Programm AlphaZero lernte Go nur anhand der Spielregeln und durch Spiele gegen sich selbst. AlphaZero ist ebenso in der Lage, die Spiele Schach und Shogi (eine japanische Schachvariante) mit übermenschlicher Performanz zu spielen – und das immer mit der gleichen Softwarearchitektur und denselben Algorithmen. Die Künstliche Intelligenz entwickelte alle Spielstrategien selbst. Daher ist die Spielstärke von AphaZero auch darauf zurückzuführen, dass es nicht mehr von Menschen lernt und damit in der Lage ist, taktisch anders zu spielen und Spielzüge auszuwählen, die für Menschen unüblich sind und auf die Menschen nicht kommen. Sogar der ehemalige Schachweltmeister Garri Kasparov äußerte, dass er erstaunt sei, was man von AlphaZero lernen könne, da Lösungswege entwickelt würden, auf die Menschen bisher nicht gekommen seien.

Sowohl AlphaGo als auch AlphaZero nutzen eine neue Generation selbstlernender KI-Technologien. Wie bereits in Kap. 2 beschrieben, ergab sich diese Zunahme an Leistungsfähigkeit durch verbesserte KI-Algorithmik im Bereich der Künstlichen Neuronalen Netze, die Verfügbarkeit von großen Datenmengen (Big Data) und den Einsatz von genug Rechenleistung durch Cloud-Technologien. Bei Künstlichen Neuronalen Netzen (siehe Abschn. 3.3.5) werden Aspekte des menschlichen Gehirns in einem Computermodell abgebildet. Vorbilder hierfür sind Neuronen, die über Synapsen miteinander gekoppelt sind und elektrische Signale senden und empfangen können. Die Fortschritte waren möglich, weil Neuronen in einer Reihe von Schichten angeordnet wurden. Solche Modelle sind sehr leistungsfähig, benötigen aber große Datenmengen. Seitdem investieren immer mehr der großen Anbieter in die Erforschung von KI. Hinzu kommt bei AlphaZero ein Lernalgorithmus nach dem Prinzip des bestärkenden Lernens (Reinforcement-Learning) (siehe Abschn. 3.5.2). Diese Algorithmen nutzen ähnliche Prinzipien wie das menschliche Gehirn. Daher sind auch viele Fortschritte auf dem Gebiet der Künstlichen Intelligenz in jüngster Vergangenheit auf das Reinforcement-Learning zurückzuführen. So ist die Verbesserung von Technologien der Google-Tochter Waymo für das autonome Fahren auf

diese Lernstrategie zurückzuführen. Deshalb ist es sehr bedau-
erlich, dass das Reinforcement-Learning in der KI-Strategie der
Bundesregierung bisher keine große Rolle spielt [14]. Besonders
beeindruckend ist, dass dieses Verfahren auch in der Lage ist, sich
im Selbstspiel neue Spielzüge zu erschließen. Dies ist ein wichtiger erster Schritt hin zu einer universellen menschenähnlichen
Intelligenz. Bisher handelt sich allerdings immer um spezifische
Anwendungsgebiete, in denen die Algorithmen agieren. Aber wie
wird sich die KI entwickeln? Werden wir irgendwann eine Super
AI wie SkyNet aus dem Terminator-Film haben?

Akademisch wird KI wie in Abb. 3.2 dargestellt wie folgt unterschieden:

1. Narrow AI (NAI): eingeschränkte KI in einem spezifischen
   Anwendungsgebiet
2. General AI (GAI): allgemeine KI, anwendbar auf jedes Thema
3. Super AI (SAI): eine der menschlichen Intelligenz überlegene
   KI

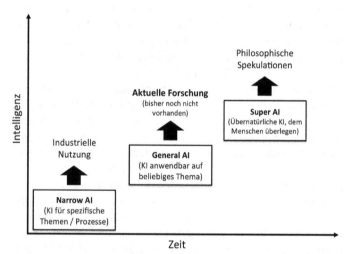

Abb. 3.2 Definition und Kategorien von künstlicher Intelligenz

Die Aufteilung in diese drei Bereiche ist wichtig, um zu verstehen, wo wir mit dem Einsatz von KI aktuell stehen. Wie weit sind wir von SkyNet entfernt? All die vorher erwähnten Anwendungen (sei es DeepBlue oder DeepMind mit AlphaGo und AlphaZero) gehören in den Bereich der Narrow AI. Oder anders ausgedrückt: Sie sind ein von Menschen entwickeltes Computerprogramm für ein spezifisches Anwendungsgebiet und erfüllen einen bestimmten Zweck. Das wirkt auf den ersten Blick doch ernüchternd. Eine General AI existiert bisher noch nicht. Dies ist noch Stand der aktuellen Forschung, und wie wir anhand von AlphaZero gesehen haben, versuchen Forscher denselben Algorithmus auf unterschiedliche Probleme (das heißt Spiele) anzuwenden. Bezüglich der Super AI – unseres SkyNet Aspiranten – existieren bis dato spannende philosophische Diskussionen und Bücher [12] [13]. In dem Buch *Superintelligenz* von Nick Bostrom wird ein düsteres Zukunftsbild gezeichnet, nach dem die Maschinen – ähnlich zu SkyNet – die Macht übernehmen werden. Es handelt sich dort um ein Software-Programm, welches uns intellektuell überlegen ist. Ob es zu diesem Punkt wirklich kommen wird, der *technologischen Singularität* (siehe Abschn. 2.1, Abb. 2.3) inklusive der nötigen Fortschritte in der Algorithmik, steht in den Sternen. Die Wahrscheinlichkeit ist allerdings gering. Heutzutage ist aber kritisch anzumerken, dass im Rahmen von KI häufig negativ über die Super AI gesprochen wird, wohingegen die Chancen der Narrow AI noch unterschätzt werden – auch in der Automobilindustrie.

Um den Bereich der Narrow AI jetzt weiter zu unterteilen, blicken wir erstmal auf eine formale Definition für Intelligenz. Intelligenz kommt aus dem Lateinischen. Es leitet sich von dem Wort *intellegere* ab, was so viel wie *verstehen* heißt. In der Psychologie umschreibt der Begriff der Intelligenz daher die kognitive Leistungsfähigkeit eines Menschen. Dies ist allerdings eine sehr umfassende Umschreibung. Daher schauen wir uns jetzt an, wie man dies in der Psychologie noch ein wenig auffächern kann, bevor wir es auf den technischen Bereich übertragen. Aus psychologischer Sicht kann man die Leistungsfähigkeit bzw. die kognitiven Fähigkeiten eines Menschen in folgende Bereiche unterteilen:

1. Emotionale Intelligenz
2. Kreative Intelligenz
3. Methodische Intelligenz
4. Analytische Intelligenz

Die emotionale Intelligenz charakterisiert die Fähigkeit eines Menschen, andere Menschen in Bezug auf ihre Gefühlswelt zu verstehen. Hierbei ist es wichtig, sich in andere Menschen hineinfühlen zu können und ihre Motivationen zu verstehen. Darüber können frühzeitig Konflikte erkannt und vermieden werden. Ebenso können darüber Synergien identifiziert werden. Harmoniebedürftige Menschen verfügen häufig über eine ausgeprägte emotionale Intelligenz.

Die kreative Intelligenz umfasst die Möglichkeiten eines Menschen, neue Themen zu identifizieren und anzugehen. Menschen mit einer ausgeprägten kreativen Intelligenz sind häufig in der Lage, von A auf C zu schließen, ohne den logischen Zwischenschritt B zu gehen. Sie gehen Themen intuitiv an. Darüber hinaus findet man solche Menschen oft im Design-Umfeld, da sie ebenfalls in der Lage sind, gute Illustrationen und Visualisierungen zu erzeugen.

Die methodische Intelligenz umschreibt die kognitive Fähigkeit, Themen strukturiert und systemisch anzugehen. Personen mit einer ausgeprägten methodischen Intelligenz können jedes Problem systematisch zerlegen. Darüber hinaus haben sie für jedes Teilproblem eine Methode in ihrem Methodenköfferchen. Sie sind diszipliniert und denken immer im Sinne des zu stützenden Gesamtsystems.

Die analytische Intelligenz ist wahrscheinlich die Intelligenz, von der viele Personen sprechen, wenn sie eine Person wie Einstein als intelligent benennen. Häufig wird sie auch mit dem IQ eines Menschen gleichgesetzt. Sie umfasst die Fähigkeiten, strategisch, logisch, objektiv und kritisch zu denken.

Damit Maschinen intelligent handeln können, müssen sie also in der Lage sein, wie ein Mensch zu denken und sich wie ein Mensch zu verhalten. Daher können wir folgende vier Teilbereiche für die Narrow AI aufspannen, mit denen wir die echte Intelligenz eines Menschen nachmodellieren können:

1. Logisches und rationales Denken
2. Menschliches Denken
3. Rationales Handeln
4. Menschliches Handeln

Logisches und rationales Denken beschreibt die technische Fähigkeit, logisches Denken nachzubilden. Hierzu müssen Computer in der Lage sein, Wissen in technisch verwertbarer Form zu speichern und auf dieser Basis korrekte Schlussfolgerungen zu treffen. Ergänzend hierzu fokussiert der Bereich des menschlichen Denkens auf die Aspekte, dieses an sich besser zu verstehen und nachzubilden. Denn Menschen denken nicht immer rational. Hierbei wird untersucht, wie das menschliche Gehirn funktioniert und wie Aspekte dieses leistungsfähigen Systems auf technische Systeme übertragen werden können.

Rationales Handeln dagegen umfasst die Fähigkeit, selbständig zu handeln. Hier sind wir aus technischer Sicht sehr schnell im Bereich der Zielsetzung und -erreichung. Um komplexe Ziele erreichen zu können, müssen technische Systeme in der Lage sein, autonom und adaptiv zu agieren. Ein weiterer häufig zu findender Begriff ist hier auch die Langzeitautonomie, die sich damit beschäftigt, technische Systeme zu erschaffen, die ohne Eingreifen eines Menschen lange Zeit autonom handeln können. Menschliches Handeln ist ein Forschungsgebiet, das sehr starke Überschneidungspunkte mit der Robotik hat. Hier wird untersucht, wie Systeme aufgebaut werden können, die von Menschen kaum noch zu unterscheiden sind. Dazu müssen Roboter menschliche Sprache in Wort und Schrift verstehen können. Ebenso müssen sie ihre Umgebung wahrnehmen können, um sich in dieser autonom zu bewegen und zu agieren. In dieses Umfeld fällt auch das maschinelle Lernen.

Wir unterteilen jetzt die vier Handlungsfelder in weitere neun Herausforderungen, die im Bereich der Narrow AI häufig zu finden sind – speziell auch in der Automobilindustrie.

1. Logisches Denken und Problemlösefähigkeiten: Dies umschreibt die Fähigkeit eines Computers und einer Maschine, logische Schlussfolgerungen zu treffen, um damit klar umschriebene Probleme zu lösen.

2. Wissensrepräsentation: Hier beschäftigt man sich damit, Informationen über unsere komplexe Welt in ein Format zu überführen, auf Basis dessen Computer und Maschinen Schlussfolgerungen treffen können. Diese Informationen müssen konsistent, vollständig und in einer effizient verarbeitbaren Form vorliegen.

3. Planungsfähigkeiten: Computer und Maschinen sollen die Fähigkeit erhalten, einen Plan zu erarbeiten, mit dem ein Problem gelöst werden kann. Dazu wird das Problem in Teilprobleme zerlegt, für die Teillösungen entwickelt und optimal in einen Abarbeitungsplan überführt werden.

4. Maschinelles Lernen: Das Maschinelle Lernen beschäftigt sich mit der Herausforderung, den Maschinen und Computern das *Lernen* beizubringen. Hierzu müssen Verfahren in der Lage sein, aus Daten Wissen abzuleiten. Die Problemlösung entsteht somit aus den Daten, die bereitgestellt werden. Die Problemlösung soll nicht explizit in Programmcode hinterlegt sein.

5. Natural Language Processing (NLP): NLP umfasst die Fähigkeit, dass Computer und Maschinen menschliche Sprache sowohl aufnehmen als auch verstehen.

6. Umgebungswahrnehmung (englisch: Perception): Dieses Feld beinhaltet die Fähigkeiten, dass Computer und Maschinen ihre Umgebung wahrnehmen und auf Basis dieser Wahrnehmung handeln. Dies ist eine große Herausforderung für das autonome Fahren. Die Umgebung wird hierbei auf Basis von Sensoren wie Kameras wahrgenommen.

7. Bewegungsplanung/-erzeugung und -ausführung: Computer und Maschinen (wie zum Beispiel Roboter) sollen in der Lage sein, ihre Bewegung effizient zu planen und auszuführen.

8. Soziale Intelligenz: Über die soziale Intelligenz sollen Maschinen und Computer in der Lage sein, die Gefühlswelt von Menschen aus Daten abzuleiten und zu identifizieren.

Wie oben zu sehen, ist das maschinelle Lernen (welches auch die Neuronalen Netze beinhaltet) nur eine von neun Herausforderungen, die im Bereich der Narrow AI liegt. Es gibt viele Verfahren im Bereich des maschinellen Lernens, die in diesem Buch im Bereich des sonstigen Lernens (siehe Abschn. 3.5) zu finden sind.

3.2 Maschinelles Lernen und Deep Learning

Maschinelles Lernen ist ein Unterbereich der Künstlichen Intelligenz – so wie Deep Learning ein Unterbereich des Maschinellen Lernens ist (siehe Abb. 3.3). Da, wie in Abschn. 3.1 dargestellt, die General AIs und Super AIs noch auf sich warten lassen, deckt sich der Bereich der Narrow AI sehr gut mit dem Maschinellen Lernen. Ingesamt beschreibt der Begriff Maschinelles Lernen Methoden von Lernprozessen, mit deren Hilfe Zusammenhänge in bestehenden Datensätzen erkannt werden können, um auf dieser Basis Vorhersagen treffen zu können [1]. Es existieren viele unterschiedliche Konzepte dieses Begriffs. Nicht selten wird in der Literatur Tom Mitchell zitiert, der die Grundfunktionalität des Maschinellen Lernens so beschrieb: *A computer program is said to learn from experience E with respect to some class of tasks T and performance measure P, if its performance at tasks in T, as measured by p, improves with experience E* [17]. Dies wirkt wie ein mathematischer Satz aus der Schule; einfacher formuliert soll er Folgendes ausdrücken: Die Fähigkeit einer Maschine oder einer Computer-Software, bestimmte Aufgaben zu lernen,

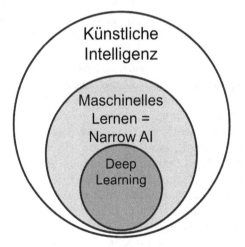

Abb. 3.3 Zusammenhang zwischen Künstlicher Intelligenz, Maschinellem Lernen und Deep Learning

basiert darauf, dass sie mit Hilfe von Erfahrungen (das heißt Daten) trainiert wird. Softwareentwickler müssen daher nicht mehr ihr Wissen durch Computersprachen (wie LISP, Prolog, Java, C++ oder Python) in Maschinensprache niederschreiben. Auf den ersten Blick wirkt das recht unspektakulär. Es handelt sich allerdings um einen Paradigmenwechsel. Stellen wir uns zum Beispiel vor, dass wir dem Computer in Form eines Computer-Programms beibringen möchten, einen Hund, eine Katze oder einen Menschen auf Bildern zu erkennen, kann das recht kompliziert werden. Das Computer-Programm müsste zuerst anhand der Konturen erkennen, wie viele Beine zu sehen sind, ob es Hände oder Pfoten sind, ob das Objekt eine Schnauze oder einen Mund hat und vieles mehr. Hierzu würde man erstmal die Kanten im Bild detektieren und aus den Kanten Objektklassen bilden, die dann algorithmisch interpretiert werden. Durch die Nutzung von maschinellen Lernalgorithmen muss man nur noch eine Menge von Bildern hineinfüttern und der ganze Maschinen-Code wird von selbst indirekt durch den Aufbau eines Modells erzeugt. Ein anderes Beispiel, mit dem man sehr schön diesen Paradigmenwechsel verdeutlichen kann, sind Audiosysteme, bei denen ein Algorithmus mit Audio-Daten trainiert wird, die ein gewisses Wort enthalten. Dies kann zum Beispiel im Auto das Wort *Zieleingabe* für das Navigationssystem sein. Durch das Antrainieren lernt der KI-Algorithmus, wie das Wort phonetisch klingt – unabhängig von der Person, die es spricht. So wird das Wort erkannt, auch wenn es von verschiedenen Menschen gesprochen wird – mit und ohne Hintergrundgeräusche.

Dies ist auch aus einem anderen Grund beeindruckend, da wir Menschen häufig mehr wissen, als wir ausdrücken können. Daher fällt es Softwareentwicklern, Datenanalysten oder Machine Learning Engineers häufig schwer, gewisse Sachverhalte in Form von Maschinen-Code zu definieren und zu implementieren. Der Philosoph Michael Polanyi hat dies im Jahr 1966 auch in Form des Polanyi-Paradoxons formuliert: *We know more than we can tell* [15]. Dieses Paradoxon kann nun Deep Learning mit seinen vielen Ebenen und Neuronen auflösen, da die betrachteten Größen und Dimensionen nicht im Vorfeld definiert werden müssen (durch das Feature Engineering), sondern durch das Netz selbst gefunden werden.

Grundsätzlich kann man drei Arten des Maschinellen Lernens unterscheiden [9]:

1. Supervised Learning (überwachtes Lernen)
2. Unsupervised Learning (unüberwachtes Lernen)
3. Reinforcement-Learning (verstärkendes Lernen)

In den Bereich des *Supervised Learning* gehören Algorithmen, die mit vielen *beschrifteten* (englisch: labeled) Daten trainiert werden, damit sie danach selbständig entscheiden können. Nehmen wir zum Beispiel an, dass wir einen Algorithmus mit tausenden von Menschenbildern anlernen. Wir beschriften die Menschenbilder im Vorfeld so, dass wir sagen, welches Bild einen Mann und welches eine Frau darstellt. Auf diese Art und Weise lernen nun *Supervised-Learning-Algorithmen* Frauen- und Männerbilder zu unterscheiden. Nach der Trainingsphase folgt eine Testphase, in der die Qualität der Lösung überprüft wird. Hierdurch kann eine Güte des trainierten Modells angegeben werden. Der Lernprozess ist stark abhängig vom Trainingsdatensatz. Daher ist es wichtig, dass die Güte nicht mit demselben Datensatz überprüft wird, sondern mit einem Testdatensatz, der nichts mit den Trainingsdaten zu tun hat.

Unupervised-Learning-Algorithmen dagegen versuchen, Muster in Daten zu finden, die nicht beschriftet wurden. Wir könnten zum Beispiel die obige Menge an Menschenbildern nehmen und der Algorithmus findet selbst heraus, worin sich die Daten unterscheiden. Dadurch könnten zum Beispiel Bilderkategorien herauskommen, das heißt, dass der Algorithmus nach Oberkörper- und Portraitfotos unterscheiden würde oder nach der Farbe der Bilder und so weiter. Der Algorithmus findet also selbst die Kategorien. Dies kann ein Vorteil, aber auch ein Nachteil sein. Daher werden diese Algorithmen auch häufig zur Voranalyse von Daten eingesetzt, um deren Struktur oder Besonderheiten zu verstehen. Kennt man die Eigenheiten der Daten, kann man darüber auch wieder eine Dimensionsreduktion (das heißt eine Komprimierung) der Daten durchführen [16].

Reinforcement-Learning-Algorithmen versuchen für ein definiertes Problem die beste Strategie zu erlernen. Daher nutzen zum Beispiel auch NVIDIA und Tesla diese Methodik für das autonome Fahren. Es wird eine zu maximierende Anreiz- oder Belohnungsfunktion vorgegeben und der Algorithmus muss selbst herausfinden, wie er diese maximieren kann. Im Bereich des autonomen Fahrens ist die Belohnungsfunktion so definiert, dass der Algorithmus versucht, solange es geht, autonom zu fahren. Der Algorithmus bekommt zu gewissen Zeitpunkten Rückmeldung bezüglich einer gewählten Aktion. Die Rückmeldung ist eine Belohnung oder eine Strafe. Der Entwickler muss allerdings den aktuellen Zustand der Umgebung spezifizieren und alle möglichen Handlungsalternativen und Umweltbedingungen auflisten. Beim autonomen Fahren sind die Handlungsalternativen alle möglichen Lenkmanöver und der Umgebungszustand die Straße mit allen Objekten, die durch unterschiedlichste Sensorik erkannt werden. Der Algorithmus muss nun Steuermanöver finden, die die Anreizfunktion maximieren. Sitzt ein Fahrer an Bord und muss das Steuer übernehmen, weil es ansonsten zum Unfall kommen würde, entspricht das einer Strafe. Die Zielsetzung ist nun für das Auto, so lange es geht, selbständig zu fahren.

Supervised Learning (also das überwachte Lernen) ist immer noch das am häufigsten angewendete Lernverfahren – über alle Industrien hinweg. Die Stärke dieses Verfahrens liegt darin, dass es sehr flexibel eingesetzt werden kann. Die beiden häufigsten Einsatzszenarien sind *Klassifizierung* und *Regression* (siehe Abb. 3.4). In beiden Fällen müssen KI-Verfahren Werte einer Größe auf Basis von beschrifteten Daten vorhersagen. Bei der Klassifizierung ist diese Größe diskret. Diskret bedeutet, dass es für die Größe nur eine Handvoll Werte gibt wie zum Beispiel *SPAM* oder *NICHT SPAM* bei der Klassifizierung von E-Mail-Nachrichten. Ebenso könnte man E-Mail-Nachrichten nach der Sprache klassifizieren, in der sie geschrieben wurden. Bei der Regression dagegen versucht man, für die Größe einen kontinuierlichen Wert vorherzusagen. Dies können zum Beispiel die Verkaufszahlen für das nächste Quartal, die Größe einer Person auf Basis ihres Alters und Gewichts sein und so weiter. Darüber hinaus wird überwachtes Lernen so häufig eingesetzt, weil eine Vielzahl von Open-Source-Bibliotheken zur Verfügung steht.

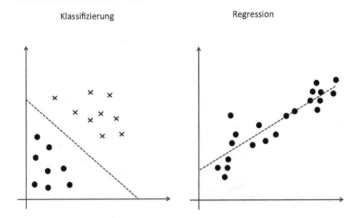

Abb. 3.4 Überwachtes Lernen: Klassifizierung und Regression

Da das überwachte Lernen mit Abstand noch am häufigsten eingesetzt wird, soll das Prinzip nochmal verdeutlicht werden. Wir müssen also den Algorithmus mit einer Menge von Eingabedaten, welcher eine Menge von Ausgabedaten zugeordnet ist, antrainieren. Konkrete Beispiele sind in Tab. 3.1 dargestellt.

Um zu verstehen, wie Maschinen lernen, wollen wir den Begriff *Lernen* konkretisieren. Normalerweise verstehen wir im Alltäglichen unter *Lernen,* dass wir aus neuen Situationen oder Erfahrungen, die wir sammeln, *Wissen ableiten.* So machen es zum Beispiel Kinder tagtäglich. Dies kann auch darüber geschehen, dass uns jemand aus seinen erlebten Situationen oder Erfahrungen *etwas beibringt* (typische Lehrersituation). Übertragen wir dies auf das Themengebiet der Künstlichen Intelligenz, können wir das Maschinelle Lernen als einen Bereich beschreiben, der eine Vielzahl von Algorithmen zu bieten hat, um kompakte Lösungsbeschreibungen aus Daten abzuleiten. Daher enthalten auch Daten die Lösungen. Ohne Daten können diese Verfahren keine Lösungen ableiten: *Data is king!,* weil sie die Lösung enthalten. Die Verfahren lernen also etwas über die Struktur der Daten, die die Informationen in den Daten darstellen. Kompakte Lösungsbeschreibungen, die die Datenstruktur der Eingabedaten abbilden, sind ein anderer Begriff für KI-Modelle, die wir auf Basis von Eingabedaten aufbauen müssen, um Vorhersagen für unbekannte Daten treffen

Tab. 3.1 Anwendungsbeispiele des überwachten Lernens

Eingabedaten	Ausgabedaten	Anwendung
Verkaufstext zu einem Artikel in Englisch	Verkaufstext in Deutsch, Französisch, Spanisch	Automatische Übersetzung von Artikeln auf Amazon, um sie weltweit zu verkaufen
Audio-Datei mit englischer Sprache	Audio-Datei mit französischer Sprache	Transkription mit Simultan-Übersetzung
Historische Absatzzahlen	Zukünftige Absatzzahlen	Bot im Bereich Verkauf/Vertrieb
Fotos und Videos	Erkannte Gesichter / Nummernschilder	Anonymisierung von Gesichtern und Nummernschildern bei Google Street View
Details zu einem Einkauf/Bestellung	Liegt ein Betrugsfall vor oder nicht	Fraud Detection (Betrugserkennung) bei Amazon, eBay oder im Einzelhandel
Einkaufshistorie	Zukünftiges Einkaufsverhalten / Interessen des Kunden	Verbesserung des Kundenerlebnisses bei Amazon
Fahrzeugposition und Geschwindigkeit	Verkehrsfluss und nächstes Ziel	Berechnung der Ankunftszeit zum nächsten üblichen Ziel bei GoogleNow
Gesicht	Name der Person	Gesichtserkennung zum Entsperren des Telefons bei Apple oder Öffnung von Fahrzeugen

zu können. Solch kompakte Lösungsbeschreibungen können zum Beispiel gegeben sein durch:

- Entscheidungsbäume
- Eine Beschreibung für eine Gerade in der Regressionsanalyse
- Gewichtungsfaktoren in Neuronalen Netzen

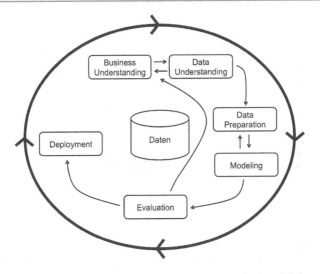

Abb. 3.5 CRISP-DM: CRoss-Industry Standard Process for Data Mining

Jedes Verfahren hat seine eigenen Regeln, wie es Informationen aus den Eingabedaten zieht und neue Werte vorhersagt. Entscheidungsbäume erzeugen zum Beispiel eine Menge von Regeln in Form einer Baumstruktur. Lineare Modelle berechnen eine Menge von Parametern, die die Eingabedaten repräsentieren. Neuronale Netze hingegen haben einen sogenannten Parametervektor, der die Wichtungsfaktoren aller Verbindungskanten zwischen den Neuronen beinhaltet. Was einem dabei klar sein muss: Bevor man in der Lage ist, ein Modell aufzubauen, müssen die Daten dementsprechend vorbereitet und gereinigt werden. Hierzu gibt es einen standardisierten Prozess, der CRISP-DM genannt wird und in Abb. 3.5 dargestellt ist. Datenanalysten verbringen ungefähr 80 % ihrer Zeit in dieser Phase. Das richtige Verfahren auszuwählen und es dann an den Datensatz anzupassen, nimmt nur 20 % der Zeit in Anspruch. Will man also im Bereich der KI und des Maschinellen Lernens arbeiten, muss man Daten lieben.

Ein kompaktes Modell zu berechnen, bedeutet allerdings auch Fehler in Kauf zu nehmen. Das haben alle Modelle gemeinsam. Alle Modelle haben den Hang zum *Über-Verallgemeinern* (englisch: Overfitting). Wie bei vielen Dingen im Leben sind zu starke

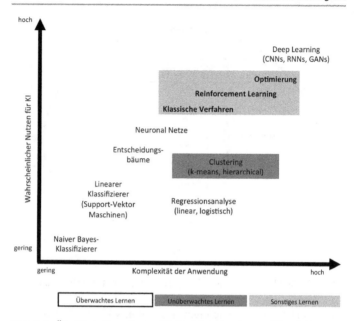

Abb. 3.6 Überblick über gängige KI-Verfahren im Automobilumfeld

Verallgemeinerungen selten exakt – insbesondere wenn diese nur auf ein paar Beispielen beruhen.

Die wichtigsten Verfahren für die Automobilindustrie sind in Abb. 3.6 dargestellt [19]. Es würde den Rahmen dieses Kapitels sprengen, auf alle Verfahren einzugehen. Daher werden wir uns auf die zentralen Verfahren des überwachten Lernens konzentrieren, das Clustering beim unüberwachten Lernen sowie Deep Learning und Reinforcement-Learning und Optimierungsverfahren, um auch die neuesten Trends aufzugreifen.

3.3   Überwachtes Lernen

Mathematisch – ganz simpel dargestellt – geht es beim überwachten Lernen darum, folgende lineare Gleichung auf Basis von Eingabe- und Ausgabedaten nachzustellen: $Ax = y$. Alle Methoden nutzen Optimierungsverfahren, um den dabei entstehenden

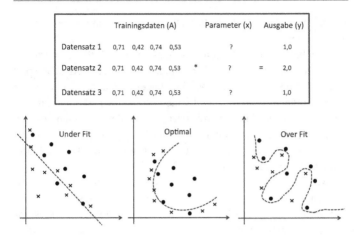

Abb. 3.7 Lösen der Gleichung Ax=y

Fehler zu minimieren. Neben der optimalen Lösung dieser Gleichung geht es ebenso darum, ein kompaktes Modell zu lernen, welches nicht überangepasst (*Overfit* oder *Overfitting*) auf die Trainingsdaten ist. Damit ist es nämlich für andere Daten nicht mehr richtig zu gebrauchen. Ziel ist es, eine Modellparametrisierung zu finden, die weder einen *Underfit* noch einen *Overfit* hat, wie in Abb. 3.7 gezeigt ist.

3.3.1 Naiver Bayes-Klassifizierer

Der häufigste Anwendungsfall in der Literatur, um den Naiven Bayes-Klassifizierer zu erklären, ist die Erkennung von E-Mail-Nachrichten, die Spam enthalten. Spam ist ein riesiges Problem geworden. Auch wenn es in diesem Beispiel um Dokumente geht, funktioniert dieser Klassifizierer mit sämtlichen Eingabedaten, aus denen *Merkmalslisten* aufgebaut werden können. Dabei ist ein Merkmal etwas, das für ein *vorgegebenes* Element vorhanden ist oder nicht. In Bezug auf Dokumente sind diese Merkmale Wörter, die in dem Dokument auftauchen. Es könnten aber auch genauso gut Symptome einer Krankheit, die Farbe eines Objektes oder das Geschlecht eines Tieres sein. Wichtig ist nur, dass man bestimmen kann, ob das Merkmal bei dem Objekt unseres Interesses vorhanden ist oder nicht.

Wie bei allen Verfahren des überwachten Lernens wird ein Bayes-Klassifizierer durch Beispieldaten trainiert. Jedes Beispiel ist dabei eine Liste mit den Merkmalen eines Elements und seiner zugehörigen Klassifikation. Nehmen wir an, wir würden auf dieser Basis einen Klassifizierer antrainieren, der erkennen soll, ob es sich bei einem Dokument mit dem Wort *Käfer* um ein Dokument handelt, das ein Auto oder ein Tier beschreibt. Beispielhafte Eingabedaten hierzu sind in Tab. 3.2 dargestellt.

Der Klassifizierer merkt sich alle Merkmale, die ihm zugeführt werden, und setzt sie in Verbindung mit den Wahrscheinlichkeitswerten, mit denen die Merkmale mit der dazugehörigen Klassifikation beschriftet wurden. Der Klassifizierer wird trainiert, indem die Eingabedaten nach und nach zugeführt werden. Der Klassifizierer erneuert nach jedem zugeführten Beispiel die Wahrscheinlichkeiten für die Merkmale sowie die Klasse. Dadurch wird eine Wahrscheinlichkeitstabelle aufgebaut, mit der abgeleitet werden kann, ob ein Dokument einer gewissen Kategorie gewisse Wörter enthält oder nicht.

Die Wahrscheinlichkeitstabelle zu der Tab. 3.2 könnte zum Beispiel aussehen wie in Tab. 3.3 aufgeführt.

Tab. 3.3 zeigt, wie die Merkmale nach dem durchgeführten Training mit den Kategorien verknüpft werden. Das Wort *Motor* hat eine höhere Wahrscheinlichkeit für Autos und das Wort *Wald* eine höhere für Tiere. Merkmale, die nicht unterscheidend sind, wie

Tab. 3.2 Merkmale und Klassifikationen für eine Reihe von Dokumenten

Merkmale	Klassifikation
Käfer sind kleine Tiere, die im Wald zu finden sind	Tier
Käfer war mit das beliebteste Auto der Deutschen	Auto
Der Maikäfer hat eine Größe von	Tier
Der Käfer läuft und läuft und läuft	Auto
Käfer stellen eine wichtige Nahrungsquelle für Vögel dar	Tier
Der Käfer wurde von Volkswagen 19xx produziert auf Basis einer Zeichnung von xyz	Auto

Tab. 3.3 Wahrscheinlichkeitstabelle von Wörtern für eine bestimmte Kategorie

Merkmal	Tier	Auto
Wald	0,6	0,2
Motor	0,0	0,6
Größe	0,2	0,1
Vögel	0,2	0,1
und	0,95	0,95

zum Beispiel das Wort *und,* haben für beide Kategorien dieselbe Wahrscheinlichkeit. Wörter wie *und* tauchen in jedem Dokument auf und können daher schlecht zur Klassifizierung einer Kategorie genutzt werden. Ein trainierter Klassifizierer ist somit nicht mehr als eine Merkmalsliste, wo für jedes Merkmal eine Wahrscheinlichkeit hinterlegt ist. Im Gegensatz zu anderen Klassifizierungsverfahren besteht beim Naiven Bayes-Klassifizierer keine Notwendigkeit, die für das Training genutzten Daten später noch zu speichern. Der gesamte Informationswert liegt in der Merkmalsliste.

Nach dem Training des Bayes-Klassifizierers kann dieser benutzt werden, um automatisch neue Elemente zu klassifizieren. Nehmen wir zum Beispiel an, dass wir ein Dokument vorliegen haben und dieses die Merkmale *Wald, Motor* und *Größe* hat. Tab. 3.3 zeigt die Wahrscheinlichkeitswerte für jedes dieser einzelnen Merkmale. Diese Werte beziehen sich allerdings nur auf die einzelnen Wörter. Sollten alle Worte eine höhere Wahrscheinlichkeit in derselben Kategorie haben, ist die Antwort relativ klar. In unserem Fall allerdings hat *Wald* eine höhere Wahrscheinlichkeit für die Kategorie Tier, wohingegen *Motor* eher der Kategorie Auto zugehörig ist. Um das Dokument nun tatsächlich zu klassifizieren, benötigen wir eine Möglichkeit, die Merkmalswahrscheinlichkeiten in einer einzigen Wahrscheinlichkeit über alle Elemente hinweg zusammenzufassen. Genau dies leistet der Naive Bayes-Klassifizierer – nicht mehr und nicht weniger. Er kombiniert alle Wahrscheinlichkeiten mit folgender Formel (K=Kategorie und D=Dokument):

$$Pr(K|D) = Pr(D|K) * Pr(K)$$

wobei Folgendes gilt:

$$Pr(D|K) = Pr(\text{Wort1}|K) * Pr(\text{Wort2}|K) * \ldots$$

Die Werte für Pr(Wort|Kategorie) sind der Tabelle zu entnehmen. So gilt zum Beispiel, dass Pr(Motor|Auto) = 0,6 ist. Der Wert Pr(Kategorie) entspricht der Gesamthäufigkeit der jeweiligen Kategorie. Da *Auto* in der Hälfte der Fälle zutrifft, ist Pr(Auto) gleich 0,5. Die Kategorie, die einen größeren Wert Pr(Kategorie|Dokument) aufweist, ist dann unsere vorhergesagte Kategorie. Wir haben jetzt in diesem Beispiel mit Dokumenten und Wörtern gearbeitet. Wörter sind dabei jedoch nur ein Beispiel für Merkmale. Genauso gut können wir auf dieser Basis auch klassifizieren, welcher Schadensfall bei einem Fahrzeug vorliegt, wenn es in die Werkstatt muss – auf Basis von beobachteten Merkmalen und vorher vorliegenden Häufigkeiten. Der Naive Bayes-Klassifizierer ist ein Alleskönner.

Jetzt kommen wir zu seinen Stärken und Schwächen. Der sicherlich größte Vorteil dieser Methode gegenüber anderen Methoden ist die Geschwindigkeit, mit welcher sie bei großen Datenmengen trainiert und das erlernte Modell angewendet werden kann. Sogar bei großen Trainingsdatenmengen gibt es häufig nur wenige Merkmale für jedes Element. Das Trainieren und Klassifizieren von Elementen bedeutet lediglich, dass Änderungen an der Merkmalswahrscheinlichkeitstabelle vorgenommen werden müssen.

Daher eignet sich dieses Verfahren auch für ein iteratives Training. Man kann somit das Verfahren nach und nach schlauer machen. Das ist besonders in der heutigen Zeit spannend, da große Datenmengen vorliegen und diese stetig anwachsen. Jedes neue Daten-Häppchen kann somit genutzt werden, um die Wahrscheinlichkeiten der Merkmalstabelle zu aktualisieren – ohne alle vorherigen Trainingsdaten erneut auswerten zu müssen. Bei anderen Methoden wie zum Beispiel den Entscheidungsbäumen oder den Support-Vektor-Maschinen ist das nicht so einfach möglich. Diese Verfahren benötigen immer den kompletten Datensatz, um das Modell zu aktualisieren. Diese Möglichkeit des inkrementellen Trainings ist immer dann spannend, wenn man eine Wissensbasis hat, die sich dynamisch ändert, und das Modell darauf reagieren muss – wie zum Beispiel bei der Erkennung von Spam-E-Mail-Nachrichten. Spam-Filter müssen fortlaufend durch neu erhaltene E-Mails trainiert und aktualisiert werden, wobei es sein kann, dass man auf alle bisher erhaltenen Nachrichten keinen Zugriff mehr hat, weil sie zum Beispiel gelöscht wurden.

Ein weiterer großer Vorteil dieser Methodik liegt darin, dass es einfach zu verstehen und interpretieren ist, was die Methodik lernt. Da die Wahrscheinlichkeiten jedes Merkmals abgespeichert werden, kann man sich diese jederzeit in seiner Datenbank anschauen und ableiten, welche Merkmale am stärksten zu der Klassifizierung von Spam und erwünschten E-Mails (oder Autos und Tieren) beisteuern. Diese Art von Information bietet an sich schon einen Mehrwert und kann zum Beispiel dazu genutzt werden, neue Anwendungen darauf aufbauend aufzusetzen.

Jetzt kommen wir zu den Nachteilen dieser Methodik. Der größte Nachteil liegt sicherlich darin, dass der Naive Bayes-Klassifizierer nur schlecht mit Ergebnissen umgehen kann, die sich auf Basis von Merkmalskombinationen verändern. Nehmen wir an, dass wir Web-Entwickler sind und häufig E-Mails bekommen, in denen das Wort *online* auftritt. Texte in den E-Mails könnten die Frage sein, ob *der neue Webauftritt schon online ist,* oder die Aussage, dass das *neue Online-Marketing sehr gut funktioniert* und so weiter. Unser Spam-Filter wird dadurch darauf trainiert, dass das Wort *online* einen geringen Spam-Bezug hat. Darüber hinaus arbeitet ein Freund von uns bei einer Online-Apotheke, die in Amsterdam angesiedelt ist und international agiert. Er schickt uns ab und zu lustige Geschichten von der Arbeit und nutzt seine geschäftliche E-Mail-Adresse aus Bequemlichkeit, um mit uns zu kommunizieren. Ebenso erhalten wir – wie jeder heutzutage – Spam wie zum Beispiel für günstige Viagra-Pillen und so weiter. Diese Spam-Nachrichten enthalten die Wörter *online* und *pharmacy* – ebenso wie die Nachrichten unseres Freundes, der für eine internationale Online-Apotheke arbeitet.

Das obige Beispiel verdeutlicht sehr schön das Problem, in welches der Naive Bayes-Klassifizierer laufen kann. Ihm wird regelmäßig aus den E-Mails unseres Freundes mitgeteilt, dass die Wörter *online* und *pharmacy* kein Spam sind. Das bedeutet, diese Wörter und auch Nachrichten sind erwünscht. Mit Spam-Nachrichten,

die die Wörter *online pharmacy* enthalten, wird die Wahrscheinlichkeitstabelle unseres Klassifizierers in die andere Richtung trainiert. Somit entsteht ein kontinuierlicher Wettstreit für einzelne
Merkmale. Die Lösung wäre nun, eine Wahrscheinlichkeit für die
Wortkombination *online pharmacy* zu berechnen, da diese cha-
rakteristisch für die Spam-Nachrichten ist. Dies kann der Naive
Bayes-Klassifizierer allerdings nicht. Hierdurch würde er auch
seine Skalierbarkeit und Schnelligkeit einbüßen. In unserem Beispiel ist das auch nicht so schlimm, da die Wahrscheinlichkeit
hoch ist, dass Spam-Nachrichten mit den Wörtern *online pharmacy* auch noch andere charakteristische Wörter enthalten, welche
solche Nachrichten von erwünschten abgrenzen. Es gibt jedoch
eine Vielzahl von Problemen, die nur effizient gelöst werden können, wenn man eine Kombination von Merkmalen berücksichtigt.
Besonders gut eignen sich hierfür Entscheidungsbäume, die wir
uns in Abschn. 3.3.2 anschauen.

3.3.2 Entscheidungsbäume

Entscheidungsbäume (englisch: decision trees) sind sehr beliebt
und werden häufig eingesetzt, da sie besonders einfach verständlich und interpretierbar sind. Ein Beispiel für einen Entscheidungsbaum ist in Abb. 3.8 zu finden. Wie in Abb. 3.8 dargestellt, kann
man gut erkennen, was ein Entscheidungsbaum macht, wenn er
ein neues Element bzw. einen unbekannten Datensatz klassifizieren muss. Er startet mit dem Knoten an der Wurzel des Baums
und überprüft jedes Kriterium. Wenn das Kritierium am Knoten
passt, macht er weiter mit dem Ja-Zweig – wenn nicht, mit dem
Nein-Zweig. Dieser Prozess wird wiederholt, bis ein Endknoten
erreicht ist, an dem die vorhergesagte Kategorie hinterlegt ist.

Neue Daten auf Basis eines Entscheidungsbaums zu klassifizieren und somit Vorhersagen zu machen, ist relativ einfach. Das Training des Entscheidungsbaums ist dagegen ein wenig komplexer.
Es gibt eine Vielzahl von Algorithmen und Messkriterien, die sich
damit beschäftigen. Normalerweise erstellen sie den Baum beginnend bei der Wurzel. Hierzu wählen sie ein Attribut aus, welches
die verfügbaren Eingabedaten so gut wie möglich aufteilt. Tab. 3.4

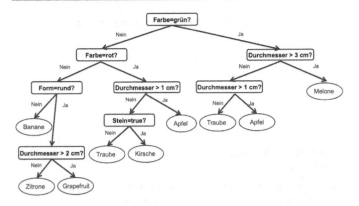

Abb. 3.8 Beispiel für einen Entscheidungsbaum zur Unterscheidung von Früchten

Tab. 3.4 Daten zur
Unterscheidung von
Früchten
(Ursprungsmenge)

Durchmesser in cm	Farbe	Frucht
2	Rot	Apfel
2	Grün	Apfel
0,5	Rot	Kirsche
0,5	Grün	Traube
2,5	Rot	Apfel

soll dies verdeutlichen. Hier sind Daten zur Unterscheidung von Früchten aufgelistet.

Es sind zwei Merkmale vorhanden, die genutzt werden können, um die Daten aufzuteilen: der Durchmesser und die Farbe. Am Anfang werden beide Merkmale ausgetestet, um zu entscheiden, welches dieser Merkmale die Daten am besten aufteilt. Teilen wir nun die Daten anhand der Farbe auf, kommt das Ergebnis heraus, welches in Tab. 3.5 zu finden ist.

Die Daten sind allerdings immer noch vermischt. Wenn wir sie jetzt aber nach dem Merkmal Durchmesser aufteilen (kleiner als 2 cm und größer gleich 2 cm), kommt eine einheitlichere Aufteilung heraus. Diese Aufteilung ist in Tab. 3.6 dargestellt.

Diese Aufteilung sieht viel sauberer aus und ist das bessere beider Ergebnisse. Die Menge mit allen Einträgen größer als 2 cm

Tab. 3.5 Daten zur Unterscheidung von Früchten aufgeteilt nach dem Merkmal Farbe

Datenmenge für Farbe=Grün	Datenmenge für Farbe=Rot
Apfel	Apfel
Traube	Kirsche
	Apfel

Tab. 3.6 Daten zur Unterscheidung von Früchten aufgeteilt nach dem Merkmal Durchmesser

Datenmenge für Durchmesser < 2 cm (Untermenge 1)	Datenmenge für Durchmesser ≥ 2 cm (Untermenge 2)
Kirsche	Apfel
Traube	Apfel

Durchmesser (Untermenge 2) enthält nur das Merkmal *Apfel*. In unserem Beispiel ist somit das Merkmal *Durchmesser* gut, um den Baum aufzuteilen. Bei wenigen Daten ist dies noch relativ leicht zu finden. Bei großen Datenmengen allerdings ergeben sich fast unendlich viele Möglichkeiten, die ausprobiert werden müssten. Um dies zu vermeiden, kann das Maß der *Entropie* genutzt werden. Die *Entropie* misst den Grad an Unordnung in einer Menge und wird wie folgt berechnet ($p(i)$ definiert die Frequenz oder einfach Häufigkeit, mit der das Ergebnis auftritt):

- $p(i)$ = frequency(Ergebnis) = count(Ergebnis)/count(Datensätze)
- E = Entropie = Summe $p(i) * \log(p(i))$ für alle Ergebnisse

Eine geringe Entropie einer Datenmenge bedeutet somit, dass diese Datenmenge recht einheitlich (homogen) ist. Ein Wert von 0 besagt, dass sie aus exakt einem Typ besteht. Die Datenmenge mit dem Durchmesser größer gleich 2 cm (Untermenge 2) aus Tab. 3.6 hat zum Beispiel die Entropie von 0. Die Entropie jeder Datenmenge wird berechnet und daraus der *Informationsgewinn* für den Entscheidungsbaum abgeleitet, der wie folgt definiert ist:

- weight1 = Größe Untermenge1 / Größe der Ursprungsmenge
- weight2 = Größe Untermenge2 / Größe der Ursprungsmenge
- Gewinn = Entropie(Original) − weight1 * Entropie (Untermenge1) − weight2 * Entropie(Untermenge2)

Hierüber wird für jede mögliche Kombination der Informationsgewinn ausgerechnet und benutzt, um das Teilungsmerkmal zu bestimmen. Nachdem das beste Teilungsmerkmal ausgewählt worden ist, kann der initiale Knoten angelegt werden (siehe Abb. 3.9). Das Unterscheidungskriterium wird beim Knoten angezeigt. Die Daten der Eingabedatenmenge, die dieses Kriterium nicht erfüllen, werden dem Nein-Zweig zugeordnet. Die Daten, die das Kriterium erfüllen, sind im Ja-Zweig zu finden. Die Ja- und Nein-Zweige enthalten immer noch gemischte Dateneinträge, die sich weiter aufteilen lassen. Dies wird ebenfalls mit der oben genannten Entropie-Berechnung gemacht. Als nächstes Unterscheidungskriterium könnte die Farbe der Früchte herauskommen. Dieser Prozess wird so lange wiederholt angewendet, bis es durch die Aufteilung keinen weiteren Informationsgewinn gibt und am Ende jedes Zweigs die Klassifizierung der Frucht steht.

Der sicherlich größte Vorteil von Entscheidungsbäumen ist die einfache Interpretation des trainierten Modells. Zusätzlich hierzu bringen die Algorithmen zur Aufteilung und Unterteilung des Baumes die wichtigsten Merkmale an die Spitze des Baumes, was ebenso als Dimensionsreduktion interpretiert werden kann. Somit bekommt man schon einen Eindruck von der Struktur der Daten

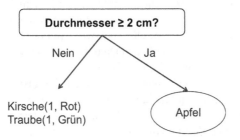
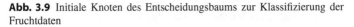

Abb. 3.9 Initiale Knoten des Entscheidungsbaums zur Klassifizierung der Fruchtdaten

und der wichtigen Merkmale. Daher kann der Entscheidungsbaum nicht nur zur Klassifizierung, sondern auch zur Interpretation der Daten genutzt werden. Wie beim Naiven Bayes-Klassifizierer kann man unter die Motorhaube des Verfahrens schauen und verstehen, warum der Baum so entstanden ist, wie man ihn sieht. Es handelt sich nicht um ein Black-Box-Verfahren wie zum Beispiel neuronale Netze. Dies kann sehr hilfreich sein für Entscheidungen beim Aufbau des Modells und bei der Analyse der Daten, die nichts mit der Datenklassifizierung zu tun haben. Auf Basis der Merkmale, die das Verfahren zum initialen Knoten macht oder relativ oben im Baum ansiedelt, kann man zum Beispiel die Datenqualität definieren und fokussieren, welche Daten in größerer Menge erhoben werden sollten. Finde ich zum Beispiel heraus, dass das Geschlecht und das Alter die Hauptmerkmale für den Kauf von Autos sind, sollte ich diese Daten bei all meinen Kunden erfassen.

Ebenso können Entscheidungsbäume auf numerische Daten angewendet werden, das heißt für Regressionsprobleme. Hier suchen sie passende Trennlinien, anhand derer die Daten aufgeteilt werden können (wie im oberen Beispiel der Durchmesser der Früchte). Auch hier erfolgt die Aufteilung gemäß der Berechnung zur Maximierung des Informationsgewinns. Die Möglichkeit des Verfahrens, sowohl numerische Daten als auch Kategoriedaten bei der Erstellung eines Baumes zu berücksichtigen, ist bei vielen Problemarten von hohem Wert. Klassische Methoden (wie zum Beispiel Vefahren zur Regressionsanalyse, siehe Abschn. 3.3.4) haben hier ihre Schwächen. Dafür sind allerdings Entscheidungsbäume nicht die effizienteste Lösung bei der Vorhersage numerischer Ergebnisse. Ein Regressionsbaum ist zwar in der Lage, die Daten in Durchschnittswerte mit der kleinsten Varianz aufzuteilen, bei einer hohen Datenkomplexität wird der Baum allerdings sehr groß und unübersichtlich.

Im Vergleich zum Naiven Bayes-Klassifizierer ist sicherlich der größte Vorteil des Entscheidungsbaums, dass er sehr gut Merkmale kombinieren kann. Das Spam-Filter-Beispiel, in dem zum Beispiel beide Wörter *online* und *pharmacy* bei der Klassifizierung berücksichtigt werden müssen, stellt für einen Entscheidungsbaum kein Problem dar. Dies würde das Verfahren schon bei der Erstellung des Baumes erkennen. Der größte Nachteil des Entscheidungsbaumes liegt allerdings darin, dass er nicht wie der Naive Bayes-Klassifizierer ein inkrementelles Training ermöglicht. Der Baum muss jedes Mal neu erstellt werden, wenn sich die Datenbasis ändert. Der Naive Bayes-Klassifizierer muss einfach seine Wahrscheinlichkeitstabelle aktualisieren und benötigt nicht die bisherigen Daten dafür. Entscheidungsbäume, die ein inkrementelles Training unterstützen, sind immer noch aktueller Gegenstand der Forschung.

3.3.3 Support-Vektor-Maschinen

Die Support-Vektor-Maschine (SVM) stellt wahrscheinlich die komplizierteste Methode zur Klassifikation von Daten dar. SVMs benötigen Datenmengen mit numerischen Eingaben und können dahingehend trainiert werden vorherzusagen, zu welcher Kategorie ein Eingabedatum gehört. Nehmen wir zum Beispiel an, dass wir für eine Bundesliga-Fußballmannschaft für jeden Spieler die perfekte Spielposition bestimmen sollen. Hierfür haben wir eine Liste mit Körpergrößen und der maximalen Sprintgeschwindigkeit der einzelnen Spieler. Um es nicht zu kompliziert zu machen, nehmen wir an, dass es nur zwei Optionen gibt: (1) Große Spieler sollten in der Verteidigung spielen (Position Verteidiger) und (2) schnelle Spieler, die häufig klein und wendig sind, sollten die Position Stürmer innehaben.

Eine SVM generiert ein Vorhersagemodell, indem sie die bestmögliche Schnittlinie zwischen den beiden Kategorien berechnet. Tragen wir die Werte für die Körpergröße gegen die maximale Sprintgeschwindigkeit auf, bekommen wir einen Graphen wie in Abb. 3.10. Verteidiger sind mit einem Punkt dargestellt, Stürmer mit einem X. Im Graphen sind ebenfalls mögliche Schnittlinien aufgetragen, um die Metriken in zwei Kategorien aufzuteilen.

Eine SVM berechnet genau die Linie, die die Daten am besten trennt. Dies bedeutet, dass diese Linie den größtmöglichen Abstand zu den Punkten, die in der Nähe der Linie liegen, hat. Während es zwar in Abb. 3.10 drei Linien gibt, die die Daten in zwei Kategorien aufteilen können, hat die bestmögliche Schnittlinie den größten Abstand. Diejenigen Punkte, die zur Ermittlung dieser

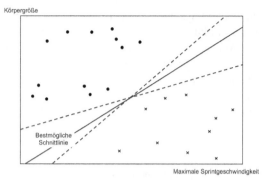

Abb. 3.10 Fußballspieler für eine Bundesliga-Mannschaft und mögliche Schnittlinien zur Vorhersage der Position

Trennlinie notwendig sind, sind diejenigen, die ihr am nächsten liegen. Diese Punkte werden auch *Support-Vektoren* genannt und geben dem Verfahren diesen Namen.

Nachdem man die bestmögliche Schnittlinie bestimmt hat, kann man neue Elemente dadurch klassifizieren, dass man sie im Graphen einträgt und schaut, auf welcher Seite sie liegen und in welche Kategorie sie damit fallen. Die Trainingsdaten, aus denen die Schnittlinie berechnet wurde, müssen nicht erneut verarbeitet werden. Das ist auch der Grund dafür, dass dieses Verfahren so schnell in der Klassifikation ist und gerne eingesetzt wird.

Jetzt kommen wir zum *Kernel-Trick*. Support-Vektor-Maschinen nutzen genauso wie andere lineare Klassifizierer, die das *Skalarprodukt* als Abstandsmetrik verwenden, eine Methode namens *Kernel-Trick*. Um dies besser zu verstehen, stellen wir uns jetzt vor, wie sich die Aufgabenstellung ändert, wenn wir auf Basis der Körpergröße und Sprintgeschwindigkeit nicht die Position Verteidiger/Stürmer vorhersagen möchten, sondern ob die Spieler in eine Amateur-Fußballmannschaft passen würden. In Amateurmannschaften werden Positionen nämlich häufig gewechselt. Diese Problemstellung ist wesentlich kniffliger, da die Aufteilung nicht mehr linear möglich ist. Es gibt keine eindeutige Schnittlinie mehr. Wir möchten in unserer Amateurmannschaft keine Spieler, die zu groß oder zu schnell sind, da dies die gesamte Mannschaft schwächen würde. Sie würden nicht gut zu dem Rest der

Körpergröße

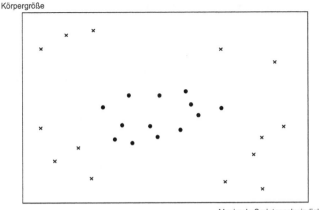

Maximale Sprintgeschwindigkeit

Abb. 3.11 Fußballspieler für eine Amateur-Mannschaft

Mannschaft passen. Ebenso sollten sie nicht zu langsam oder zu klein sein. Abb. 3.11 zeigt, wie dies aussehen könnte. O gibt an, ob ein Spieler in das Team passt, bzw. X, ob er nicht passt.

Hier ist es schwierig, eine gerade Schnittlinie zu bestimmen, die die Daten aufteilt. Daher können wir keinen linearen Klassifizierer mehr nutzen, ohne die Daten vorzuverarbeiten. Die mögliche Vorverarbeitung wäre, die Daten in einen anderen Raum zu transformieren – eventuell in einen Raum mit mehr als zwei Dimensionen. Wir könnten zum Beispiel einen neuen Raum erzeugen, indem wir die Durchschnittswerte für die Körpergröße und maximale Sprintgeschwindigkeit von allen Werten abziehen und den Rest quadrieren. Wenn wir das machen, könnte unser Graph wie in Abb. 3.12 aussehen.

Dies wird *Polynom-Transformation* genannt und transformiert Daten auf andere Achsen. Nun sehen wir auch mit bloßem Auge, dass es wiederum eine mögliche Schnittlinie gibt, mit der wir passende von nicht passenden Spielern für unsere Amateur-Fußballmannschaft unterscheiden können. Hierfür können wir wiederum einen linearen Klassifizierer einsetzen. Zum Klassifizieren eines neuen Spielers (das heißt eines neuen Punktes) müssen wir dessen Daten nur in diesen Raum transformieren und schauen, auf welcher Seite der Linie er landet.

Körpergröße minus Durchschnitts-Körpergröße zum Quadrat

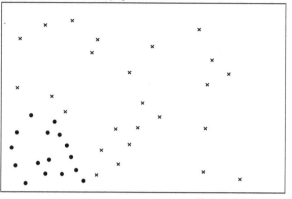

Maximale Sprintgeschwindigkeit
minus Durchschnitts-Sprintgeschwindigkeit zum Quadrat

Abb. 3.12 Fußballspieler für eine Amateur-Mannschaft im Polynom-Raum

Die Transformation ist in diesem Fall möglich und liefert gute
Ergebnisse. In vielen anderen Fällen kann man aber davon ausgehen, dass das Auffinden einer solchen Schnittlinie zum Auftrennen
der Daten Transformationen in wesentlich komplizierte Räume
erfordert. In höher dimensionalen Räumen spricht man dann von
Hyperebenen. Einige dieser Räume haben Tausende von Dimensionen. Dies erfordert sehr viel Rechenaufwand. Daher ist es cleverer, diese Transformationen nicht durchzuführen, sondern sich
des *Kernel-Tricks* zu bedienen. Der geht so: Anstatt nun den Raum
zu transformieren, ersetzen wir das Abstandsmaß (die Skalarpro-
duktfunktion) durch eine Funktion, die das zurückliefert, was das
Skalarprodukt liefern würde, wenn wir die Daten in einen anderen
Raum transformiert hätten. Anstatt zum Beispiel die in Abb. 3.12
gezeigte Polynom-Transformation anzuwenden, würden wir einfach das Skalarprodukt quadrieren. So einfach ist das! Wenn wir
nun ein neues Problem vorliegen haben, können wir einfach verschiedenste Kernel-Funktionen mit unterschiedlichsten Parametern anwenden, bis sich die Daten so aufteilen, dass wir in der
Lage sind, einen linearen Klassifizierer anzuwenden. Manchmal
ist das eine echte Tüftelaufgabe, aber man hat ja unendlich viele
Kernel-Funktionen zur Auswahl.

Ein großer Vorteil von Support-Vektor-Maschinen ist, dass es sich um sehr mächtige Klassifizierer handelt – sobald wir einmal die richtigen Parameter für die Kernel-Funktion gefunden haben. Darüber hinaus sind sie in der Lage, nach erfolgtem Training sehr schnell Klassifizierungen neuer Beobachtungen vorzunehmen, da man nur noch überprüfen muss, auf welcher Seite der Trennlinie die neue Beobachtung liegt. Durch Überführen von kategorischen Daten (wie zum Beispiel Apfel oder nicht Apfel) in Zahlen können auch kategorische Daten genutzt werden.

Ein großer Nachteil ist allerdings, dass die beste Kernel-Transformationsfunktion und die erforderlichen Parameter für jede Trainingsdatenmenge ein wenig anders sein können. Ändert sich somit die Trainingsdatenmenge, ändern sich auch diese beiden Faktoren und müssen neu bestimmt werden. Support-Vektor-Maschinen mögen große Trainingsdatenmengen. Liegen uns zum Beispiel nur wenige Trainingsdaten vor, sollten wir ein anderes Modell wie Entscheidungsbäume nehmen. Ebenso wie neuronale Netze sind SVMs sehr schwierig zu verstehen und gehören zu den Black-Box-Systemen. Durch die Transformation in hochdimensionale Räume ist es sehr kompliziert, den Klassifikationsprozess einer SVM zu interpretieren und nachzuvollziehen. So kann es sein, dass eine SVM wundervolle, geniale Antworten liefert, man allerdings nie herausfinden wird, woran das liegt.

3.3.4 Regressionsanalyse

Um einfache Zusammenhänge zwischen Variablen zu erkennen (zum Beispiel der Körpergröße und der Sprintgeschwindigkeit), kann man Korrelationsanalysen einsetzen. Die einfachste Methode hierfür ist, die Daten als Punktwolke in einem Graphen mit zwei Achsen aufzuzeichnen. Besteht ein linearer Zusammenhang, kann man das mit dem bloßen Auge gut erkennen. Häufig reicht es auch einfach schon zu wissen, dass ein linearer Zusammenhang besteht. Möchte man jetzt jedoch auf Basis dieser Daten Vorhersagen für neue Datenpunkte machen, reicht es nicht aus, diesen Zusammenhang zu wissen, sondern man muss ihn mathematisch abbilden. Hierfür nutzt man die lineare Regression. Die lineare Regression ist eines der vielseitigsten statistischen Verfahren. Sie kann nicht nur für Prognosen (Vorhersage von Verkaufszahlen oder täglichen Nutzern auf der Firmenwebsite) genutzt werden, sondern auch für die Untersuchung von Zusammenhängen (wie Einfluss von Werbeausgaben auf die Verkaufsmenge).

Ein linearer Zusammenhang wird in der Mathematik als Gerade dargestellt und lautet als Formel $y = a + bx$, wobei a der Punkt ist, an dem die Gerade die y-Achse schneidet, und b ihre Steigung. x könnte zum Beispiel die Höhe der Werbeausgaben und y die dazu erwartete Verkaufsmenge sein. Die am besten passende Gerade ist diejenige, welche die wahren Werte aller Punkte mit höchster Genauigkeit vorhersagt. Dies bedeutet, dass für jeden bekannten x-Wert der dazugehörige y-Wert in den Daten so nah wie möglich an dem Wert liegen muss, welchen wir mit unserer Geraden schätzen. Wenn nun also eine gewisse Höhe an Werbeausgaben gegeben ist, wollen wir, dass unser Schätzwert für die Verkaufsmenge möglichst dicht an dem tatsächlichen Wert liegt. Die Gerade, die wir suchen, ist diejenige, die für alle bekannten x-Werte die Abstände zwischen dem geschätzten und dem tatsächlichen y-Wert minimiert. Hierfür gibt es in der Mathematik zahlreiche Möglichkeiten, dies zu erreichen, wie zum Beispiel die Lineare Algebra zur Minimierung des Fehlerquadrats oder das Gradientenverfahren (siehe Abb. 3.13).

Die Lineare Regression ist ein gutes und effektives Verfahren, welches sehr häufig eingesetzt wird. Will man nun Zusammenhänge zwischen mehreren Eingabegrößen (wie zum Beispiel der Höhe der Werbeausgaben, der Höhe des beworbenen Rabattes, dem Fahrzeugmodell usw.) und der Verkaufsmenge vorhersagen, muss man von der einfachen linearen Regression zur linearen Mehrfachregression wechseln. Die lineare Mehrfachregression stellt eine Verallgemeinerung der einfachen linearen Regression dar.

Die logistische Regression ist wiederum eine andere Technik aus dem Bereich der Statistik. Im Unterschied zur einfachen Regressionsanalyse und zur linearen Mehrfachregression ist die abhängige Variable binär. Das heißt, sie hat nur zwei Ausprägungen. Ist die Variable zum Beispiel *Patient hatte bereits einen Herzinfarkt,* hat diese Variable die Ausprägungen 1 für *ja, hat bereits*

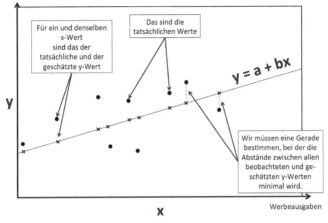

Abb. 3.13 Herleitung der linearen Regressionsgeraden für den Zusammenhang zwischen Werbeausgaben und der Verkaufsmenge

einen Herzinfarkt gehabt und 0 für *nein, hat keinen Herzinfarkt gehabt.*

Genauso wie bei der linearen Regression liegt häufig eine Vielzahl von Einflussvariablen vor, deren Einfluss mit Hilfe von Faktoren berechnet wird. Diese Faktoren werden Koeffizienten oder auch Gewichte genannt. Im Gegensatz zur linearen Regression wird der vorhergesagte Ausgabewert allerdings mittels einer nichtlinearen Transferfunktion, der logistischen Funktion, berechnet. Die logistische Funktion gehört zur Klasse der Sigmoidfunktionen, welche ebenfalls häufig als Aktivierungsfunktionen in Neuronalen Netzen eingesetzt werden. Wie in Abb. 3.14 dargestellt, sieht die Funktion wie ein großes S aus und bildet jeglichen Eingabewert auf einen Wert zwischen 0 und 1 ab. Dies ist überaus hilfreich, da wir hierdurch eine einfache Übersetzung auf unsere binäre Zielvariable herstellen können. Zum Beispiel könnten wir die Regel anwenden, dass Ergebniswerte unterhalb von 0,5 unserer logistischen Funktion mit einer höheren Wahrscheinlichkeit dem Wert *nein* im Herzinfarktbeispiel entsprechen könnten sowie Werte zwischen 0,5 und 1 dem Wert *ja.*

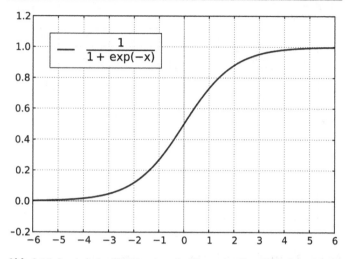

Abb. 3.14 Logistische Funktion (aus der Klasse der Sigmoidfunktionen)

Genauso wie die lineare Regression liefert die logistische Regression bessere Ergebnisse, wenn man nur die Eingabewerte in Betracht zieht, die abhängig vom Ergebnis sind. Liegen Eingabewerte vor, die voneinander abhängig sind, sollte nur einer davon genommen werden. Eine solche Abhängigkeit kann im Vorfeld durch eine Korrelationsanalyse aufgedeckt werden. Die logistische Regression ist ein sehr einfaches, aber sehr effektives und leicht zu trainierendes Verfahren und wird daher häufig eingesetzt. So setzt zum Beispiel Facebook dieses Verfahren ein, um zu bewerten, ob eine Nachricht für einen Nutzer interessant sein könnte (binäres Klassifikationsproblem).

Da wir mit der logistischen Regressionsanalyse über die Sigmoidfunktion die Brücke geschlagen haben, nichtlineare Zusammenhänge abzubilden, gehen wir jetzt auf den neuen Superstar im Bereich des maschinellen Lernens und den König der Nicht-Linearitäten ein, der ebenfalls häufig die Sigmoidfunktion zur Bewertung von Eingaben nutzt: die Neuronalen Netze.

3.3.5 Neuronale Netze

Es gibt viele verschiedene Formen von Neuronalen Netzen. Wir werden uns in diesem Kapitel ein mehrlagiges Perzeptron-Netz anschauen, ein kleines Deep Neural Network. Es besitzt eine Vielzahl von Eingabeneuronen und eine oder mehrere Schichten verborgener Neuronen. Die grundlegende Struktur ist in Abb. 3.15 zu sehen.

Das in Abb. 3.15 dargestellte Netz hat zwei Neuronenschichten. Die Schichten sind miteinander durch *Synapsen* gekoppelt, welche jeweils einen Wichtungsfaktor besitzen. Je höher der Gewichtungsfaktor einer Synapse von einem Neuron zum darauf folgenden Neuron ist, desto größer ist ihr Einfluss auf die Ausgabe des Neurons. Ein mehrlagiges Perzeptron-Netz kann unter anderem mit der Fehlerrückführung (englisch: backpropagation) trainiert werden. Diese Trainingsmethode wurde erst durch das exponentielle IT-Wachstum möglich – unter anderem durch die Einführung der GPU-Chips und Cloud-Computing (siehe Abschn. 2.1). Hierbei werden die Wichtungsfaktoren der Verbindungen so verändert, dass das Netz die gewünschten Muster nach einer kontrollierten

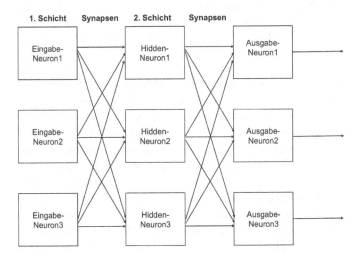

Abb. 3.15 Grundlegende Struktur eines Neuronalen Netzwerks

Trainingsphase klassifizieren kann. Die Erweiterung dieser Netz-
topologien um weitere verborgene Schichten und die Einführung
anderer Architekturen (zum Beispiel rekurrente Neuronale Netze
oder Convolutional-Netze), die ebenfalls meist mittels *backpropagation* trainiert werden, werden heute unter dem Schlagwort Deep
Learning zusammengefasst (siehe Abschn. 3.3.6).

Jetzt werden wir uns anschauen, wie wir ein solches Netz trainieren können, um wieder unsere Spam-E-Mail-Nachrichten zu
erkennen. Wie schon beschrieben, kann in unserer simplifizier-
ten E-Mail-Welt eine E-Mail sowohl das Wort *online* als auch
pharmacy – als auch die Kombination beider Wörter – enthalten. Solche E-Mails kommen entweder von Spam-Versendern (mit
der Wortkombination *online pharmacy*) oder unserem Freund, der
in einer internationalen Online-Apotheke in Amsterdam arbeitet
und uns ab und zu E-Mails schickt (seine E-Mails enthalten das
Wort *online* oder *pharmacy,* aber selten beides). Jetzt müssen wir
ein Verfahren finden, das alle drei Kombinationen berücksichtigen kann. Um herauszufinden, welche der Nachrichten als Spam
zu bewerten sind, könnte das in Abb. 3.16 dargestellte Neuronale
Netz aufgebaut werden.

Im Netz in Abb. 3.16a sind die Wichtungsfaktoren der Synapsen
bereits vorher definiert. Diese sind durch ein Training entstanden,
welches im nächsten Abschnitt genauer erklärt wird. Die Neuronen
der ersten Schicht reagieren auf die Wörter, die den Eingabevektor
des Netzes darstellen. Sollte eines dieser Wörter in der E-Mail-
Nachricht vorhanden sein, werden die Neuronen aktiviert, die mit
diesem Wort verbunden sind. Je höher der Wichtungsfaktor an dem
abgehenden Verbindungspfeil ist (der Synapse), desto stärker wird
dieses Neuron aktiviert. Die zweite Schicht mit den *hidden neurons* (versteckten Neuronen) wird durch die erste Schicht aktiviert.
Daher ist diese in der Lage, auf Wortkombinationen zu reagieren.
Diese zweite Schicht aktiviert dann das entsprechende Ausgabe-
neuron, wohingegen bestimmte Kombinationen mehr oder weniger mit den möglichen Ergebnissen gekoppelt sind. Schlussendlich
gewinnt die Entscheidung, deren Ausgabe die höchste Summe hat.
Abb. 3.16b illustriert, wie die Reaktion des Neuronalen Netzes auf
das alleinige Wort *online* ist. Eines der Neuronen aus der Schicht
mit den versteckten Neuronen reagiert auf das Wort *online* und
leitet seine Ausgabe an die zweite Schicht weiter, in der sich ein

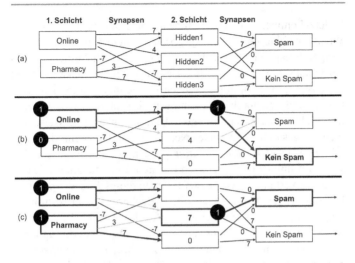

Abb. 3.16 Neuronales Netz zur Spam-Klassifikation: (a) Grundlegender Aufbau (b) Reaktion des Neuronalen Netzes auf das Wort *online* (c) Reaktion des Neuronalen Netzes auf die Wortkombination *online pharmacy*

verstecktes Neuron darauf spezialisiert hat, Nachrichten zu detektieren, die nur das Wort *online* beinhalten. Dieses Neuron hat eine deutlich stärkere Synapse (das heißt einen höheren Wichtungsfaktor) zu *Kein Spam* (nämlich 7) als zu *Spam* (nämlich 0). Es löst aus. Daher ist die finale Klassifizierung dieser Nachricht *Kein Spam*. Abb. 3.16c zeigt auf, was passiert, wenn die Wörter *online* und *pharmacy* in Kombination auftreten. Da die Neuronen der ersten Schicht auf beide Wörter erstmal einzeln reagieren, werden beide aktiviert. In der zweiten Schicht wird es nun wesentlich spannender. Das Vorhandensein des Wortes *pharmacy* beeinflusst nun in negativer Weise das Neuron, welches durch das Wort *online* positiv aktiviert wurde. Das mittlere Neuron hingegen, welches trainiert wurde, auf die Präsenz beider Wörter in Kombination positiv zu reagieren, wird sehr stark aktiviert. Dieses Neuron hat auch einen sehr starken Einfluss auf die finale Klassifizierung als *Spam*. Dieses Beispiel verdeutlicht gut, wie man mit mehrlagigen, tiefen Neuronalen Netzen komplexe Zusammenhänge abbilden kann, die viele Ausnahmen (sogenannte Nicht-Linearitäten) enthalten können.

Jetzt kommen wir zum Training des Neuronalen Netzes, um die Wichtungsfaktoren bei den Synapsen abzuleiten. In unserem vorherigen Beispiel hatte das neuronale Netz die Wichtungsfaktoren der Synapsen bereits. Das Herausragende bei Neuronalen Netzen ist, dass sie mit zufällig gesetzten Gewichtungsfaktoren starten können und sich durch das Training aus Beispielen zu den optimalen Wichtungsfaktoren hin entwickeln. Die gängigste Weise, ein mehrlagiges tiefes neuronales Netz zu trainieren, ist mit dem Verfahren, welches *Backpropagation* genannt wird. Wir werden diesen Algorithmus kurz praktisch erklären. Eine detaillierte Erklärung des Verfahrens würde den Rahmen dieses Buches sprengen. Um das neuronale Netz nun mittels Backpropagation zu trainieren, starten wir mit einem Beispiel für das Wort *online,* dem die Klassifizierung *Kein Spam* zugeordnet ist. Wir füttern nun unser Netz mit diesem Beispiel und überprüfen, welche Kategorisierung das Netz vornimmt. Es sollte *Kein Spam* sein. Um das Training zu verstehen, schauen wir uns jetzt einmal genauer an, wie ein Neuron wirklich funktioniert (siehe Abb. 3.17).

Die Eingabe, die ein Neuron erhält, ist abhängig von der Ausgabe (x_i) des vorherigen Neurons bzw. der vorherigen Neuronen und den Gewichten (w_i) entlang deren Kanten (bzw. Synapsen). Die Eingabe lässt sich somit als Summe der gewichteten Neuronenausgaben zusammenaddieren. Zum Schluss kann nur ein Fehlerwert b dazuaddiert werden, der vor allem für das Lernen genutzt wird. Dieser soll uns nicht weiter interessieren. Die

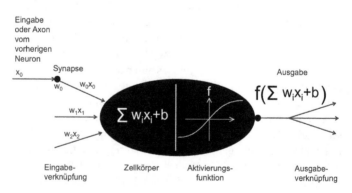

Abb. 3.17 Funktionsweise eines Neurons

Ausgabe unseres Neurons basiert nun auf der Eingabe und darauf, wie unsere Aktivierungsfunktion diese Eingabe verarbeitet. Es gibt viele unterschiedliche Aktivierungsfunktionen. Eine häufig eingesetzte Aktivierungsfunktion ist der *Tangens Hyperbolicus (tanh)*, der ebenfalls schematisch in Abb. 3.17 dargestellt ist. Dabei wird die Gesamteingabe des Knotens (x-Achse) auf einen Wert zwischen 0 und 1 abgebildet (y-Achse). Eine solche Funktion ist eine der *Sigmoid-Funktionen*, die alle diese S-Form haben. Neuronale Netze nutzen so gut wie immer Sigmoid-Funktionen, um die Ausgabe der Neuronen zu bestimmen. Die Funktion könnte aber auch im einfachsten Fall linear sein. Die Wichtungsfaktoren w_i stellen dabei das Wissen unseres Neuronalen Netzes dar und sind das, was durch Training (speziell durch den Algorithmus Backpropagation) aufwendig berechnet wird. Unser Netz soll nun also *Kein Spam* ausgeben, wenn das Wort *online* als Eingabe vorliegt. Es könnte sein, dass das Netz vielleicht am Anfang des Trainings ein etwas größeres Ergebnis für *Spam* als für *Kein Spam* ausgibt. Um dies zu korrigieren, wird ihm mitgeteilt, dass das Ergebnis der Aktivierungsfunktion des vorherigen Neurons für *Spam* näher an 0 und das für *Kein Spam* näher an 1 liegen soll. Nun startet eine Kaskade und die Synapsengewichte w_i, die zu *Spam* führen, werden proportional zu ihrem beitragenden Ergebnis ein wenig reduziert und die Wichtungsfaktoren für *Kein Spam* dementsprechend erhöht. Die Wichtungsfaktoren aller Synapsen zwischen der Eingabeschicht und den verborgenen Schichten werden ebenso gemäß ihrem Beitrag zu den relevanten Knoten in der Ausgabeschicht angepasst. Dieses Verfahren heißt Backpropagation. Um zu verhindern, dass das Netz durch ungenaue oder verrauschte Daten überangepasst wird, findet das Training langsam und iterativ statt.

Die größte Stärke von Neuronalen Netzen ist die Fähigkeit, hochkomplexe, nichtlineare Funktionen abzubilden. Dabei kann es Abhängigkeiten zwischen unterschiedlichen Eingabewerten erkennen. Auch wenn wir in unserem Beispiel nur die Eingabewerte 1 und 0 (das heißt in unserem Fall, ob das Wort vorhanden ist oder nicht) hatten, kann jegliche Zahl als Eingabe verwendet werden. Ebenso kann das Netz auch Zahlen als Ausgabewerte vorhersagen. Neuronale Netze ermöglichen auch ein inkrementelles Training – wie der Naive Bayes-Klassifizierer. Die Daten des trainierten

Modells (vorrangig die Wichtungsfaktoren der Synapsen) erfordern nicht viel Speicherplatz. Es ist auch nicht notwendig, die Ursprungsdaten nach dem Training weiter zu speichern. Dies ist ein großer Vorteil, da hiermit kontinuierlich Speicherplatz für neue Trainingsdaten vorgesehen werden kann, wodurch ein kontinuierliches Training und somit eine stetige Verbesserung des Netzes möglich ist.

Der größte Nachteil neuronaler Netze liegt sicher darin, dass es sich um ein Blackbox-Verfahren handelt. Das in unserem Beispiel gezeigte Netz war so konstruiert, dass es relativ leicht verständlich war. Echte Netze mit hunderten oder tausenden von Neuronen, Synapsen und Schichten sind kaum mehr zu verstehen. Auch wenn die Ergebnisse teilweise beeindruckend und korrekt sind, ist es manchmal zwingend notwendig zu verstehen, wie die Ergebnisse entstehen, bzw. zu protokollieren, wie das zustande kam. Dies gilt ebenso für das autonome Fahren. Ein anderer Nachteil liegt darin, dass es keine festen Regeln für die Wahl der Netzgröße und Trainingsrate für gewisse Probleme gibt. Daher erfordert die richtige Wahl der Parameter viel Erfahrung oder nochmal doppelt so viel Rechenleistung, die in Form von Parameterstudien aufgebracht werden muss. Wird zum Beispiel eine zu große Trainingsrate gewählt, kann es schnell zum *Overfitting* kommen. Ist die Rate zu klein, ist es möglich, dass das Netz mit den Daten niemals richtig lernt, was bedeutet, dass es nicht konvergiert.

3.3.6 Deep Learning und Transferlernen

Deep Learning beschreibt nichts anderes als die vorher eingeführten Neuronalen Netzwerke, angereichert mit vielen zusätzlichen Tricks, durch die sehr tiefe Neuronale Netzwerke möglich werden.

Die Kunst beim Aufbau tiefer Neuronaler Netze ist es, diese effizient zu trainieren. Hierzu wurde in den 1980er Jahren der Backpropagation-Algorithmus entwickelt (Trick 1): Mit dieser Methode werden mehrschichtige Neuronale Netze trainiert, indem die Fehler des Netzwerkes zurück durch das Netz getragen werden. In den 90ern fand Yann LeCun, einer der Deep-Learning-

Väter, den nächsten Trick, indem er die aus der Signalverarbeitung bekannte Faltung auf Eingabedaten Neuronaler Netze anwendete. Er entwickelte damit die ersten Convolutional Neural Networks, um handgeschriebene Zahlen zu erkennen. Diese neue Form von Neuronalen Netzwerken ist besonders dazu geeignet, Objekte in Bildern zu erkennen.

Bis 2012 wurden Neuronale Netzwerke kaum beachtet. Dann gab es erneut einen Durchbruch (Trick 3). Jeffrey Hinton entwickelte ein Modell, das die Fehlerrate in der Large Scale Image Recognition Challenge fast halbierte. Dies war durch gleich mehrere fundamentale Neuerungen im Deep Learning möglich: Unter anderem wurden Algorithmen entwickelt, um die Netze mit Grafikkarten zu trainieren. Grafikkarten sind besonders schnell bei der Berechnung von parallelen Matrixmultiplikationen. Da das Training von neuralen Netzwerken hauptsächlich aus Matrixmultiplikationen besteht, konnte so die Trainingszeit um den Faktor 1.000 gesenkt werden. Trainingszeiten verkürzten sich plötzlich auf eine annehmbare Zeit.

Darüber hinaus gibt es sogenannte rekurrente Neuronale Netzwerke (Trick 4), die ein zeitliches Gedächtnis haben und die Historie eines Signals berücksichtigen. Dies ist insbesondere bei Anwendungen im Bereich der Sprache oder für Zeitreihenanalysen wichtig, bei denen Referenzen auf vorhergehende Eingangswerte eine große Rolle spielen.

Autoencoder-Netzwerke sind Trick 5. Dieses sind tiefe Neuronale Netzwerke, die so trainiert werden, dass die Eingangsdaten, die in sie hineingefüttert werden, ebenso als Ausgabe wieder herauskommen müssen. Im ersten Schritt klingt das ganz schön komisch. Wieso trainiere ich ein Netz in der Art und Weise, dass es nichts tut? Indem ich am Ausgang dieselben Daten verlange, wie ich hineinfüttere, trainiere ich dem Netz an, die Identitätsfunktion zu lernen. Das Praktische hieran ist, dass das Netz dadurch lernt, welche Faktoren in den Daten wichtig sind. Es führt damit eine Dimensionsreduktion durch. Das gelernte Modell kann dann als kompakte Darstellung großer Datenmengen und eines Problems dienen. Somit kann es zum Beispiel als Basis für das Transferlernen genommen werden.

Da das Training von Neuronalen Netzen sehr aufwendig ist, haben die Forscher einen neuen Trick entwickelt (Trick 6): das Transferlernen. Transferlernen ermöglicht, ein Modell, welches für ein gewisses Problem entwickelt wurde, als Startpunkt für ein neues Problem zu nehmen und somit auf dem alten Modell aufzubauen. Hierdurch spart man sich etliche Stunden oder sogar Tage an Training (siehe Abb. 3.18).

Besonders Probleme im Bereich der Bild- und Texterkennung profitieren vom Transferlernen, da das Training sehr rechenintensiv ist. Zusammengefasst kann man sagen, dass das Transferlernen folgende drei Vorteile hat:

- Bessere Ausgangslage: Das Netz startet mit einer besseren Ausgangslage, da schon einiges an Training und Optimierung hineingeflossen ist.
- Schnellere Verbesserung: Die Trainingsverbesserungen erfolgen schneller, da die Ebenen bereits vortrainiert sind.
- Besseres Ergebnis: Das Netz wird insgesamt bessere Ergebnisse produzieren.

Jetzt kann man sich natürlich fragen: Wenn Transferlernen so gut ist, warum setzt man es nicht immer ein? Zum einen muss man

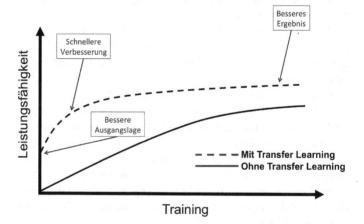

Abb. 3.18 Vorteile des Transferlernens

sagen, dass nicht jedes Modell übertragbar ist. Die Probleme müssen zumindest ähnlich sein. Ich kann zum Beispiel kein Modell zur Erkennung von Straßenschildern als Ausgangsbasis für eine Texterkennung nehmen. Darüber hinaus muss man auch berücksichtigen, ob durch die Anwendung des Modells und der davor eingeflossenen Daten ein systematischer Fehler entstehen kann. Wenn ich zum Beispiel ein Modell habe, welches in der Lage ist, in englischen Twitter-Tweets eines Firmen-Accounts Emotionen abzulesen (das heißt, ob ein Kunde sauer oder zufrieden ist), ist dieses Modell nicht ohne Weiteres auf Tweets in deutscher Sprache übertragbar – ansonsten entsteht ein starker systemischer Fehler (genannt Bias). Im Automobilumfeld wäre es aber ohne Weiteres denkbar, alle CAN-Fahrzeugdaten, die einem vorliegen, in ein Modell zu füttern und dieses Modell als Ausgangslage für neue Probleme auf Basis von Fahrzeugdaten (zum Beispiel Predictive Maintenance) zu nehmen.

3.4 Unüberwachtes Lernen

Im Bereich des unüberwachten Lernens gehen wir hier auf die wichtigsten Verfahren zum *Clustering* von Daten ein. Die hierarchische und die k-Means-Clusteranalyse sind beide Verfahren zum unüberwachten Lernen. Das bedeutet, dass keine Trainingsdaten nötig sind, da sie nicht versuchen, Vorhersagen zu treffen. Nehmen wir das Beispiel aus Abschn. 3.3.3, in dem wir passende Fußballspieler für eine Bundesliga- bzw. Amateur-Mannschaft klassifizieren wollten. Wir könnten nun diesen Datensatz verwenden und schauen, ob sich hierin Muster ergeben. Eventuell würde man ein Muster erkennen, bei kleinen und schnellen Spielern oder großen und langsamen. Wir werden für dieses Kapitel einen abstrakten Datensatz wählen, um die Verfahren besser zu verdeutlichen. Sie können aber auch für jedes Element einen Fußball-Spieler annehmen. Anstatt der abstrakten Bezeichnung E1 (Eigenschaft 1) können Sie sich ebenso die Körpergröße vorstellen sowie für E2 die maximale Sprint-Geschwindigkeit. Der Datensatz in Abb. 3.19 wird uns als Grundlage dienen.

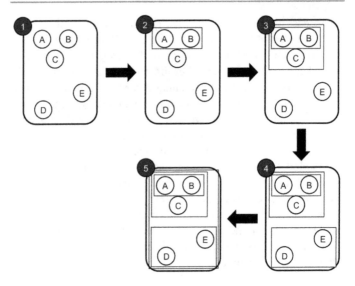

Abb. 3.19 Ablauf bei der hierarchischen Clusteranalyse

3.4.1 Hierarchische Clusteranalyse

Abb. 3.19 stellt dar, wie die Elemente aus Tab. 3.7 in Cluster aufgeteilt werden können. Zuerst stellen wir die Elemente in zwei
Dimensionen dar (Bild 1) – genau dasselbe hatten wir ja auch
mit den Daten der Fußball-Spieler in Abschn. 3.3.3 gemacht. E1
ist hierbei auf der x-Achse und E2 auf der y-Achse aufgetragen.
Die hierarchische Clusteranalyse berechnet nun immer, welche
Elemente am dichtesten beieinander liegen, und verbindet sie zu
einem Cluster. Dabei fängt sie mit den beiden Elementen an, die
am engsten zusammen sind (Bild 2). Die *Position* des berechneten

Tab. 3.7 Einfacher
abstrakter Datensatz für
die Clusteranalyse

Element	E1	E2
A	2	9
B	4	9
C	3	7
D	1,6	2
E	4	3

Clusters ist der Mittelwert der beiden Elemente. Dieser Prozess wird wiederholt, bis im letzten Bild 5 alles in einen großen Cluster zusammengestellt wurde.

Der Vorteil dieser Methode liegt darin, dass eine komplette Clusterstruktur entsteht, die man als Baum (sogenanntes Dendogramm) visualisieren kann. Hierüber kann man dann sehr gut entscheiden, welche Gruppen spannend sind, um sie weiter zu untersuchen. Der größte Nachteil des Verfahrens liegt in seinem hohen Rechenaufwand. In jedem Durchlauf müssen alle Elemente miteinander verglichen werden, die noch zu keinem Cluster gehören. Im ersten Durchlauf bedeutet das: jedes mit jedem Element. Das ist so ähnlich wie beim Anstoßen mit Getränken. Hat man 20 Personen und jede Person stößt mit jeder an, hat man insgesamt (20*21)/2=210 Anstöße. Die Gesamtanzahl wächst sehr schnell (nämlich quadratisch) an. Bei vielen Elementen dauert dieses Verfahren daher sehr lange. Ein wesentlich effizienteres Verfahren ist die k-Means-Clusteranalyse.

3.4.2   k-Means-Clusteranalyse

Eine andere – wesentlich effizientere – Methode zum Clustern von Daten ist die k-Means-Clusteranalyse. Während bei der hierarchischen Clusteranalyse ein Baum aus Elementen aufgebaut wird und die Anzahl der Cluster im Vorfeld nicht bekannt ist, muss man bei der k-Means-Clusteranalyse die Anzahl am Anfang mitangeben. Das beschreibt genau das k im Namen des Verfahrens. Man sagt also, bevor man das Verfahren startet, wie viele Cluster man erwartet. Abb. 3.20 zeigt ein Beispiel für die k-Means-Clusteranalyse. Hier hat man die Vermutung, dass es zwei Cluster in der Datenmenge gibt.

In Bild 1 werden die beiden Clusterzentren (als schwarze Kreise dargestellt) zufällig irgendwo angesiedelt. Bild 2 zeigt, dass jedes Element dem ihm am nächsten liegenden Clusterzentrum zugewiesen wird. In diesem Fall handelt es sich bei A und B um das weiter oben liegende Clusterzentrum. C, D und E werden dem unteren Clusterzentrum zugeordnet. In Bild 3 werden nun die Positionen der Clusterzentren neu berechnet. Dazu werden die Positionen

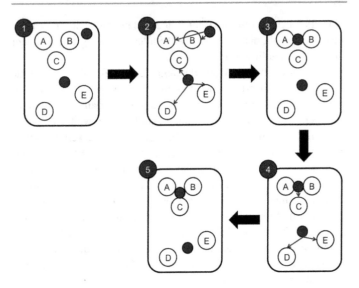

Abb. 3.20 Vorgehen bei der k-Means-Clusteranalyse

der zugeordneten Elemente in Betracht gezogen und es wird eine
Durchschnittsposition abgeleitet. Jetzt werden die Zuweisungen
erneut gemacht und es stellt sich heraus (Bild 4), dass C jetzt näher
am oberen Clusterzentrum liegt, wobei D und E dem unteren Zen-
trum zugeordnet bleiben. Letztendlich liegen jetzt A, B und C im
oberen Cluster und D und E im unteren.

Der größte Vorteil der k-Means-Clusteranalyse liegt sicherlich
in ihrer großen Schnelligkeit des Clusterings. Der größte Nachteil
liegt darin, dass man die Clusteranzahl im Vorfeld angeben muss.
Nun kann man sich fragen, wie sinnvoll dieses Verfahren zum
Clustering von Daten ist, wenn man vorab schon wissen muss,
wie viele Cluster es in den Daten geben soll, die man analysieren
möchte. In der Praxis führt man normalerweise das Verfahren mit
einer Vielzahl von Vermutungen durch, wie viele Cluster es gibt
– zum Beispiel mit k=2, k=3 bis zu k=100. Die Ergebnisse schaut
man sich dann an und wertet aus, wie homogen und zusammen-
hängend die berechneten Cluster sind. So kommt man dann auf
die passende Clusteranzahl. Auch wenn dieses aufwendig wirkt,

ist der Rechenaufwand immer noch geringer als bei der hierarchischen Clusteranalyse bei einer hohen Anzahl von Elementen.

3.5   Sonstiges Lernen

Wie bereits erwähnt, gehören die meisten Algorithmen des maschinellen Lernens, die in den Bereich der *Narrow AI* fallen, zu der Klasse des überwachten Lernens (Supervised Learning). Beim überwachten Lernen wird über Daten versucht, eine bekannte Zielfunktion zu lernen. Daten müssen daher idealerweise in großer Menge vorliegen, damit die Zielfunktion möglichst genau gelernt werden kann, die ein Mapping zwischen den Eingabe- und Ausgabedaten herstellt.

Wir werden uns jetzt Verfahren aus dem Bereich des sonstigen Lernens anschauen. Dazu gehören:

- Klassische Verfahren
- Reinforcement-Learning
- Optimierung

Alle drei Verfahren stellen eine große Bereicherung für die Automobilindustrie dar. Die klassischen Verfahren werden zum Beispiel verstärkt im Bereich des autonomen Fahrens eingesetzt. Das Reinforcement-Learning ist ein großer neuer Trend im Bereich der Künstlichen Intelligenz und half in jüngster Zeit die prominentesten Erfolge zu erzielen wie zum Beispiel den Go-Weltmeister zu schlagen. Verfahren aus dem Bereich der Optimierung werden häufig eingesetzt, um Produkte und die komplette Wertschöpfungskette zu optimieren.

3.5.1   Klassische Verfahren

Im Bereich der klassischen Verfahren schauen wir uns folgende an:

- Heuristisches Suchen
- Logisches Schließen
- Regelungstechnik

Heuristisches Suchen beschreibt eine Klasse von Algorithmen, die in einem Suchraum nach Mustern oder Objekten mit bestimmten Eigenschaften suchen können. Es wird hier zwischen einfachen und heuristischen Suchalgorithmen unterschieden. Einfache Suchalgorithmen benutzen intuitive Methoden für das Durchsuchen des Suchraumes, während heuristische Suchalgorithmen Wissen über den Suchraum (beispielsweise die Datenverteilung) berücksichtigen, um die benötigte Suchzeit zu reduzieren. Die Lösung eines algorithmischen Problems kann allgemein als Suche nach der Lösung in einer Menge von möglichen Lösungen (dem Lösungsraum) bezeichnet werden. Als Lösung kann der Zielzustand definiert werden, aber auch der Pfad zum Ziel oder die Reihenfolge von entsprechenden Aktionen. Ist der Suchraum endlich groß, kann die Suche mit einer geeigneten Suchstrategie immer zu einem Ergebnis führen. Bei unendlichen (Lösungs-)Mengen (bzw. Mengen, die sehr schnell aufgrund einer Exponentialfunktion anwachsen) muss die Suche nach gewissen Kriterien (wie nach einer bestimmten Zeit) abgebrochen werden. Wiederholtes Suchen in einer endlichen Menge kann dadurch effizient gestaltet werden, dass über den Daten eine Indexstruktur (zum Beispiel in Form eines Suchbaums) erstellt wird, die nach einem bestimmten Kriterium sortiert ist. Dann müssen bei einer Suche nicht mehr alle Einträge in Betracht gezogen werden (zum Beispiel beginnt man die Zieleingabe im Navigationssystem im Auto bei dem Buchstaben, mit dem der Straßenname anfängt).

Beim logischen Schließen werden drei Arten unterschieden (siehe Abb. 3.21):

1. Deduktion
2. Induktion
3. Abduktion

Hierbei wird jeweils auf die Bedingung (auch Prämisse oder „Ursache"), die Konsequenz (auch Resultat oder „Wirkung") und

Abb. 3.21 Vereinfachte
Übersicht: A => B ist die
Regel, A die Bedingung
und B die Konsequenz

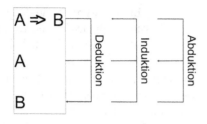

die Regel (auch Gesetz) unterschiedlich Bezug genommen. Jeder
dieser drei Bezüge kommt in der praktischen Anwendung meist
mehrfach vor. Die Deduktion ist der Schluss von der Bedingung
und der Regel auf die Konsequenz (Kurzform: Ursache UND
Gesetz –> Wirkung). Die Induktion ist der Schluss von der Bedingung und der Konsequenz auf die Regel (Kurzform: Ursache UND
Wirkung –> Gesetz). Die Abduktion ist der Schluss von der Regel
und der Konsequenz auf die Bedingung (Kurzform: Gesetz UND
Wirkung –> Ursache). Folgende Fälle sollen diese drei Arten
anhand der Bremsung eines Fahrzeugs veranschaulichen:

• Fall der Deduktion
  – Beim Betätigen der Bremse wird das Fahrzeug langsamer.
    Dies ist das Gesetz.
  – Die Bremse wird betätigt. Dies ist die beobachtete Ursache.
  – Das Fahrzeug wird langsamer werden. Dies ist die deduktive
    Schlussfolgerung auf die Wirkung.
• Fall der Induktion
  – Die Bremse wird betätigt. Dies ist die beobachtete Ursache.
  – Das Fahrzeug wird langsamer. Dies ist die beobachtete Wir-
    kung.
  – Beim Betätigen der Bremse wird das Fahrzeug (jedes Mal)
    langsamer. Dies ist die induktive Schlussfolgerung auf das
    Gesetz. Es sind jedoch auch andere Gesetze denkbar, die
    zum Beispiel weitere Bedingungen erfordern.
• Fall der Abduktion
  – Beim Betätigen der Bremse wird das Fahrzeug langsamer.
    Dies ist das Gesetz.
  – Das Fahrzeug wird langsamer. Dies ist die beobachtete Wir-
    kung.

– Die Bremse wurde betätigt. Dies ist die abduktive Schluss-
folgerung auf die Ursache. Es sind jedoch auch andere Ursachen denkbar, zum Beispiel ein Ansteigen der Fahrbahn.

Zu guter Letzt findet noch die Regelungstechnik massiv Einsatz im
Bereich der Automobilindustrie und auch beim autonomen Fahren.
Ohne die Regelungstechnik wären sowohl das GPS als auch die
Assistenzfunktionen im Fahrzeug undenkbar. Die Regelungstechnik ist eine Ingenieurwissenschaft, die die in der Technik vorkom-
menden Regelungsvorgänge untersucht. Sie ist wie die Steuerungs-
technik ein Teilgebiet der Automatisierungstechnik. Ein technischer Regelvorgang ist eine gezielte Beeinflussung von physikalischen, chemischen oder anderen Größen in technischen Systemen.
Die sogenannten Regelgrößen sind dabei auch beim Einwirken von
Störungen entweder möglichst konstant zu halten (Festwertrege-
lung) oder so zu beeinflussen, dass sie einer vorgegebenen zeitlichen Änderung folgen (Folgeregelung). Bekannte Anwendungen
im Haushalt sind die Konstant-Temperaturregelung für die Raum-
luft (Heizungsregelung), für die Luft im Kühlschrank oder für das
Bügeleisen. Mit dem Tempomat wird die Fahrgeschwindigkeit im
Kraftfahrzeug konstant gehalten. Eine Folgeregelung ist im Allgemeinen technisch anspruchsvoller, beispielsweise die Kursre-
gelung mit einem Autopiloten in der Schifffahrt, Luftfahrt oder
Raumfahrt oder die Zielverfolgung eines beweglichen Objektes.

Im Allgemeinen bedeutet Regelung das Messen einer zu beein-
flussenden Größe (Regelgröße) und kontinuierliches Vergleichen
mit der gewählten Führungsgröße, siehe Abb. 3.22. Der Regler
bestimmt aus der Regelabweichung (Regeldifferenz) und den vorgegebenen Regelparametern eine Stellgröße. Diese wirkt über die
Regelstrecke so auf die Regelgröße ein, dass sie die Regelabweichung trotz vorhandener Störgrößen minimiert und die Regelgröße
je nach gewählten Gütekriterien ein gewünschtes Zeitverhalten
annimmt. Genau diese Systematik findet Anwendung im autonomen Fahren zur Längsregelung (Abstand halten zum vorausfahren-
den Fahrzeug oder auch Tempomat) sowie auch zur Querregelung
(Spurhalteassistent).

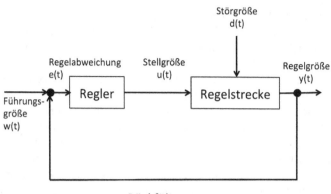

Rückführung

Abb. 3.22 Struktur eines einfachen Regelkreises

3.5.2 Reinforcement-Learning

Wie bereits mehrfach erwähnt ist die gelernte Zielfunktion klassischer Verfahren (egal ob aus dem Bereich des überwachten oder unüberwachten Lernens) in der Regel statisch. Soll die Zielfunktion aktualisiert werden, weil zum Beispiel neue Trainingsdaten vorliegen, muss diese komplett neu gelernt werden. Das sogenannte *Retraining* wird durchgeführt.

Um selbstlernende, autonome Algorithmen zu entwickeln, die sich an ihre Umgebung anpassen und von Feedback lernen können, liefern Modelle des überwachten Lernens daher nur einen begrenzten Mehrwert. Dies liegt daran, dass die durch Modelle des maschinellen Lernens gelernten 1:1-Beziehungen zwischen Eingabe- und Ausgabedaten in komplexeren Anwendungsfällen oder Umgebungen nicht mehr ausreichen. Viele Verfahren des maschinellen Lernens sind zum Beispiel überfordert, wenn mehrere Zielgrößen gleichzeitig oder eine Abfolge von Zielgrößen bzw. Handlungen erlernt werden müssen. Weiterhin kann der Zusammenhang zwischen Einflussfaktoren und Zielgrößen in Abhängigkeit von der Umgebung bzw. auf Basis bereits getroffener Prognosen und Entscheidungen unmittelbar variieren, was ein fortlaufendes

Retraining der Modelle erfordert. Dies ist jedes Mal nötig, wenn sich die Umgebung ändert bzw. Entscheidungen getroffen wurden. Um Verfahren des maschinellen Lernens auch in Szenarien anwenden zu können, in welchen sie eigenständige Aktions-Reaktions-Ereignisse erlernen können, werden Lernverfahren benötigt, die eine sich verändernde Dynamik berücksichtigen. Ein sehr bekanntes Beispiel für die erfolgreiche Anwendung von Algorithmen dieser Art ist der Sieg von Goolges KI AlphaGo über den weltbesten menschlichen Go-Spieler. AlphaGo wäre mit klassischen Methoden des überwachten Lernens nicht realisierbar gewesen, weil aufgrund der hohen Kombinatorik und der unendlichen Anzahl an Spielzügen und Szenarien kein Modell in der Lage gewesen wäre, die Komplexität der Aktions-Reaktions-Beziehungen als reines Mapping zwischen Eingabe- und Ausgabedaten abzubilden. Stattdessen werden Verfahren benötigt, die in der Lage sind, selbständig auf neue Gegebenheiten der Umgebung zu reagieren, mögliche zukünftige Handlungen vorherzusagen und diese in aktuelle Entscheidungen mit einfließen zu lassen. Das Reinforcement-Lernen (RL) bildet genau diese Art von Lernverfahren, auf dessen Basis Systeme wie AlphaGo realisiert werden können.

RL orientiert sich am Lernverhalten des Menschen. Menschliches Lernen basiert, speziell in sehr frühen Lebensphasen wie zum Beispiel bei Babys oder Kindern, darauf, die Umwelt spielerisch zu untersuchen. Das bedeutet, dass unsere Handlungen in Bezug auf das zu lösende Problem durch einen gewissen Aktionsraum eingeschränkt sind. Über *Trial and Error* (oder Versuch macht klug) werden die Reaktionen hinsichtlich unserer Aktionen beobachtet und daraus Rückschlüsse gezogen. Als Reaktion auf unsere Aktion bekommen wir dabei eine Antwort oder auch Feedback von der Umgebung, das abstrakt dargestellt als Belohnung oder Bestrafung interpretiert werden kann. Belohnung oder Bestrafung können vielfältig sein. Das können zum Beispiel soziale Akzeptanz, Lob von anderen Menschen oder auch einfach individuelle Erfolgserlebnisse sein. Häufig wird die Belohnung bzw. Bestrafung auch verzögert ausgeschüttet. Ingesamt versucht der Mensch, die durch sein Wirken und Handeln zu erwartende *Gesamtbelohnung* über die Zeit nachhaltig zu maximieren.

Ein konkretes Beispiel: Wenn wir lernen Klavier zu spielen, umfasst unser Aktionsraum das Drücken der Tasten (sowie das Bedienen des Fußpedals). Über eine zunächst zufällige Exploration des Handlungsraums erhalten wir in Form von Tönen des Klaviers ein Feedback der Umwelt. Dabei erhalten wir eine Belohnung, wenn die Töne *wohlklingend* sind (zum Beispiel ein Akkord), bzw. eine Bestrafung, wenn die Zuhörer mit schmerzverzerrtem Gesicht vor uns sitzen. Wir zielen darauf ab, die erwartete Gesamtbelohnung in Form richtig gespielter Noten und Akkorde in dem für uns relevanten Zeithorizont zu maximieren. Dies geschieht nicht dadurch, dass wir aufhören zu lernen, sobald wir einen Akkord sauber spielen können, sondern durch kontinuierliches Training und immer wieder neue Belohnungen und Erfolge, die uns im Zeitverlauf widerfahren. Natürlich kann die Dauer der Exploration der möglichen Handlungen und Belohnungen der Umwelt durch die Hinzunahme eines externen Lehrers verkürzt werden. Dieses Beispiel ist stark simplifiziert, stellt aber das Grundprinzip gut dar.

RL besteht im Kern aus fünf wichtigen Komponenten, nämlich

1. dem Agenten (agent)
2. der Umgebung (environment)
3. dem Status (state)
4. der Aktion (action)
5. der Belohnung (reward)

Grundsätzlich lässt sich der Ablauf wie folgt beschreiben: Der Agent führt in seiner Umgebung zu einem bestimmten Status (s_t) eine Aktion (a_t) aus dem zur Verfügung stehenden Aktionsraum A durch, die zu einer Reaktion der Umgebung in Form einer Belohnung (r_t) führt.

Die Reaktion der Umgebung auf die Aktion des Agenten hat jetzt einen Einfluss auf die Wahl der nächsten Aktion des Agenten (a_{t+1}). Führt der Agent nun mehrere tausend, hunderttausend oder sogar Millionen von Aktionen durch, ist er durch das Feedback, das er von der Umgebung bekommt, in der Lage, einen Zusammenhang zwischen seinen Aktionen und dem künftig zu erwartenden Nutzen in jedem Status zu schätzen und sich somit entsprechend optimal an die Umgebung anzupassen. Dabei befindet sich der Agent immer in dem Spannungsfeld zwischen der Nutzung seiner bisher erworbenen Erfahrung auf der einen und der Exploration neuer Strategien zur Erhöhung der Belohnung auf der anderen Seite. Dies wird auch das *Exploration-Exploitation-Dilemma* genannt.

Die Approximation und das Erlernen des Nutzens können modellfrei, das heißt über reine Exploration der Umgebung, erfolgen, oder durch die Anwendung von Verfahren aus dem Bereich des maschinellen Lernens (zum Beispiel Deep Learning). Die Verfahren haben dann die Aufgabe, den Nutzen einer Aktion zu bewerten. Dies wird häufig dann angewendet, wenn der Status- und/oder Aktionsraum von hoher Dimensionalität ist.

Zum Training von RL-Systemen wird häufig die Q-Learning-Methode angewendet. Den Namen erhält Q-Learning von der sogenannten Q-Funktion $Q(s, a)$, die den erwarteten Nutzen Q einer Aktion a im Status s darstellt. Die Nutzenwerte werden in der Q-Matrix Q gespeichert, deren Dimensionalität sich aus der Anzahl möglicher Status sowie Aktionen ableitet. Während des Trainings versucht der Agent, die Q-Werte der Q-Matrix durch Exploration zu erlernen, um diese später als Entscheidungsregel zu nutzen. Die Belohnungsmatrix R enthält, analog zu Q, die entsprechenden Belohnungen, die der Agent in jedem Status-Aktions-Paar bekommt (siehe Abb. 3.23).

Das Erlernen der Q-Werte passiert im leichtesten Fall wie folgt: Der Agent startet in einem zufällig initialisierten Status s_t. Danach selektiert der Agent zufällig eine Aktion a_t aus A und analysiert

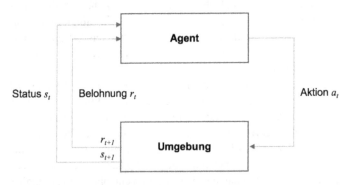

Abb. 3.23 Reinforcement-Learning

die entsprechende Belohnung r_t sowie den darauf folgenden Status s_{t+1}. Die Update-Regel der Q-Matrix ist dabei folgendermaßen definiert:

$$Q(s_t, a_t) = (1 - \alpha)Q(s_t, a_t) + \alpha(r_t + \gamma \max Q(s_{t+1}, a))$$

Der Q-Wert im Status s_t bei Ausführung der Aktion a_t ist eine Funktion des bereits gelernten Q-Wertes (erster Teil der Gleichung) sowie der Belohnung im aktuellen Status zuzüglich des diskontierten maximalen Q-Wertes aller möglichen Aktionen a im folgenden Status s_{t+1}.

Der Parameter α im ersten Teil der Gleichung wird als Lernrate (learning rate) bezeichnet und bestimmt, zu welchem Anteil eine neu beobachtete Information den Agenten in seiner Entscheidung, eine bestimmte Aktion zu treffen, beeinflusst.

Der Parameter γ wird Diskontierungsfaktor (discount factor) genannt und steuert den Trade-off hinsichtlich der Präferenz, kurzfristige oder zukünftige Belohnungen in der Entscheidungsfindung des Agenten zu bevorzugen. Kleine Werte für γ lassen den Agenten eher Entscheidungen treffen, die näher liegende Belohnungen in der Entscheidungsfindung priorisieren, während höhere Werte für γ den Agenten langfristige Belohnungen in der Entscheidungsfindung priorisieren lassen. Man könnte γ damit auch als Gedächnisfaktor bezeichnen.

In modellbasierten Q-Learning-Umgebungen basiert die Exploration der Umgebung nicht nur auf Zufall. Die Q-Werte der Q-Matrix werden basierend auf dem aktuellen Status durch Verfahren aus dem Bereich des maschinellen Lernens, in der Regel neuronale Netze und Deep-Learning-Modelle, gelernt. Häufig wird während des Trainings von modellbasierten RL-Systemen noch eine zufällige Handlungskomponente implementiert, die der Agent mit einer gewissen Wahrscheinlichkeit $p < \epsilon$ durchführt. Dieses Vorgehen wird als ϵ-greedy bezeichnet und soll verhindern, dass der Agent immer nur die gleichen Aktionen bei der Exploration der Umgebung durchführt. Man könnte ϵ auch als Chaosfaktor bezeichnen.

Nach Ende der Lernphase wählt der Agent in jedem Status diejenige Aktion aus, die den höchsten Q-Wert verspricht, $\max Q(s_t, a)$. Daher kann sich der Agent von Status zu Status bewegen und immer diejenige Aktion auswählen, die den geschätzten Nutzen maximiert.

Q-Learning eignet sich insbesondere dann als Lernverfahren, wenn die Anzahl der möglichen Status und Aktionen überschaubar ist. Ansonsten ist das Problem aufgrund der kombinatorischen Komplexität mit reinen Explorationsmechanismen nur schwer in endlicher Zeit lösbar. Aus diesem Grund findet in extrem hochdimensionalen Status- und Aktionsräumen die Approximation der Q-Werte häufig über modellbasierte Ansätze wie zum Beispiel neuronale Netze statt.

Besonders herausfordernd ist die Anwendung von Q-Learning, wenn die Belohnungen zeitlich sehr weit vom aktuellen Status- und Handlungsraum des Agenten entfernt sind. Wenn in naheliegenden Status keine Belohnungen vorhanden sind, kann der Agent erst nach einer langen Explorationsphase weit in der Zukunft liegende Belohnungen in die naheliegenden Status übernehmen. Das Lernen ist dann somit sehr aufwendig und kostenintensiv.

Mit RL und Q-Learning ist es möglich, Algorithmen und Systeme zu entwickeln, die autark in deterministischen wie auch stochastischen Umgebungen Handlungen erlernen und ausführen können – ohne diese exakt kennen zu müssen. Dabei versucht der Agent stets basierend auf seinen Handlungen, die für ihn von der Umgebung erzeugte Belohnung zu maximieren. Der Diskontierungsfaktor (oder Gedächtnisfaktor) steuert hierbei, ob der Agent einen Fokus auf kurzfristige oder langfristige Belohnungen legt. Die Anwendungsgebiete für solche Agenten sind vielseitig und spannend. Nachdem die Firma DeepMind ein Paper veröffentlicht hatte, in dem mittels modellbasierten Reinforcement-Learnings ein Agent darauf trainiert wurde, verschiedenste Atari-Computerspiele zu spielen, kaufte Google diese Firma. Tesla heuerte vor Kurzem einen der führenden Forscher in diesem Umfeld an, um sich im Bereich des autonomen Fahrens einen Wettbewerbsvorteil zu erarbeiten. Die Zukunft wird zeigen, welchen Stellenwert RL im Bereich der *Narrow AI* einnehmen wird.

3.5.3 Optimierung

Die Optimierung unterscheidet sich insofern von den bisher vorgestellen KI-Verfahren, als sie versucht, Werte auszuwählen, die das Ergebnis einer Zielfunktion optimieren – anstatt aus Werten zu lernen. Es sind viele Zielfunktionen denkbar. Möchte ich zum Beispiel Ride-Sharing (die gemeinsame Nutzung eines Fahrzeuges für den Transport von Personen von einem Ort zum anderen) ermöglichen, benötigt man eine Zielfunktion, die eine Kombination aus Preis und Wartezeit miteinbezieht. Möchte ich den Verkaufswert eines Gebrauchtfahrzeugs optimieren, muss die Zielfunktion die bisherige Fahrleistung, den Verkaufszeitpunkt, den Restbestand im Markt und evtl. die Nachfrage abbilden. Sind die Zielfunktionen erstmal definiert, können unterschiedliche Optimierungsverfahren genutzt werden, um sie zu lösen. Wir schauen uns hier zwei häufig genutzte Algorithmen an:

- die simulierte Abkühlung
- die genetische Optimierung

Bevor wir auf die beiden oberen Verfahren eingehen, betrachten wir, was beide sowie jedes andere Optimierungsverfahren grundlegend benötigt: eine Zielfunktion. Eine Zielfunktion ist eine willkürliche Funktion, die eine Schätzung einer Lösung beinhaltet und einen Wert zurückgibt, der für schlechtere Lösungen höher und für bessere Lösungen niedriger ist. Optimierungsverfahren nutzen diese Zielfunktion, um Lösungen bewertbar und die möglichen Lösungen vergleichbar zu machen. Dadurch sind sie in der Lage, am Ende ihrer Suche die optimale Lösung auszuwählen. Die Zielfunktion, die die Optimierungsverfahren bei ihrer Suche oder Optimierung verwenden, muss normalerweise in der Lage sein, viele Variablen zu berücksichtigen. Es ist nicht immer klar, welche Variable modifiziert werden sollte, damit ein Ergebnis sich verbessert. Zur Veranschaulichung schauen wir uns jetzt einmal solch eine Funktion konkret an, die allerdings zur Vereinfachung zunächst nur eine Variable berücksichtigt (siehe Abb. 3.24, die den Graphen zu der Funktion zeigt):

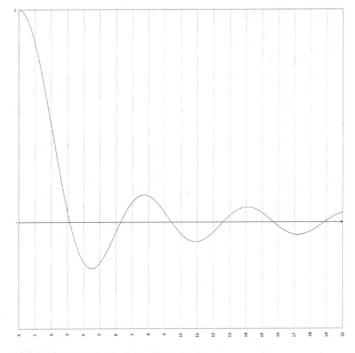

Abb. 3.24 Graph der Funktion 1/x * sin(x)

$$y = 1/x * sin(x)$$

Da die Zielfunktion über nur eine Variable verfügt, ist in dem Graphen leicht ersichtlich, wo der niedrigste Punkt ist (das globale Minimum). Diesen Punkt muss das Optimierungsverfahren finden. Diese einfache Funktion nutzen wir nur zur Illustration, wie die Optimierung funktioniert. Bei echten Problemen wird die Zielfunktion wesentlich komplizierter sein, so dass nicht einfach erkenntlich sein wird, wo der niedrigste Punkt liegt. Kompliziertere Funktionen mit vielen Variablen kann man auch nicht so einfach graphisch darstellen.

Besonders spannend an dieser Zielfunktion ist, dass sie über ein globales Minimum (den niedrigsten Punkt), aber viele lokale

Minima verfügt. Lokale Minima sind Punkte, die zwar niedriger als die sie umgebenden Punkte sind, aber eben nicht notwendigerweise insgesamt am niedrigsten sind. Dies bedeutet, dass das Problem nicht einfach in der Art und Weise gelöst werden kann, dass ein zufälliger Punkt als Startpunkt ausgewählt wird und man sich dann von diesem Punkt aus einfach immer *den Berg hinunterbewegt*. Wenn man dies macht, kann man eben zufällig in einem lokalen Minimum (einer lokalen Senke) hängen bleiben, ohne *den Berg komplett hinunterzukommen* und das globale Minimum zu finden.

Jetzt kommen wir zum ersten häufig eingesetzten Optimierungsverfahren, der simulierten Abkühlung. Die simulierte Abkühlung ist von dem Abkühlen von Legierungen in der Physik abgeleitet. Das Verfahren startet mit einer zufälligen Lösung und versucht sich von da aus zu verbessern. Es versucht, die Lösung genauer gesagt dadurch zu verbessern, dass es die Kosten einer ähnlichen Lösung findet, die einen kleinen Schritt entfernt in zufälliger Richtung liegt. Sollten die Kosten sogar kleiner sein, wird dies die neue Lösung. Sollten sie jedoch höher sein, wird dies dennoch mit einer gewissen Wahrscheinlichkeit die neue Lösung. Hiermit möchte man verhindern, dass man eben in einer Senke hängen bleibt. Diese Wahrscheinlichkeit steht im Zusammenhang mit der aktuellen simulierten *Temperatur* des Verfahrens. Diese Temperatur startet mit einem hohen Wert und sinkt langsam ab. Dadurch hat der Algorithmus zu Beginn des Verfahrens noch die Möglichkeit, wesentlich schlechtere Lösungen zu akzeptieren, um nicht die Gefahr einzugehen, in einem lokalen Minimum hängen zu bleiben. Je länger das Verfahren läuft und die Temperatur abfällt, desto eher sucht das Verfahren in seiner unmittelbaren Umgebung nach besseren Lösungen. Wenn die Temperatur den Wert 0 erreicht hat, liefert das Verfahren die aktuelle Suchposition als Lösung zurück.

Die genetischen Algorithmen oder die genetische Optimierung wurde durch die Biologie und Evolutionstheorie geprägt. Ein genetischer Algorithmus startet mit vielen zufällig gewählten Lösungen, die man als Population bezeichnet. Die stärksten Mitglieder der Population (dies entspricht bei unserem Optimierungsszenario den bisher besten Lösungen mit den geringsten Kosten) werden genommen und durch kleine Änderungen (Mutationen) oder die Kombination von Eigenschaften (Crossover oder Züchten)

modifiziert. Dadurch wird eine neue Population geschaffen, die
die nächste Generation genannt wird. Mit jeder neuen Generation
verbessert sich die Lösung. Der Prozess endet genau dann, wenn
entweder ein gewisser Schwellenwert erreicht wird oder sich die
Population über mehrere Generationen hinweg nicht verbessert
hat. Ebenso wird das Verfahren abgebrochen, wenn eine maximale Zahl an Generationen erreicht wurde. Das Verfahren liefert
die beste Lösung als Gesamtlösung zurück, die in einer der Generationen gefunden wurde.

Beide Verfahren werden im Bereich der Automobilindustrie
bei Optimierungsproblemen eingesetzt. Nehmen wir zum Beispiel
an, ein Automobilhersteller verkauft nur noch E-Fahrzeuge und
möchte ein eigenes E-Tankstellen-Netz aufbauen [18]. Er weiß
ebenso, wo er die meisten Fahrzeuge verkauft und wo diese normalerweise langfahren. Jetzt hat er das Problem, dass er berechnen
muss, wo er idealerweise auf Basis der gängigen Reichweiten der
Fahrzeuge die E-Tankstellen platziert, so dass er die Anzahl der
Tankstellen minimiert (und somit auch die Kosten), aber ebenso
die maximale Anzahl von Kunden abdecken kann. Dies ist ein
spannendes Optimierungsproblem, für das man beide Verfahren
einsetzen kann.

3.6   Bewertung einer KI

Eine KI zu bewerten, ist nicht einfach, aber sehr wichtig. Das
sicherlich größte Problem heutzutage ist, dass viele KI-Anwender
sich willkürliche Modelle aus dem Internet herunterladen, ihre
Daten unvorverarbeitet hineinfüttern und hinterher wissenschaftlich unseriös die Qualität ihres Modells bewerten. Die große Herausforderung beim Training einer KI besteht allerdings in der sau-
beren Datenvorverarbeitung und einer kritischen Überprüfung der
Ergebnisse.

Normalerweise werden 80 % der Zeit in der Datenvorverarbeitung verbracht. Hierbei geht es lediglich darum, die relevanten
Daten für das Training zu selektieren und die Datenqualität zu
maximieren. Von den übrig gebliebenen Daten müssen dann mindestens 30 % als Plausibilisierungsdatensatz genutzt werden. Das

bedeutet, dass diese Daten nicht fürs Training verwendet werden können. Um dann zu bewerten, wie gut die trainierte KI ist, gibt es einige Metriken, die genutzt werden können und die wir uns jetzt anschauen werden. Da 90 % aller Anwendungsfälle Verfahren aus dem Bereich des überwachten Lernens nutzen, werden wir uns hierauf konzentrieren.

Die Bewertung einer KI beschreibt den Prozess zu verstehen, wie gut das eigene Modell und Verfahren funktioniert. Hierbei wird nach dem Training mit den Trainingsdaten geschaut, wie genau das Verfahren die Daten aus dem Plausibilisierungsdatensatz vorhersagt. So einfach ist das. Um das systematisch zu analysieren und die Schwächen des Verfahrens von unterschiedlichen Seiten beleuchten zu können, wurde die sogenannte Konfusionsmatrix eingeführt, die wir uns jetzt ansehen werden.

Um einen KI-Algorithmus im Bereich des überwachten Lernens zu bewerten, muss man ihn in einer Reihe von Fällen anwenden, bei denen man zumindest im Nachhinein Kenntnis über die „wahre" Klasse der jeweiligen Objekte hat. Im Bereich des überwachten Lernens ist das ja kein Problem, da wir hier über *gelabelte* Daten verfügen, das heißt Daten, wo wir sowohl die Eingabedaten als auch das korrekte Ergebnis kennen. Damit kennen wir die absolute Wahrheit. Jetzt entwickeln wir normalerweise ein KI-Verfahren, welches auf Basis dieser Daten eine Vorhersage treffen soll. Nachdem wir das Verfahren entwickelt haben, testen wir unser Verfahren auf unseren zurückgehaltenen Testdaten und schauen uns an, wie gut es funktioniert.

Jetzt verwenden wir einmal ein konkretes Beispiel, um zu verstehen, wie man ein solches Verfahren bewerten kann. Als Analogie zu unserem entwickelten KI-Verfahren nehmen wir einen medizinischen Labortest, der auf Basis vieler Daten und Erkenntnisse entwickelt wurde, um eine Krankheit bei einer Person ableiten zu können. Allerdings ist dieser Test nicht 100 % genau. Im Nachgang führen wir aber aufwendigere Untersuchungen durch, um festzustellen, ob die Person tatsächlich an dieser Krankheit leidet. Hierüber bekommen wir die Wahrheit heraus, was sich bei unseren KI-Verfahren aus den Testdaten ergibt, die wir zurückhalten. Der Test stellt daher unser entwickeltes KI-Verfahren dar, das die Personen in die Kategorien „krank" und „gesund" einordnet. Weil es sich um eine Ja/Nein-Frage handelt, sagt man auch, der Test fällt positiv (Einordnung „krank") oder negativ (Einordnung „gesund") aus. Um zu bewerten, wie gut geeignet der Labortest (also unser KI-Verfahren) für die Diagnose der Krankheit ist, wird nun bei jedem Patienten dessen tatsächlicher Gesundheitszustand mit dem Ergebnis des Tests verglichen. Dabei können vier mögliche Fälle auftreten:

1. Richtig positiv: Der Patient ist krank, und der Test hat dies richtig angezeigt.
2. Falsch negativ: Der Patient ist krank, aber der Test hat ihn fälschlicherweise als gesund eingestuft.
3. Falsch positiv: Der Patient ist gesund, aber der Test hat ihn fälschlicherweise als krank eingestuft.
4. Richtig negativ: Der Patient ist gesund, und der Test hat dies richtig angezeigt.

Sowohl im ersten wie auch im letzten Fall war unser Test (unser KI-Verfahren) erfolgreich und die Diagnose korrekt. In den beiden anderen Fällen liegt ein Fehler vor. Die vier Fälle werden in verschiedenen Kontexten auch anders benannt. Die englischen Begriffe, die häufig bei Data Scientists genutzt werden, sind true positive, false positive, false negative und true negative. Um die Konfusionsmatrix aufzustellen, wird nun gezählt, wie häufig jede der vier möglichen Kombinationen des Testergebnisses (ermittelte Klasse) und des Gesundheitszustandes (tatsächliche Klasse) aufgetreten ist. Diese Häufigkeiten werden in die Konfusionsmatrix (auch Wahrheitsmatrix) eingetragen (Tab. 3.8):

Tab. 3.8 Konfusionsmatrix

	Person ist krank $(r_p + f_n)$	Person ist gesund $(f_p + r_n)$
Test positiv $(r_p + f_p)$	richtig positiv (r_p)	falsch positiv (f_p)
Test negativ $(f_n + r_n)$	falsch negativ (f_n)	richtig negativ (r_n)

Auf Basis dieser Werte können viele Messgrößen hinsichtlich der Genauigkeit, Robustheit und Qualität des KI-Verfahrens abgeleitet werden, auf die wir hier nicht genauer eingehen.

3.7 Chancen, Grenzen und Risiken von KI-Verfahren

Bisher haben wir uns eine Vielzahl von KI-Verfahren angeschaut, die im Bereich der Automobilindustrie eingesetzt werden. Jetzt ist die Frage: Sind diese Verfahren die *Wundertüte* für alle mehr oder weniger strukturierten Probleme im Automobilumfeld? Was sind also die Möglichkeiten dieser Verfahren sowie die Chancen, Grenzen und Risiken?

Die erste Frage können wir mit einem klaren Nein beantworten. Auch wenn einige Verfahren in gewissen Bereichen dem Menschen bereits heute überlegen sind (oder bald überlegen sein werden) wie zum Beispiel im Bereich des autonomen Fahrens, gibt es zwei wesentliche Einschränkungen bei allen Verfahren:

1. Mögliche Fehleinschätzungen
2. Black-Box-Problematik

Hinsichtlich der möglichen Fehleinschätzungen muss man verstehen, dass das zum einen auch gewollt ist. Damit die Algorithmen flexibel bleiben und neue Daten mit einer guten Qualität bewerten können, muss ein gewisser Fehler auf dem Trainingsdatensatz in Kauf genommen werden. Dies ist nötig, damit die Verfahren auf diesem Datensatz nicht übertrainiert werden, das heißt nur auf diesem einen Datensatz gut funktionieren. Darüber hinaus können Fehleinschätzungen auftreten, da die KI-Lösung schlichtweg statistische Fehler macht. Hier ist ein gängiges Beispiel, dass ein Bilderkennungsverfahren bei Google eine Katze als Guacamole erkannt hat. Ein anderes gängiges Beispiel ist eine auf dem Rücken liegende Schildkröte, die derselbe Algorithmus für ein Gewehr gehalten hat. Beim Katzen-Guacamole-Beispiel wurde der Algorithmus einfach ausgetrickst. Wenn man nämlich die Parameter eines KI-Algorithmus kennt, kann man ein solches

Verfahren auch manipulieren. Beim Kätzchen-Beispiel mussten lediglich ein paar markante Striche hinzugefügt werden, damit aus der Katze eine Guacamole wurde. Ist dies in den oberen Beispielen noch unterhaltsam, könnten Kriminelle diese potenziellen Schwächen zu ihren Gunsten ausnutzen – hinsichtlich des autonomen Fahrens mit dramatischen Folgen. Anhand dieses Beispiels kann man sehr gut erkennen, wie eng die Themen KI und Sicherheit verknüpft sind.

Jetzt kommen wir zum zweiten Problem: der Black-Box-Problematik. KI-Verfahren (speziell auf Basis der häufig eingesetzten und sehr performanten Neuronalen Netzwerke) können nicht erklären, wie sie zu einem bestimmten Ergebnis gekommen sind. Im Bereich der Bilderkennung wird zum Beispiel die Katze oder Guacamole erkannt, aber die Antwort auf die Frage, warum jetzt auf einmal anstatt der Katze die Guacamole im Bild erkannt wurde, bleibt einem der Algorithmus schuldig. Jetzt ist das Problem: Wenn man nicht weiß, warum ein KI-Verfahren bzw. Algorithmus ein gewisses Ergebnis produziert, sollten solche Ansätze in sensiblen Anwendungsbereichen nicht eingesetzt werden, obwohl sie dort ein hohes Potential besitzen? Betrachten wir hier ein konkretes Beispiel aus dem Personalwesen. Hier werden Verfahren aus dem Bereich der Künstlichen Intelligenz seit Kurzem erfolgreich eingesetzt – auch im Automobilumfeld. Schon heutzutage können KI-Verfahren vorhersagen, wie hoch die Kündigungswahrscheinlichkeit eines Mitarbeiters ist. Dazu wird das Mitarbeiterverhalten ausgewertet. Ebenso werden Verfahren eingesetzt, um auf Grundlage von Bewerbungen zu entscheiden, welche Mitarbeiter zu einem Vorstellungsgespräch eingeladen werden. Nehmen wir jetzt an, ein KI-Verfahren schaut sich alle Bewerbungen an und trifft eine Auswahl von Bewerbern, die eingeladen werden sollen. Jetzt müssen wir natürlich wissen, warum die anderen Bewerber nicht eingeladen werden sollen, um diese nicht aus irgendwelchen Gründen zu diskriminieren. Dies kann zum Beispiel passieren, wenn das Verfahren Parameter wie Geschlecht, Hautfarbe, Religion oder Nationalität einbezogen hat. Der Algorithmus muss sich also erklären können und darf in diesem Fall keine Black Box sein. Diese Black-Box-Problematik tritt vor allem bei Neuronalen Netzen auf, die ihre Entscheidung auf Basis von errechneten Gewichten der

Kanten zwischen den Neuronen (Knoten) des Netzwerks treffen, die nur sehr schwer interpretierbar sind.

Neben den oben genannten Problemen sind die Chancen von KI-Verfahren im Automobilumfeld allerdings herausragend. Es gibt sowohl hohe Kostenpotentiale wie auch Möglichkeiten, geniale Lösungen aufzubauen, die Daten nutzen, um eine maximale Kundenzentrierung zu erhalten, wie es zum Beispiel Amazon macht. Die wachsende verfügbare weltweite Rechenkapazität wird in den nächsten Jahren noch mit vielen Chancen und Überraschungen für KI-Verfahren aufwarten.

Literatur

1. Murphy, K. P. (2012). *Machine learning: A probabilistic perspective*. Cambridge: The MIT Press.
2. Buxmann, P., & Schmidt, H. (2018) *Künstliche Intelligenz: Mit Algorithmen zum wirtschaftlichen Erfolg*. Berlin: Springer Gabler.
3. Manhart, K. (2019). Eine kleine Geschichte der Künstlichen Intelligenz. https://www.computerwoche.de/a/eine-kleine-geschichte-der-kuenstlichen-intelligenz,3330537. Zugegriffen: 2. Apr. 2019
4. Newell, A., & Simon, H. (1958). Heuristic problem solving - The next advance in operations research. *Operations Research*, 6(1), 1–10.
5. Odagiri, H., Nakamura, Y., & Shibuya, M. (1997). Research consortia as a vehicle for basic research – The case of a fifth generation computer project in Japan. *Research Policy*, 26, 191–207.
6. Chaib-Draa, B., Moulin, B., Mandiau, R., Millot, P Trends in distributed artificial intelligence. *Artificial intelligence Review, 6(1)*, 35-66. https://doi.org/10.1007/BF00155579.
7. Mackworth, A. K. (1993). On seeing robots. Vancouver. B.C., Canada (1993) https://www.cs.ubc.ca/~mack/Publications/CVSTA93.pdf. Zugegriffen: 2. Apr. 2019
8. Nilsson, N. J. (2014). *Principles of artificial intelligence*. Palo Alto: Tioga Press.
9. Russel, S. J., & Norvig, P. (2010). Artificial intelligence – A modern approach. New Jersey: Eaglewood Cliffs/Prentice Hall International Inc.
10. IBM Research (2013). Watson and the Jeopardy! Challenge. https://www.youtube.com/watch?v=P18EdAKuC1U. Zugegriffen: 2. Apr. 2019
11. DeepMind (2016). Google DeepMind: Ground-breaking AlphaGo masters the game of Go. https://www.youtube.com/watch?v=SUbqykXVx0A. Zugegriffen: 2. Apr. 2019

12. Bostrom, N. (2016). *Superintelligenz – Szenarien einer kommenden Revolution (J.-E. Strasser, Trans.)*. Berlin: Suhrkamp und Insel.
13. Mainzer, K. (2019). *Künstliche Intelligenz – Wann übernehmen die Maschinen*. Berlin: Springer https://doi.org/10.1007/978-3-662-58046-2.
14. Strategie Künstliche Intelligenz der Bundesregierung, Stand: November 2018, Die Bundesregierung. https://www.bmbf.de/files/Nationale_KI-Strategie.pdf. Zugegriffen: 2. Apr. 2019
15. Polanyi, M. (1966). *The tecit dimension*. Gloucester: Peter Smith.
16. Saul, L. K., & Roweis, S. T. (2003). Think globally, fit locally – Unsupervised learning of low dimensional manifolds. *Journal of Machine Learning Research, 4*, 115–119.
17. Mitchell, T. M. (1997). *Machine learning*. New York: McGraw-Hill.
18. Li, Z., Timo, K., Andrea, F., Marek, S., Timo, G., & Michael, N. (2019). Optimization of future charging infrastructure for commercial electric vehicles using a multi-objective genetic algorithm and real travel data.
19. Chui, M. et al. (2018). *Notes from the AI Frontier – Insights from hundreds of Use Cases*. McKinsey Global Institute.
20. van Melle, W. (1978). MYCIN – a knowledge-based consultation program for infectious disease diagnosis. International Journal of Man-Machine Studies, Elsevier.

Autonomes Fahren und Künstliche Intelligenz

4

Zusammenfassung

Ein selbstfahrendes Fahrzeug ist ein autonomes Fahrzeug. Solch ein Fahrzeug ist in der Lage, selbst zu fahren, und kann sich ohne menschliche Hilfe von einem Startpunkt zu einem beliebigen Ziel bewegen. Die Autonomie bedeutet hierbei, dass nicht nur einige Aufgaben, die das Fahrzeug zu meistern hat, wie Parken automatisiert abläuft, sondern dass das Fahrzeug in der Lage ist, die richtigen Aktionen und Schritte zur richtigen Zeit auszuführen. Es kann also autonom und selbständig agieren. Dies klingt relativ einfach. Ist es aber nicht. Die Menscheit erforscht solche Fahrzeuge bereits seit über 100 Jahren. Das mag man kaum glauben, ist aber wahr. Daher werden wir zuerst in die Geschichte des autonomen Fahrens eintauchen, bevor wir uns anschauen, was man machen muss, damit ein Fahrzeug autonom fahren kann, und wo uns Künstliche Intelligenz behilflich ist.

4.1 Die Geschichte des autonomen Fahrens

Auch wenn man denkt, dass das autonome Fahren ein Thema ist, welches erst seit Kurzem aktuell ist, beschäftigen sich Forscher bereits seit über 100 Jahren mit dieser Aufgabe [5]. In den ersten Anfängen um 1920 herum versuchte man zum Beispiel auf Basis

© Der/die Herausgeber bzw. der/die Autor(en), exklusiv lizenziert   113
durch Springer Fachmedien Wiesbaden GmbH, ein Teil von
Springer Nature 2021
M. Nolting, *Künstliche Intelligenz in der Automobilindustrie*,
Technik im Fokus, https://doi.org/10.1007/978-3-658-31567-2_4

von Funktechnologie autonom fahrende Fahrzeuge aufzubauen. Das Hauptproblem aller vergangenen Projekte war allerdings, dass das Kundenerlebnis nie gut war. Daher lagen hier vielleicht Prototypen vor, die allerdings nicht in der Realität nutzbar waren. Die Fahrzeuge auf Basis von Funktechnologie benötigten zum Beispiel ein Senderfahrzeug, dem sie hinterherfahren konnten. Die heutigen Projekte haben alle den Anspruch, die Technologie in Serie zu bringen. Daher kann man sagen, dass die vergangenen und heutigen Projekte außer der gemeinsamen Vision, irgendwann autonom fahren zu können, wenig gemeinsam haben.

Abgesehen von den frühen Anfängen kann man festhalten, dass ernsthafte Forschung an selbstfahrenden Fahrzeugen auf Basis von Technologien, die auch massentauglich sind, so richtig erst in den 1980er Jahren losging [6]. Das liegt zum einen daran, dass die Computerindustrie getrieben durch das Moore'sche Gesetz Fahrt aufnahm (siehe Abschn. 2.1) und darin begründet, dass spannende Entwicklungen im Bereich der Künstlichen Intelligenz (Neuronale Netze) stattfanden (siehe Abschn. 2.2). Viele Universitäten starteten danach Forschungsprojekte, die zum Beispiel in den USA stark durch das US-amerikanische Militär finanziert wurden – wie viele andere Bereiche der Computerindustrie zuvor.

Der Wendepunkt, ab dem das Thema die Universitäten und den militärischen Bereich verließ, war 2005. Hier gewann Sebastian Thrun mit seinem Team die DARPA Grand Challenge. Die DARPA Grand Challenge war ein von der Technologieabteilung Defense Advanced Research Projects Agency (DARPA) des US-amerikanischen Verteidigungsministeriums gesponserter Wettbewerb für unbemannte Landfahrzeuge. Mit der Ausschreibung des Preises sollte die Entwicklung vollkommen autonom fahrender Fahrzeuge vorangetrieben werden. Der Wettbewerb wurde 2007 letztmals ausgetragen. Die zweite Grand Challenge im Jahr 2005 fand vom 8. bis zum 9. Oktober in der Mojave-Wüste im US-Bundesstaat Nevada statt, Start und Ziel waren in Primm. Das von der DARPA gestiftete Preisgeld betrug zwei Millionen Dollar. Für die Teilnahme registrierten sich 195 Teams aus 36 US-Bundesstaaten und vier weiteren Ländern. Dabei absolvierten fünf Teams die komplette Strecke von 132,2 Meilen (212,76 km), davon vier Teams innerhalb der maximalen Zeit von zehn Stunden. Sieger des Rennens war das von Sebastian Thrun geleitete Team der Stanford University mit dem modifizierten VW Touareg „Stanley", der die Strecke in 6 h, 53 min und 58 s bewältigte. Danach fing Herr Thrun bei Google mit der Kommerzialisierung dieses Themas an. Er baute eine ganze Forschungsabteilung bei Google auf, die versuchte, das Thema zur Marktreife zu führen.

Nicht nur das Militär ist seit Jahrzehnten bestrebt, das Thema autonomes Fahren zur Markttauglichkeit zu treiben. Die Automobilindustrie ist ebenso an dem Thema interessiert, da sich hierdurch spannende Anwendungsfelder ergeben. Im Bereich Mobility as a Service ermöglicht dies Angebote wie Ride-Sharing rentabel werden zu lassen, da der größte Kostenblock – die Personalkosten – eingespart werden könnten. Erst durch den Einsatz autonomer Fahrzeuge wird somit eine Vielzahl von Anwendungsfällen rentabel, was neue Absatzkanäle für die Automobilindustrie eröffnet.

4.2   Quo vadis „autonomes Fahren"?

Wir können also zusammenfassen, dass das autonome Fahren keine disruptive Technologie ist, da es nicht das Denken und Handeln ganzer Bevölkerungsgruppen von heute auf morgen ändern wird, wie es zum Beispiel das Smartphone geschafft hat. Allerdings wird das autonome Fahren signifikante Auswirkungen auf unsere Gesellschaft haben. Unser Konsumverhalten wird sich sehr wahrscheinlich dadurch verändern, weil neue Geschäftsfelder und Geschäftsmodelle entstehen werden. Bisher sind allerdings nur Prototypen auf einigen wenigen Straßen weltweit unterwegs [7]. Derjenige Hersteller, der es schaffen wird, die Technologie zur Marktreife zu führen, so dass sie den Prototypenstatus verliert, wird das große Rennen gewinnen. Ebenso spannend wird die Transitionsphase werden, wenn eine Mischung aus autonomen und normalen Fahrzeugen auf den Straßen sein wird. So ungewiss die nächsten Jahre fürs autonome Fahren auch sein werden, so gewiss ist es, dass die Technologie irgendwann so weit sein wird, dass selbstfahrende Fahrzeuge unsere Straßen bevölkern werden. Daher wurden sechs Autonomielevel definiert, die angeben, ab welchem Grad wir von einem komplett selbstfahrenden Fahrzeug (Level 5) sprechen und welche Übergangsformen es geben wird.

4.2.1 Von Fahrerassistenzsystemen zum autonomen Fahren

Um den Übergang von „normalen" Fahrzeugen zu autonomen Fahrzeugen messbar zu machen, wurden auf nationaler und internationaler Ebene sechs Stufen von 0 bis 5 definiert [8]. Diese technische Klassifizierung beschreibt sowohl, welche Aufgaben das System selbst wahrnimmt, als auch, welche Aufgaben/Anforderungen an den Fahrer gestellt werden.

In der Stufe 0 gibt es keine automatisierten Fahrfunktionen. Der Fahrer führt allein die Längsführung (= Geschwindigkeit halten, Gas geben und bremsen) und Querführung (= lenken) aus. Es gibt keine eingreifenden, sondern lediglich warnende Systeme.

In der Stufe 1 kann ein System entweder die Längs- oder die Querführung des Fahrzeugs übernehmen, der Fahrer führt dauerhaft die jeweils andere Aktivität aus.

Stufe 0	Stufe 1	Stufe 2	Stufe 3	Stufe 4	Stufe 5
Nur Fahrer	Assistenz-funktionen	Teil-automatisch	Hoch-automatisch	Voll-automatisch	Fahrerlos
• Keine Assistenz-funktionen • Fahrer fährt selbst und führt alle Manöver selbst durch	• Fahrer-assistenz-systeme entweder für Quer- oder Längs-regelung • Park Assist / Kollisions-vermei-dung	• Fahrzeug fährt teilauto-matisch • Fahrer muss das auto-matische Fahren überwa-chen und zu jeder Zeit sofort überneh-men können (Stop & Go Assist) • Traffic Jam Assist	• Fahrzeug fährt hochauto-matisch • Fahrzeug kann Fahrer in einem gewissen Zeitraum zurück-holen	• Fahrzeug fährt voll-automa-tisch • Keine Fahrer mehr im Fahrzeug, sondern nur Passagiere	• Von „Start" bis „Ziel" ist kein Fahrer erforder-lich • Das System übernimmt die Fahrer-aufgabe vollum-fänglich bei allen Straßen-typen, Ge-schwindig-keitsberei-chen und Umfeldbe-dingungen

Abb. 4.1 Autonomielevel beim autonomen Fahren

Erst in der Stufe 2 spricht man von teilautomatisiert, da der Fahrer nun beides, die Längs- und die Querführung, an das System in einem bestimmten Anwendungsfall übergeben kann. Der Fahrer überwacht das Fahrzeug und den Verkehr während der Fahrt fortlaufend. Er muss jederzeit dazu in der Lage sein, sofort die Steuerung des Fahrzeugs zu übernehmen.

In Stufe 3 erkennt das System selbständig die Systemgrenzen, also den Punkt, an dem die Umgebungsbedingungen nicht mehr dem Funktionsumfang des Assistenzsystems entsprechen. In diesem Fall fordert das Fahrzeug den Fahrer zur Übernahme der Fahraufgabe auf. Der Fahrer muss die Längs- und die Querführung des Fahrzeugs nicht mehr dauerhaft überwachen. Er muss jedoch dazu in der Lage sein, nach Aufforderung durch das System mit einer gewissen Zeitreserve die Fahraufgabe wieder zu übernehmen.

Ab der Stufe 4 kann der Fahrer die komplette Fahraufgabe an das System in spezifischen Anwendungsfällen übergeben. Die Anwendungsfälle beinhalten den Straßentyp, den Geschwindigkeitsbereich und die Umfeldbedingungen.

Als letzte Entwicklungsstufe gilt das autonome (fahrerlose) Fahren, die Stufe 5. Das Fahrzeug kann vollumfänglich auf allen Straßentypen, in allen Geschwindigkeitsbereichen und unter allen Umfeldbedingungen die Fahraufgabe vollständig allein durchführen. Wann dieser Automatisierungsgrad erreicht sein wird, kann heute noch nicht benannt werden. Der Fokus der Forschung und Entwicklung liegt zunächst auf den Automatisierungsgraden des teil-, hoch- und vollautomatisierten Fahrens. Das vollautomatisierte Fahren auf der Autobahn wird voraussichtlich in der übernächsten Dekade möglich sein.

Zusammenfassend kann man also sagen, dass, auch wenn die Automobilindustrie es schaffen wird, Stufe-5-Fahrzeuge zu bauen, es noch ganz schön lange dauern wird, bis diese Fahrzeuge flächendeckend auf unseren Straßen unterwegs sein werden. Das größte Problem bei diesen Fahrzeugen wird es sein, ihre Umgebung zuverlässig, robust und fehlerfrei wahrzunehmen. Hier kann Künstliche Intelligenz helfen, wird aber jede Menge Trainingsdaten benötigen, die noch eingefahren werden müssen. Ebenso wird die Transition nicht von heute auf morgen stattfinden. Wahrscheinlich wird es 30 Jahre von jetzt an dauern, bis autonome Fahrzeuge unsere Straßen beherrschen werden.

4.2.2 Autonomes Fahren: Eine Antwort auf die Welt von morgen

Das Jahr 2007 ist ein historischer Moment in der Menschheitsgeschichte – und das nicht, weil hier der letzte DARPA-Grand-Wettbewerb stattfand. Seither leben weltweit erstmalig mehr Menschen in Städten als auf dem Land. Dieser Trend ist nicht zu stoppen. Bis 2050 wird geschätzt, dass 70 % der Weltbevölkerung in Städten leben werden und nur 30 % auf dem Land. Aber auch die Städte selbst verändern sich. Es entstehen sogenannte Megacitys.

Seit der Antike gab es nie Metropolen oberhalb der Eine-Million-Einwohnergrenze. Dieses war eine magische Schwelle, die nicht durchbrochen wurde. Erst Mitte des vergangenen Jahrhunderts durchbrach New York die Schallmauer von zehn Millionen Einwohnern. Heute ist das allerdings keine Seltenheit mehr. Mehr als 28 Megacitys mit mehr als zehn Millionen Einwohnern existieren bereits weltweit und bis zum Jahr 2030 sollen es etwa 40 werden.

Die Urbanisierung und insbesondere die Entstehung von Megacitys sind die Folge des globalen Bevölkerungs- und Wirtschaftswachstums. Mobilität und Transport bilden hierbei die Basis und das Rückgrat für den steigenden Wohlstand der Gesellschaft. Gleichzeitig stellt es aber auch ein interessantes Spannungsfeld dar und geht mit der besonderen Herausforderung einher, den Verkehr in diesen Ballungsräumen zu organisieren. Sowohl in den Städten als auch auf dem Land werden immer mehr Menschen leben, die entweder dauerhaft im Homeoffice arbeiten werden oder täglich bzw. zeitweise zwischen Wohnsitz und Arbeitsplatz pendeln müssen. Somit werden sich die Städte ausdehnen und Ballungszentren werden selbst zu Städten.

Eine wichtige Voraussetzung für dieses Wachstum und den Wohlstand wird somit die Mobilität sein. Menschen (zum Beispiel für das Pendeln zum Job) sowie Güter müssen immer mobiler sein. Um Mobilität und Transport als Motoren der Zukunft

zu sichern, benötigt es bei diesem rapiden Wachstum innova-
tive Lösungen. Das starke Bevölkerungswachstum darf nicht zum
Sand im Getriebe werden. Es darf nicht zur Beeinträchtigung des
Verkehrsflusses führen, der bislang Grundlage für einen höheren
Wohlstand war.

Eine weitere wichtige Prämisse ist natürlich auch, dass die
Sicherheit der beförderten Personen nicht unter dem starken
Wachstum leiden darf. Deutschland hat in den letzten Jahre gezeigt,
dass es möglich ist, den Verkehr sicherer zu gestalten. Seit 1993 ist
die Zahl der Verletzten im Straßenverkehr um 23 %, die Zahl der
Verkehrstoten sogar um 66 % gesunken. Das gelang, obwohl die
Fahrleistung, also die Summe der von Fahrzeugen zurückgeleg-
ten Strecken, im gleichen Zeitraum um 23 % anstieg. Der Grund
ist, dass die Autos immer sicherer geworden sind, auch und vor
allem dank der Fahrerassistenzsysteme. Ebendies muss auch beim
autonomen Fahren (Level 5) erreicht werden.

Autonomes Fahren soll den Verkehr nicht nur sicherer, sondern
auch effizienter und komfortabler machen. Ein optimierter Verkehrsfluss und weniger Staus bewirken eine entscheidende Reduk-
tion von CO_2-Emissionen, die nötig ist, um die weltweite Erder-
wärmung in den Griff zu bekommen. Gerade in Rushhour-Zeiten
erhält der Fahrer von automatisierten Pkws und Nutzfahrzeugen
eine neugewonnene Freiheit und Qualität des Fahrens. Auch das
Einparken kann man dem Auto überlassen. Dies führt zu mehr
Fahrkomfort und schafft den Fahrern Handlungsfreiräume.

Autonomes Fahren hat also einen wichtigen Beitrag zu leisten,
den Wohlstand von morgen abzusichern, indem es die Mobilitäts-
probleme von morgen löst und eine sichere und effiziente Beför-
derung von Menschen und Gütern ermöglicht.

4.3 Ein fahrerloses Auto

Entgegen der häufigen Annahme vieler Personen besteht ein fahrerloses Fahrzeug nicht aus einem Fahrzeug mit einem Roboter am
Steuer. Menschen meistern beim Autofahren eine Vielzahl höchst
komplexer Aufgaben, die ein einzelner Roboter am Steuer gar nicht
schaffen würde. Um nun eine menschenähnliche Intelligenz zu

erschaffen, die in der Lage ist, ein Fahrzeug sicher zu fahren, müssen etliche Systeme erstellt und miteinander synchronisiert werden. Hier spaltet sich nun die Automobilindustrie in zwei Lager auf. Die einen versuchen, dies komplexe Problem menschenähnlich mit einer einzigen Ende-zu-Ende-Lösung zu bewältigen, die in der Lage ist, alle Eingabeinformationen zu verarbeiten und auf Basis dessen das komplette System zu steuern. Das andere Lager vertraut auf eine Vielzahl von Systemen, die miteinander verknüpft kooperativ arbeiten müssen.

Die Idee einer ganzheitlichen Ende-zu-Ende-Lösung wird stark durch die Fortschritte im Deep Learning getrieben. Deep Learning hat bereits mehrfach für komplexe Probleme – wie zum Beispiel bei der Bilderkennung – bewiesen, dass hervorragende Lösungen herauskommen, wenn man darauf verzichtet, ein Problem in lösbare Teilprobleme zu zerlegen, sondern einfach eine Unmenge an Daten nimmt und diese in ein neuronales Netz hineinfüttert. Das Netz erlernt auf Basis der Daten die relevanten Strukturen und damit auch Teilprobleme und löst das Problem als Ganzes. Eine entscheidende Limitierung dieses Ansatzes ist sicherlich noch, dass bei sehr komplexen Problemen die notwendige Datenbasis extrem groß sein muss. Um den kompletten Zustandsraum mit allen möglichen Fahrsituationen beim autonomen Fahren abdecken zu können, muss diese Datenmenge gigantisch und sehr facettenreich sein. Dies ist zum Beispiel auch der Grund, warum Fahrzeughersteller wie Mercedes und BMW bereits einzelne Fahrzeuge durch die Welt schicken, um unterschiedlichste Fahrsituationen zu kartographieren. Nicht alle Kreisverkehre der Welt sind gleich, ebenso wenig die Ampeln oder auch das Abbiegeverhalten. Nichtsdestoweniger gibt es Firmen wie zum Beispiel NVIDIA, eigentlich ein Graphikkartenhersteller, die bereits sehr erfolgreich einen solchen Ende-zu-Ende-Ansatz verfolgen [9]. Hier wird Deep Learning kombiniert mit Reinforcement-Learning, wodurch probiert wird, ein Neuronales Netz datensparsam zu trainieren [2].

Das andere Lager, wozu viele Automobilhersteller gehören, verfolgt diesen Ansatz: teile und herrsche. Hier wird das Problem in Teilprobleme zerlegt, für die jeweils eigene Systeme entwickelt werden. Diese Teilsysteme müssen dann in der Lage sein, schnell und effizient Daten auszutauschen. Zusätzlich bedarf es einer Steuerungslogik, die sich der Daten aller Systeme bedient, um somit Fahrentscheidungen zu treffen. Nur dadurch ist man in der Lage, die komplette Umgebung robust wahrzunehmen und schnell genug die richtigen Fahrentscheidungen treffen zu können. Möchte man zum Beispiel das Problem lösen, auf Basis von Verkehrszeichen die Spur zu wechseln, sind hier zwei Systeme involviert, die miteinander arbeiten müssen: (1) das System zur robusten Erkennung von Verkehrszeichen und (2) das System zur Steuerung des Fahrzeugs. Hier handelt es sich um verschiedene Systeme, die miteinander verschränkt funktionieren müssen.

4.3.1   KI für Sensorik und zur Wahrnehmung

Unter der Haube eines fahrerlosen Fahrzeugs müssen also Systeme – ähnlich wie beim Menschen – vorhanden sein und zusammenspielen, die folgenden Prozess abbilden: Wahrnehmen – Planen – Handeln. Alles startet mit einer robusten und akkuraten Wahrnehmung der Umwelt, wozu eine umfassende Sensorik benötigt wird, die in der Regel auf einer der folgenden sich ergänzenden Technologien basiert:

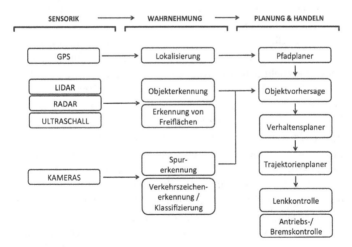

Abb. 4.2 Übersicht über alle Systeme in einem autonomen Fahrzeug

- GPS: Mittels GPS findet das Auto heraus, wo es sich auf der Welt befindet. Dazu erhält es eindeutige Koordinaten (Breiten-/Längengrad und Höhe), die mit Hilfe einer Karte in eine Position übersetzt werden können.

- Radar, Ultraschall und Lidar: Hierüber können feste und sich bewegende Hindernisse erkannt werden, was eine relative Positionierung des Fahrzeugs möglich macht.

- Kameras: Kameras können die Umgebung des Fahrzeugs sehr detailliert wahrnehmen und eine Vielzahl von Informationen bereitstellen. Allerdings ist die Verarbeitung sehr aufwendig sowie die Reichweite begrenzt.

Beim autonomen Fahren kommt somit eine Vielzahl hochspezialisierter Sensoren zum Einsatz.

Die korrekte **Lokalisierung** des Fahrzeugs stellt eine der wichtigsten Herausforderungen beim autonomen Fahren dar. Hierbei muss herausgefunden werden, wo sich das Fahrzeug auf der Welt befindet. Hierzu werden vornehmlich GPS-Geräte genommen. GPS – das Global Positioning System und offiziell NAVSTAR GPS genannt – ist ein globales Navigationssatellitensystem zur Positionsbestimmung. Es wurde seit den 1970er Jahren vom US-Verteidigungsministerium entwickelt und löste ab etwa 1985 das alte Satellitennavigationssystem NNSS (Transit) der US-Marine ab, ebenso die Vela-Satelliten zur Ortung von Kernwaffenexplosionen. GPS ist seit Mitte der 1990er Jahre voll funktionsfähig und ermöglicht seit der Abschaltung der künstlichen Signalverschlechterung (Selective Availability) am 2. Mai 2000 auch zivilen Nutzern eine Genauigkeit von oft besser als 10 m. Die Genauigkeit lässt sich durch Differenzmethoden (Differential GPS/DGPS) in der Umgebung eines Referenzempfängers auf Werte im Zentimeterbereich oder besser steigern. Mit den satellitengestützten Verbesserungssystemen (SBAS), die Korrekturdaten über geostationäre, in den Polargebieten nicht zu empfangende Satelliten verbreiten und ebenfalls zur Klasse der DGPS-Systeme gehören, werden kontinentweit Genauigkeiten von einem Meter erreicht. GPS hat sich als das weltweit wichtigste Ortungsverfahren etabliert und wird in Navigationssystemen weitverbreitet genutzt [1]. Es gibt auch andere Satellitengestützte Systeme wie das russische System

GLONASS, das europäische System GALILEO oder das chinesische System BeiDou. Egal welches System verwendet wird, es ist wichtig, dass das Fahrzeug weiß, wo es sich befindet, und das am besten mit Zentimetergenauigkeit. Zusätzlich kann das Fahrzeug auf Basis der Umgebungsdaten, die es mit den Kameras oder Lidar-Sensoren aufnimmt, versuchen, sich anhand charakteristischer Umgebungsmerkmale wie zum Beispiel eines Straßenschildes noch genauer zu lokalisieren.

Wo Radar, Kameras und Ultraschallsensoren in der Vergangenheit für voneinander unabhängige Funktionen verwendet wurden, können mittlerweile alle relevanten Daten mittels Sensorfusion intelligent und zeitgleich verknüpft werden. Dies ermöglicht erst das automatisierte Fahren, da hierdurch eine robuste **Objekterkennung** möglich ist. Spezielles Augenmerk muss dabei auf die Funktionssicherheit gelegt werden. Durch Redundanzen und Plausibilitätsprüfungen, ob die Umgebungsdaten korrekt aufgenommen wurden, findet eine systeminterne Kontrolle statt, die eine fehlerhafte Interpretation der Daten verhindern soll. Dabei werden die Signale der Fahrzeugsensoren untereinander abgeglichen. Nur für den Fall, dass die Daten stimmig sind, werden Lenkung und Motor angesteuert. Speziell Lidar-Sensoren (Light Detection and Ranging) können zur Messung von Abstand und Relativgeschwindigkeiten genutzt werden. Dies basiert auf ultravioletten, infraroten Strahlen oder sichtbarem Licht und ist in der Lage, Freiflächen robust zu erkennen. Dadurch kann freier Parkraum erkannt werden.

Kameras tragen dazu bei, dass zum einen die **Fahrspur** robust erkannt werden kann, zum anderen auch **Verkehrszeichen.** Verkehrszeichen geben wertvolle Informationen, wie sich das Fahrzeug verhalten muss. Ebenso können sie zur indirekten Lokalisierung genutzt werden. Verkehrszeichen sind häufig fest montiert (jährliche Änderungsrate von ungefähr 10 %) und in vielen Kartendaten hinterlegt, so dass ein Fahrzeug auf Basis einer Reihe von erkannten Verkehrszeichen sich indirekt lokalisieren kann. Die große Herausforderung bei den Bildsensoren ist allerdings, dass diese bei Dunkelheit und Überblendung durch Sonnenlicht ihre Funktion verlieren können. Die Fahrspurerkennung läuft über klassische Bildverarbeitungsalgorithmen, in der Kanten erkannt werden. Dies geschieht über einen längeren Zeitraum. Dies bedeutet, die Verfahren fangen mit der Stricherkennung in einem Bild an und verfolgen, ob sich diese Spur (oder auch ein Teil davon) im nächsten Bild wiederfinden lässt.

Auf die weiteren Funktionen zum Planen und Handeln wie zum Beispiel den Pfadplaner, die Objektvorhersage, den Verhaltensplaner, den Trajektorienplaner und die Lenk- und Antriebskontrolle gehen wir in Abschn. 4.3.2 ein, da hier Künstliche Intelligenz zum Einsatz kommt.

4.3.2   KI im Fahrzeug zum Planen und Handeln

Neben der Aufnahme des Umfeldes über die Sensorik und der Verarbeitung dieser Daten für eine robuste Wahrnehmung muss ein fahrerloses Fahrzeug in der Lage sein, auf diese Informationen entsprechend zu reagieren. Dies passiert durch die Komponenten zur Planung und zum Handeln. Das Handeln beinhaltet wichtige Fahrinstruktionen wie zum Beispiel das Beschleunigen, Bremsen und Steuern des Fahrzeugs. Diese Fahrinstruktionen sind das Ergebnis der Planungsphase. Viele der beteiligten Komponenten setzen dabei KI-Verfahren wie in Abb. 4.3 dargestellt ein. Diese werden wir uns jetzt genauer anschauen.

Die Aufgabe des **Pfadplaners** ist es, eine Route für das Fahrzeug zu suchen, um kollisionsfrei in einer bekannten Karte von einem vorher definierten Start- zu einem Endpunkt zu kommen. Eine Methode, um dieses Problem mathematisch zu erfassen, stellt der Konfigurationsraum (englisch: configuration space) dar. Der Konfigurationsraum ist die Menge aller möglichen Konfigurationen (Pfade und Orte), die das Fahrzeug auf seinem Weg von dem Start- zum Endpunkt einnehmen kann. Die Vielzahl an verschiedenen Pfadplanungsalgorithmen lässt sich in drei Klassen aufteilen:

1. zellbasierte Verfahren,
2. Potentialfeldverfahren
3. und roadmapbasierte Verfahren.

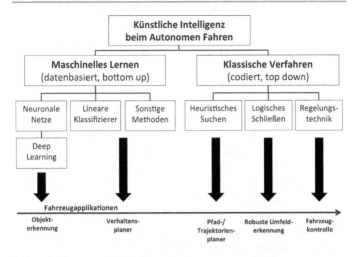

Abb. 4.3 Eingesetzte KI-Verfahren in einem autonomen Fahrzeug

Bei den zellbasierten Verfahren unterteilt man den freien Konfigurationsraum in Zellen. Die Größe und Geometrie der Zelle hängen vom jeweiligen Verfahren ab. Benachbarte Zellen werden in einem sogenannten Adjazentengraphen dargestellt. Die Knoten dieses Graphen entsprechen den Zellen. Benachbarte Knoten sind Knoten, die durch Kanten verbunden sind. Nach dem Graphenaufbau muss identifiziert werden, in welcher Zelle der Anfangs- sowie Zielpunkt liegen. Das Problem der Pfadplanung wird dadurch auf eine einfache Graphensuche reduziert (heuristisches Suchen). Diese kann mit dem A*- oder Dijkstra-Algorithmus durchgeführt werden.

Die grundlegende Idee des Potentialverfahrens besteht darin, dass sich ein Teilchen unter dem Einfluss eines Potentialfelds im Raum bewegt. Dabei stellen Hindernisse Potentialgebirge dar. Dadurch wirkt eine abstoßende Kraft auf das Teilchen und eine Kollision zwischen dem Fahrzeug und einem Hindernis wird vermieden. Damit das Ziel erreicht wird, gibt es ein negatives Potentialgefälle vom Anfangs- zum Zielpunkt. Das Ziel liegt daher in einem Potentialtal und erzeugt dadurch eine anziehende Kraft auf das als Teilchen modellierte Fahrzeug. Ganz konkret wird also, wenn man eine Strecke von Hannover nach München plant, die

Stadt München als tiefster Punkt im Potentialgebirge (als Tal) modelliert. Gemäß der Strecke, die unser Algorithmus berechnet hat, fährt man jetzt von Hannover den Berg hinab nach München. Alle nicht gewünschten Umwege werden als Anstiege im Potentialgebirge modelliert.

Die Knoten der roadmapbasierten Verfahren entsprechen freien Konfigurationen. Ist eine Konfiguration über eine bestimmte Verbindung erreichbar, so kann zwischen den entsprechenden Knoten eine Kante gezogen werden. Diese Verbindung kann je nach Verfahren variieren. Im einfachsten Fall werden die Knoten durch eine Gerade verbunden. Auch die Verteilung der Knoten kann unterschiedlich sein. Beispielsweise können die Knoten zufällig auf dem freien Arbeitsbereich verteilt sein, wie beispielsweise bei den probabilistischen Roadmap-Verfahren, oder aber einem determinierten Verfahren unterliegen, wie es bei dem Voronoi-Diagramm und dem Sichtbarkeits-Graphen der Fall ist.

Zur **Objektvorhersage** wird ein echtzeitfähiger Algorithmus zur Detektion von Verkehrsteilnehmern im Fahrzeugumfeld mittels der Sensordatenfusion der Lidar-, Radar- und Ultraschallsensoren benötigt. Dazu müssen die Teilnehmer im ersten Schritt *getrackt* (deutsch: verfolgt) werden. Unter Tracking versteht man die Verfolgung von Objekten. Dazu müssen zunächst Objekte erkannt und wiedererkannt werden. Um ein Objekt wiederzuerkennen, muss ein neues Objekt zu einem bereits bekannten Objekt zugeordnet werden. Wichtige Verfahren, die hier eingesetzt werden, sind klassische Bildverarbeitungsalgorithmen wie zum Beispiel der optische Fluss, Metriken zur Ähnlichkeitsberechnung von Objekten (zum Beispiel auf Basis von Farbwerten) und neuronale Netzwerke. Wichtig ist es, Verfahren zu entwickeln, die auch bei starken Umwelteinflüssen wie heftigem Regen oder Überblendung durch die Sonne funktionieren.

Der **Verhaltensplaner** ist das zentrale Element in einem fahrerlosen Fahrzeug. Hier kommen alle Informationen zusammen, auf denen der nächste Schritt geplant werden muss. Daher besteht diese Komponente aus einer Vielzahl von Algorithmen (häufig lineare Klassifizierer), die auf bestimmte Situationen spezialisiert sind. Ein konkretes Beispiel kann sein, wie sich das Fahrzeug bei Glatteis oder Aquaplaning verhalten soll. Für jeden erkannten Kontext müssen hier Strategien hinterlegt sein. Ebenso können strategische Informationen wie zum Beispiel Stauinformationen, Verkehrsmeldungen und Navigationsdaten einbezogen werden, auf Basis derer der Verhaltensplaner das Verhalten des Fahrzeugs bestimmt.

Der **Trajektorienplaner** funktioniert ähnlich wie der Pfadplaner. Im Vergleich zum Pfadplaner plant diese Komponente nicht nur die Route vom Anfangs- zum Endpunkt, sondern auch die Umsetzung. Hat die Pfadplanung zum Beispiel entschieden, einen Fahrspurwechsel zu machen, berechnet der Trajektorienplaner, wie dieses ohne Ruckeln, scharfes Bremsen oder starkes Beschleunigen funktionieren kann. Ebenso möchte man mit seinem Fahrzeug nicht anderen Fahrzeugen bedrohlich nahe kommen. Der Trajektorienplaner kümmert sich somit um eine akzeptable und sichere Umsetzung des Pfades.

Schließlich muss ein Fahrzeug immer noch fahren und gelenkt werden. Diese Funktionen liegen in der **Lenkkontrolle** des Fahrzeugs, die sich um die Quer- (Steuern) und Längslenkung (Bremsen, Beschleunigen) des Fahrzeugs kümmert. Hier kommen die klassischen Verfahren der Regelungstechnik zum Einsatz, die schon seit langem bei allen Assistenzfunktionen im Fahrzeug genutzt werden.

4.4   Ethik und autonomes Fahren

Kritische Stimmen behaupten, dass das autonome Fahren letztendlich daran scheitern werde, dass die Versicherungsbranche solche Fahrzeuge nicht versichern werde. Ebenso werde es am Trolley-Problem scheitern – einer ethischen Fragestellung. Das Problem mit der Versicherungsbranche beinhaltet die Frage, wer die Verantwortung letztendlich übernimmt, wenn ein fahrerloses Fahrzeug einen Unfall baut. Unfälle passieren bereits heutzutage und wir wären naiv zu glauben, dass fahrerlose Fahrzeuge unfallfrei fahren werden. Allerdings wird die Anzahl an Unfällen dramatisch zurückgehen. Daher ist es sehr wahrscheinlich, dass die Automobilhersteller die Versicherung solcher Fahrzeuge zukünftig übernehmen könnten. Hierdurch wird allerdings der Versicherungsbranche ein komplettes Geschäftsfeld wegfallen. Daher können wir davon ausgehen, dass dieses Problem eine hohe Lösungswahrscheinlichkeit hat.

Das Trolley-Problem dahingegen ist ein ganz anderes Kaliber. Dieses Problem wurde ursprünglich 1967 von der britischen Philosophin Philippa Foot veröffentlicht und umschreibt ein Unfall-Dilemma, bei dem eine moralische Frage beantwortet werden muss. In diesem Problem wird angenommen, dass ein Zugwagon außer Kontrolle geraten ist und eine Anzahl von Menschen töten wird, die auf den Gleisen sind. Leitet man diesen Wagon auf ein anderes Gleis um, besteht das Problem, dass auch hier Personen zu Schaden kommen. Man muss nun also entscheiden, ob man den Wagon umleitet oder nicht. Egal wie man entscheidet, es werden Menschen sterben. Es gibt eine Vielzahl von Varianten zu diesem Problem [4] und man kann es beliebig auf die Spitze treiben: Sollte zum Beispiel eher eine Gruppe von 10 Menschen sterben auf dem einen Gleis oder ein Mensch auf dem anderen? Ist es gerechter, wenn ein alter Mann stirbt, der ein langes Leben hatte, oder ein Teenager? Dies sind moralische Fragen, die schwer zu beantworten sind, da jedes Menschenleben unbezahlbar ist.

Die entscheidende Herausforderung ist nun allerdings, dass genau diese unlösbare Fragestellung in Situationen des autonomen Fahrens auftreten wird. Egal wie gut die Künstliche Intelligenz beim autonomen Fahren sein wird, es wird Unfälle geben, wo Menschen zu Schaden kommen werden. Wenn jetzt das fahrerlose Fahrzeug entscheiden muss, ob es einem Menschen in der Umgebung schadet, um den Fahrer zu schützen, oder die andere Person schützt und den eigenen Fahrer in Gefahr bringt, haben wir genau das oben beschriebene Dilemma. Automobilhersteller müssen entscheiden, wie ihre Algorithmen entscheiden sollen. Daher wird es KI-Algorithmen geben, die das Leben des Fahrers höher priorisieren werden als das anderer Straßenteilnehmer – sogar das von Babys und kleinen Kindern. Mercedes-Benz hat bereits angekündigt, dass seine Algorithmen den Fahrer schützen werden [3].

Literatur

1. Global Positioning System (GPS), Stand: November 2018 https://de.wikipedia.org/wiki/Global_Positioning_System. Zugegriffen: 2. Apr. 2019.
2. NVIDIA, Explaining How a Deep Neural Network Trained with End-to-End Learning Steers a Car, Stand: November 2018. https://arxiv.org/pdf/1704.07911.pdf. Zugegriffen: 2. Apr. 2019.
3. Taylor, M. Self-Driving Mercedes-Benzes Will Prioritize Occupant Safety over Pedestrians, Stand: November 2018 https://www.caranddriver.com/news/a15344706/self-driving-mercedes-will-prioritize-occupant-safety-over-pedestrians/. Zugegriffen: 2. Apr. 2019.
4. MIT, The Moral Machine. http://moralmachine.mit.edu/. Zugegriffen: 2. Apr. 2019.
5. Goldhill, O. (2016). We've had driverless cars for almost a hundred years. https://qz.com/814019/driverless-cars-are-100-years-old/. Zugegriffen: 2. Apr. 2019.
6. Reilly, M. (2016). In the 1980s, the Self-Driving Van Was Born. https://www.technologyreview.com/s/602822/in-the-1980s-the-self-driving-van-was-born/. Zugegriffen: 2. Apr. 2019.
7. Davies, A. (2017). Uber May Be Aflame, But Its Self-Driving Cars Are Getting Good. https://www.wired.com/story/uber-self-driving-cars-pittsburgh/. Zugegriffen: 2. Apr. 2019.
8. Verband der Automobilindustrie: Automatisierung – Von Fahrerassistenzsystemen zum automatisierten Fahren. (2019). https://www.vda.de/dam/vda/publications/2015/automatisierung.pdf. Zugegriffen: 2. Apr. 2019.
9. NVIDIA Autonomous Car, Youtube-Video. (2016). https://www.youtube.com/watch?v=qhUvQiKec2U. Zugegriffen: 2. Apr. 2019.

Teil II

BLECHBIEGER ODER TECHGIGANT?

Die neue automobile Wertschöpfungskette mit KI

5

Zusammenfassung

Die Welt von morgen wird sich maßgeblich von der heutigen unterscheiden. Grund dafür sind große Trends wie zum Beispiel vernetzte Dienste, autonomes Fahren oder auch die Elektromobilität. Diese Trends haben große Auswirkungen auf die Kundenbedürfnisse und die automobile Wertschöpfungskette. Künstliche Intelligenz kann helfen die Wertschöpfungskette kosteneffizienter zu gestalten wie auch die Kundenzentrierung auszubauen. Die neue Wertschöpfungskette wird in diesem Kapitel vorgestellt, zudem werden auch Potentiale für Künstliche Intelligenz aufgezeigt.

5.1 CASE: Die Welt von morgen

Die Welt von morgen wird im Wesentlichen durch vier große Themen geprägt sein, die von den aktuellen Konsumententrends abgeleitet sind:

- C: Connected Services
- A: Autonomes Fahren
- S: Shared Services
- E: Elektromobilität

© Der/die Herausgeber bzw. der/die Autor(en), exklusiv lizenziert   133
durch Springer Fachmedien Wiesbaden GmbH, ein Teil von
Springer Nature 2021
M. Nolting, *Künstliche Intelligenz in der Automobilindustrie*,
Technik im Fokus, https://doi.org/10.1007/978-3-658-31567-2_5

Daher wird diese Welt auch häufig mit CASE kurz umschrieben. Die Konsumententrends, die zu dieser Welt führen, sind eine Abbildung der aktuellen gesellschaftlichen Entwicklungen sowie des Zeitgeists. Ein großer Treiber hierfür ist die Generation der *Digital Natives*. Diese Generation ist mit IT-basierten und digitalen Angeboten wie zum Beispiel Computerspielen, Internet, Mobiltelefonen und sozialen Medien aufgewachsen. Diese Generation lässt sich ebenso stärker durch sogenannte *Influencer* beeinflussen, die ihre Meinung über soziale Medien kundtun, als durch Werbung im Fernsehen oder Internet. Die Nutzung digitaler Angebote ist für sie selbstverständlich und hat ihr Verhalten und ihre Werte nachhaltig geprägt.

Die entscheidenden Konsumententrends, auf die hier einleitend eingegangen wird, sind:

- Multigrafie: Das eigene Leben wird immer stärker durch Lebensabschnitte geprägt, die eine starke Änderung der Kundenbedürfnisse nach sich ziehen.
- Downaging: Konsumenten bleiben trotz ihres biologischen Alters länger jung und suchen passende Produkte für ihren *zweiten Frühling*.
- Familie 2.0: Patchwork-Familien haben einen hohen und komplexen Mobilitätsbedarf, der nicht mehr über ein Familien-Fahrzeug abgedeckt werden kann.
- Neo-Cities: Die Mega-Cities von morgen sollen emissionsfrei sein.
- Greenomics: Mobilitätslösungen von morgen müssen ökologisch korrekt sein, aber auch den individuellen Mobilitätsbedarf des Kunden abdecken.
- New Luxury: Das Status- und Prestigedenken nimmt ab. Dafür müssen aber neue Produkte die eigene Lebensqualität verbessern.
- Simplify: Kunden wünschen sich Vereinfachung in ihrer komplexen Lebenswelt zum Beispiel durch Zeitersparnis und gute Bedienbarkeit komplexer Technologieprodukte.
- Deep Support: Kunden wünschen Unterstützung bei der Planung ihrer Mobilität und sind bereit, dafür zu zahlen.

- Cheap Chic: Produkte sollen clever und *smart* sein, aber dennoch bezahlbar und individuell.

Der Trend zur *Multigrafie* bildet die gesellschaftlichen Faktoren ab. Das heutige Leben ist – im Vergleich zum Leben unserer Großeltern und Eltern – durch viele kürzere Lebensabschnitte geprägt. Diese Lebensabschnitte erfordern individuelle Mobilitätskonzepte. Es kann zum Beispiel sein, dass ein Berufseinsteiger als Single einen Job annimmt, bei dem er täglich 80 km oder mehr pro Richtung mit dem Zug zu seinem neuen Arbeitgeber pendelt, aber nach einer gewissen Zeit mit einem festen Partner an seiner Seite einen Job in seiner Heimatstadt annimmt. Partnerschaftsphasen und auch mehrere Arbeitgeber mit unterschiedlichen beruflichen Schwerpunkten sind starke Treiber hierfür. Ebenso sind die Hobbys anspruchsvoller geworden und auch den Lebensphasen zuweisbar. Dies kann von Skifahren über Golfen zu Triathlon oder Marathonlaufen reichen. Das Kundenbedürfnis dieser relativ kurzen Lebensphasen prägt somit auch den Bedarf an Mobilität. Für die Automobilindustrie bedeutet das konkret, dass die Fahrzeugtypen differenzierter und flexibler in ihrer Anpassung werden müssen. Darüber hinaus müssen individuelle Mobilitätskonzepte im Angebot sein.

Die moderne Familie *(Familie 2.0)* ist ebenso das Produkt zahlreicher gesellschaftlicher Entwicklungen. Familien leben heute weltweit verteilt und werden noch dazu immer kleiner – die Haushalte in Deutschland schrumpfen. Darüber hinaus sind auch immer mehr Frauen voll berufstätig. Muss nun zum Beispiel ein Elternteil zum Arbeitgeber pendeln und kommen Kinder und Patchwork-Szenarien ins Spiel, wird Mobilität zu einem spannenden Optimierungsproblem. Auch hier sind Mobilitätskonzepte gefragt, die dies abdecken.

Das *Downaging* bedeutet, dass wir Menschen immer älter werden. Der Anteil an älteren Menschen in der Bevölkerung wird zunehmen und somit stellt diese Zielgruppe eine sehr wichtige, zahlungskräftige Käuferschicht dar. Durch die bessere gesundheitliche Versorgung sind auch Menschen im Rentenalter immer fitter und verhalten sich wie junge Menschen. Diese Generation der sogenannten *Best Agers* hat ebenso ein hohes Mobilitätsbedürfnis und sieht Autos als einen wichtigen Faktor in ihrem Leben an. Schon heute ist jeder zehnte Neuwagenkäufer älter als 60 Jahre – Tendenz steigend [1]. Kaufkriterien sind hierbei Sicherheit und Service, aber auch die Vermittlung eines sportlichen Lebensgefühls sowie Komfort. Ein komfortabler, höherer Einstieg, die Möglichkeit, den Sitz und das Lenkrad zu verstellen, sowie elektronische Assistenzsysteme, die eine sichere Fahrt unterstützen, gehören dabei zu den wesentlichen Kriterien. Dies erklärt auch, warum in dieser Zielgruppe die Stadtgeländewagen (SUVs) einen so hohen Zulauf haben. Diese Ausstattungsmerkmale führen zu guten Margen bei den Automobilherstellern.

Ein weiterer spannender Konsumententrend sind die *Neo-Cities*. Dieser Trend verweist auf die anwachsende Urbanisierung, die Zunahme der Bevölkerung in den großen Städten sowie die Bemühungen dieser Städte, *grüner* (das heißt ökologisch sauberer und emissionsfrei) zu werden. Ein positives Beispiel dafür ist Kopenhagen in Dänemark. Kopenhagen hat schon früh angefangen, den innerstädtischen Fahrradverkehr zu fördern. Mittlerweile gibt es aber auch viele andere Städte wie London oder auch Städte in Deutschland, die sich damit beschäftigen. In Hannover gibt es zum Beispiel den Ride-Sharing-Anbieter MOIA, zahlreiche Kurzzeitmietanbieter von Fahrrädern und E-Rollern. International gibt es Städte, die noch wesentlich rigider vorgehen. In Sao Paulo in Brasilien ist die Fahrzeugnutzung zum Beispiel nur an jedem zweiten Tag erlaubt. Dies wird über gerade und ungerade Kennzeichennummern geregelt. Dasselbe Prinzip wird auch in einigen chinesischen Städten wie Peking angewendet. Zusätzlich wird in China auch die Lizenzanzahl für Fahrzeuge stark limitiert. In Singapur sind zum Beispiel zu sogenannten Peak-Zeiten nur Fahrzeuge mit einer gewissen Insassenanzahl erlaubt. Auch dieser Trend führt zu neuen Anforderungen an das Fahrzeug und die Mobilität der Zukunft, worauf die Automobilhersteller reagieren müssen.

Der Trend *Greenomics* geht sogar noch ein wenig weiter. Dieser Trend umfasst nicht nur das Themengebiet Mobilität, sondern auch die Auswirkungen eines gesunden und nachhaltigen Lebensstils auf ganze Industrien, Städte und Regionen. Ein gesunder und nachhaltiger Lebensstil setzt sich in immer mehr Bevölkerungsanteilen durch. Sowohl beim Thema Ernährung als auch beim

Sport und Reisen werden diese Faktoren immer mehr bei der finalen Kaufentscheidung berücksichtigt. Das gilt auch vermehrt für das Thema Mobilität. Viele Personen kaufen gar kein Auto mehr sondern greifen auf Mobilitätskonzepte zurück. Wenn sie jedoch ein Auto kaufen, möchten sie ein E-Fahrzeug erwerben. Wo vielleicht früher Leistung und Geschwindigkeit wichtige Kraufkriterien waren, wird heute eher darauf geschaut, wie wenig ein Fahrzeug verbraucht und wie gut die klimarelevanten Werte sind. Da der Klimawandel vor aller Augen immer sichtbarer wird (zum Beispiel heiße, trockene Sommer in Deutschland und ganz Europa), wird sich dieser Trend immer mehr verstärken und sehr relevant für die Automobilindustrie werden.

Die anderen Konsumententrends wie *New Luxury* (kurz: Lebensqualität ist wichtiger als Geld), *Simplify* (kurz: weniger ist mehr), *Deep Support* (kurz: das Apple-Erlebnis überall zu haben, das heißt ein gutes Kundenerlebnis auch bei komplexen Produkten) und *Cheap Chic* mit dem Fokus auf Qualität zu angemessenen Preisen werden ebenso das Angebot der Automobilindustrie nachhaltig verändern.

Die Antwort der Automobilindustrie, mit der sie den oben genannten Trends begegnen möchte, ist die sogenannte CASE-Vision, die nachfolgend erläutert wird.

5.1.1 Connected Services (C)

Ein für die Zukunft sehr bedeutendes Geschäftsfeld für die Automobilindustrie sind die mobilen Online-Dienste, auch *Connected-Services* genannt. Bereits heutzutage ist ungefähr ein Drittel aller neuzugelassenen Fahrzeuge vernetzt. Für das Jahr 2030 ist prognostiziert, dass nahezu alle Neufahrzeuge mit dieser Technologie ausgestattet sein werden. Daher ist es ein stetig wachsender Markt, der bereits im Jahr 2020 ein Volumen von ungefähr 100 Mrd. EUR hat. Im Jahr 2030 wird dieses Volumen wahrscheinlich 750 Mrd. EUR betragen [2]. Es wird in der Automobilindustrie angenommen, dass durch Connected Services mehrere zusätzliche tausend Euro über die Lebensdauer eines Fahrzeugs eingenommen werden können. Daher stattete zum Beispiel Tesla bereits im Jahr 2016 alle neuen

Fahrzeuge mit so viel Rechenleistung aus, dass diese zukünftig mit der passenden Software-Version für das autonome Fahren nachgerüstet werden können [3]. Tesla verstand schon früh, dass Rechenleistung entscheidend ist, und bringt lieber mehr als zu wenig Rechenleistung in die Fahrzeuge. Klassische Fahrzeughersteller sind immer noch dabei, die Fahrzeughardware und auch Rechenleistung für die Fahrzeugfunktionen zu optimieren, die für das Fahrzeug im Vorfeld geplant waren. Tesla geht davon aus, dass sich die Investitionen in die Fahrzeughardware über die Zeit durch die kostenpflichtigen Software-Updates rechnen werden. Connected Services sind daher nicht nur eine wesentliche Bedingung für die komfortable und Mehrwert bringende Nutzung mobiler Online-Dienste, sondern ermöglichen ebenso die Schaffung neuer Geschäftsmodelle. Nachfolgend sind ein paar Use-Cases dargestellt, die durch Connected Services und die Nutzung von Daten möglich sind:

- Generierung zusätzlicher Einnahmen
  - Direkte Vermarktung
    Verkauf von Zusatzfeatures mittels Over-the-Air Update
    Vernetztes Parken inkl. Steuerung zu freien Parkplätzen und Lösen und Bezahlen von Tickets
    Live-Tracking/Diebstahlschutz
    Fahrzeugüberwachung und nutzungsbasierte Restwertanalyse
    Navigationsdienste
  - Gezielte Werbung auf Basis von Standort, Zielort, Fahrmustern und Fahrzeugzustand
    Bewerbung eigener Werkstätten/komfortable Planung von Werkstattaufenthalten
    Personalisierte Werbung
  - Datenhandel
    Erhebung von Echtzeit-Verkehrsdaten
- Kostenreduktion
  - Verbesserung der Fahrzeugentwicklung und Reduzierung von Materialkosten
    Reduzierung von Gewährleistungskosten
    Datenbasierte Fahrzeugentwicklung

- Kosten für Kunden
  Nutzungsbasierte Vesicherungen
  Verbesserung des Fahrverhaltens
  E-Hailing
- Kundenzufriedenheit
  Predictive Maintenance
• Verbesserung der Sicherheit/des Kundenservice
  - Überwachung des Fahrerzustands
  - Überwachung des Straßenzustandes/der Umgebung beim
    Fahren
  - Pannendienst
  - Emergency Call

Zusätzlich zu den oben aufgeführten Beispielen gibt es weitere
Möglichkeiten, mittels innovativer Nutzung der großen Datenmengen, die durch Connected Services anfallen, Geld zu verdienen.
Die wachsende Anzahl von Sensoren und Kameras, die durch
das autonome Fahren in die Fahrzeuge kommen werden, liefern
einen Schatz an Daten. Hieraus können zum Beispiel Informationen abgeleitet werden, die Aufschluss über die Umgebung liefern.
Dies kann dann Grundlage zur Erzeugung hochgenauer Echtzeit-
karten sein. Ebenso können diese Daten als *gelabelte* Daten an
Unternehmen verkauft werden, die diese für die Entwicklung oder
Überprüfung eigener Algorithmen im Bereich des maschinellen
Lernens nutzen möchten [4]. Diese Informationen können somit
die Basis für komplett neue Geschäftsmodelle sein.

Die obigen Beispiele sowie die Möglichkeit neuer Geschäftsmodelle untermauern gut das Potential, das Connected Services
haben. Daher ist es sehr wahrscheinlich, dass bei einem möglichen Marktvolumen von 750 Mrd. EUR im Jahr 2030 [2] sich
neue Anbieter in diesem lukrativen Bereich etablieren werden.
Neben den eher fahrzeugnahen Angeboten werden ebenso neue
Geschäftsmodelle durch die Integration von Smart Cities und
ergänzenden Dienstleistungsangeboten wie zum Beispiel im
Bereich der Versicherungen und des Marketings entstehen. Daher
stellt sich für viele Automobilhersteller die Frage, welche Position
sie einnehmen möchten. Klar ist allerdings, dass die Anbieter, die

es schaffen, die Kundenschnittstelle zu besitzen, im Vorteil sein werden, da hier das Geld verdient wird.

5.1.2   Autonomes Fahren (A)

Ebenso wie die Connected Services nimmt bei jedem Automobil-hersteller das autonome Fahren eine zentrale Rolle in der Zukunfts-vision ein. Diese Technologie ist sehr wichtig für Mobility- oder Transportation-as-a-Service-Angebote (MaaS/TaaS).

Erste Forschungsinitiativen zum autonomen Fahren starteten bereits in den 1980er Jahren mit dem Prometheus-Projekt [5]. Dieses Projekt kam auf Initiative von Daimler-Benz zustande, an ihm waren viele andere europäische Fahrzeughersteller beteiligt. Besondere Aufmerksamkeit bekam das Thema, als sich die Firma Google dieses Themas im Jahr 2010 annahm (siehe Abschn. 4.1). Im Jahr 2014 war Google dann so weit und präsentierte der Welt ein komplett autonom fahrendes Fahrzeug, welches weder Lenkrad noch Pedale benötigte [6]. Im Jahr 2016 hat Google die Tochter-firma Waymo gegründet.

Waymo hat sich eine führende Rolle im autonomen Fahren auf-gebaut und kann bisher die meisten autonom gefahrenen Kilome-ter vorweisen. Bis Mai 2015 legten die 20 Roboter-Fahrzeuge etwa 16.000 km pro Woche eigenständig zurück, etwas weniger als der durchschnittliche US-Amerikaner pro Jahr ist. Google gab am 15. Mai 2015 bekannt, dass die selbstfahrenden Fahrzeuge ab dem Sommer desselben Jahres die Teststrecke verlassen und bekannte Strecken in Mountain View (Kalifornien) befahren dürfen. Im Herbst 2017 führte Waymo die ersten selbstfahrenden Fahrzeuge ein, die vollständig ohne menschliche Überwachung auskommen. Bisher musste zur Sicherheit immer ein Mensch auf dem Fahrersitz verfügbar sein, um im Notfall das Steuer übernehmen zu können. In der neuesten Generation der Waymo-Fahrzeuge ist dies jetzt nicht mehr notwendig. Der Fahrersitz kann unbesetzt bleiben. Aller-dings werden die Fahrzeuge bisher nur in einem dünn besiedelten Vorort von Phoenix eingesetzt, der bezüglich der Komplexität des Verkehrsgeschehens eher geringe Anforderungen an das Auto stellt [7].

Autonomes Fahren entwickelt sich daher immer mehr zur Seri-
enreife. Um dies zu erreichen, werden in heutigen Serienfahrzeu-
gen immer mehr Assistenzfunktionen angeboten, die dafür notwendig sind. Der Fortschritt in Richtung des autonomen Fahrens
geschieht bei den großen Automobilherstellern in kleinen, gradu-
ellen Schritten. Speziell in Fahrzeugen im Premiumsegment (zum
Beispiel ab gehobener Mittelklasse) werden heutzutage bereits
viele Assistenzsysteme verbaut. Dadurch steigen kontinuierlich
die Verbreitung solcher Systeme und auch die Akzeptanz autonomen Fahrens.

Um die Autonomiestufe 5 (komplett autonomes Fahren ohne
Fahrer) zu erreichen, ist eine Vielzahl von Technologien und auch
Sensoren notwendig, damit das Umfeld robust erfasst wird. Da
am Anfang die Kosten für die nötigen Sensoren (wie zum Beispiel LIDAR, RADAR usw.) noch sehr hoch sein werden, geht
man davon aus, dass die ersten autonom fahrenden Fahrzeuge im
gewerblichen Umfeld zu finden sein werden, das heißt nicht im
Privatkundensegment. Weitere Felder, die für das autonome Fahren noch reifen müssen, sind das heute verfügbare Kartenmaterial
sowie Funktionen, um dieses in Echtzeit über Telekommunikati-
onsstrecken aktualisieren zu können. Neben vielen neuen Anbietern wie zum Beispiel UBER, Tesla, Baidu oder Alibaba, die sich
im Bereich des autonomen Fahrens zu platzieren versuchen und
die Entwicklung stark vorantreiben, gibt es noch rechtliche Fragen wie zum Beispiel in Bezug auf Haftungsthematiken, die es zu
klären gilt. Diese Herausforderungen sollten bis 2025 (bzw. bis
spätestens 2030) gelöst sein.

Da sich das autonome Fahren mittlerweile evolutionär zur vol-
len Automatisierung entwickelt, hat es sein Überraschungsmo-
ment verloren und wird die Automobilindustrie nicht disrumpieren. Das autonome Fahren ist aber definitiv ein Enabler für viele
neue Geschäftsmodelle, die auf Basis dessen entstehen werden.
Um Teil dieser neuen Geschäftsmodelle zu werden, dürfen die
Automobilhersteller sich nicht darauf beschränken, nur das Fahrzeug dafür zu liefern. Folgende Geschäftsmodelle bauen auf dem
autonomen Fahren auf und könnten disruptiven Charakter in anderen Branchen haben:

- Mobility as a Service:
  - Unternehmen: Unternehmen bieten ihren Mitarbeitern individuelle Mobilität anstatt eines Dienstwagens mit autonom fahrenden Fahrzeugen.
  - Städte: Stadtteile investieren in autonome Flotten, um ihren Bewohnern innerhalb des Stadtteils individuelle Mobilität anzubieten.
  - Automobilhersteller: autonom fahrende Sammeltaxis wie zum Beispiel MOIA von Volkswagen.
- Transportation as a Service:
  - Produzierendes Gewerbe: Einsatz von autonom fahrenden Fahrzeugen in der Logistik oder bei Handwerkern zur Lieferung von Ersatzteilen bei Bedarf, Unterstützung in der Supply Chain durch autonom agierende Fahrzeuge
  - Gesundheitswesen: Autonom fahrende Fahrzeuge befördern ältere oder behinderte Personen
  - Lebensmittelhandel: Autonom fahrende Fahrzeuge befördern Einkäufe zu Kunden

Auf Basis von autonomen Fahrzeugen und modernen, internetbasierten Plattformen können bei den obigen Beispielen der Komfort und Nutzen des Kunden verbessert werden. Da ein hoher IT-Anteil besteht, können diese Ideen aber auch häufig von den Techgiganten (wie zum Beispiel Amazon oder Google) umgesetzt werden. Durch die Skalierbarkeit von internetbasierten Geschäftsmodellen und die Fähigkeit, neue Serviceideen kundenzentriert zu entwickeln, sind die Techgiganten in der Lage, neue Ideen schnell zur Marktreife zu bringen. Hierdurch können sie den etablierten Automobilherstellern in kürzester Zeit empfindliche Marktanteile abnehmen. Daher ist noch nicht eindeutig zu sagen, welche Teilnehmer im Markt Dienstleister, Wettbewerber oder Kooperationspartner sind (siehe Abschn. 5.3). Manchmal sind direkte Wettbewerber auf einmal spannende Kooperationspartner wie im Beispiel von Ford und Volkswagen, da man jetzt ein gemeinsames Leid teilt. Gemeinsam angegangen kann dieses Leid (wie zum Beispiel die Entwicklungskosten beim autonomen Fahren oder die hohen Absicherungskosten durch WLTP) für beide Firmen auf ein erträgliches Maß reduziert werden.

Es wird angenommen, dass ein Großteil autonomer Fahrzeuge nicht von Privatpersonen, sondern von Gewerbekunden gekauft werden wird. Diese werden sie einsetzen, um neue Mobilitäts- und Servicemodelle aufzubauen. Egal wie man es dreht, die Anzahl verkaufter Neufahrzeuge wird durch das autonome Fahren sicherlich abnehmen, was die Automobilhersteller vor neue Herausforderungen stellen wird.

5.1.3 Shared Services (S)

Durch die schnell voranschreitende Urbanisierung lebt heutzutage mehr als die Hälfte der Weltbevölkerung in Städten mit mehr als 10 Mio. Einwohnern, sogenannten Mega-Cities. Wenn dieser Trend bis 2030 anhalten sollte, werden fast drei Viertel der Weltbevölkerung in solchen Städten leben. Der Begriff Mega-City wird dann nicht mehr ausreichen. Diese Städte werden dann zu Giga-Citys gewachsen sein mit mehr als jeweils fünfzig Millionen Einwohnern. Ebenso werden neue Mega-Citys entstehen [9, 10]. Wie man es heute schon in großen Städten wie Peking, Paris oder auch Los Angeles beobachten kann, wird die Verkehrssituation durch die hohe Anzahl von Bewohnern nicht besser werden. Es wird zu massiven Stausituationen zu Stoßzeiten kommen. Die dadurch hohen Umweltbelastungen sowie enormen Zeitverluste für die Reisenden ebnen den Weg für neue Mobilitätskonzepte. Ebenso verstärken dies die dargestellten Konsumententrends zum Teilen eines Fahrzeugs, anstatt es zu besitzen, und zu Nachhaltigkeit. Mobilitätsservices – auch Shared Services genannt – werden den Autobesitz ersetzen.

Daher wird es im Jahr 2030 wesentlich weniger Autoverkehr geben. Stattdessen wird das Stadtbild durch autonom fahrende Fahrzeuge geprägt sein, die häufig in offene Mobilitätskonzepte wie zum Beispiel Ride-Sharing eingebettet sein werden. Die Ladeinfrastruktur für E-Fahrzeuge sollte zu dem Zeitpunkt ebenso vorhanden sein. Die Akzeptanz von E-Fahrzeugen wird ebenso größer sein, da sich die Reichweiten mit der erhöhten Batteriekapazität verbessert haben [12]. In Städten ein Auto zu besitzen, wird nicht mehr *hip* sein. Dies wird allerdings nicht auf die *New Emer-*

ging Countries zutreffen – ebenso wenig auf die Vereinigten Staaten. In Ländern wie Namibia, Kolumbien, Indien und China sowie auch in ländlichen Gebieten in den Vereinigten Staaten wird immer noch ein Käufermarkt bestehen. Allerdings werden die Fahrzeuge anders aussehen und, wenn sie keine E-Fahrzeuge sein sollten, mit kleineren, auf Effizienz getrimmten Motoren bestückt sein.

Mobilitätsdienste werden per App und online im Internet buchbar sein. Es werden nicht nur Dienste zur Fahrzeugmobilität, sondern auch andere Services verfügbar sein wie zum Beispiel die intermodale Navigation. Die intermodale Navigation ist die *verkehrstypunabhängige* Planung und Buchung von Routen. Auf Basis des Start- und Endpunkts wird für den Kunden die passende Route inklusive Bahn, Auto bis hin zum Last-Mile-E-Roller erstellt. Es ist zu erwarten, dass man unterschiedliche Servicelevels für Mobilität anbieten wird. Dies wird von Fahrzeugen der Luxusklasse mit Chauffeur reichen, die zum Beispiel eine Kundin zum Kauf einer Edelhandtasche abholen [13], bis hin zu Ride-Sharing mit mehreren Mitfahrern unter Berücksichtigung freier Kapazitäten und der Haltepunkte. Die Preisstruktur wird von den jeweiligen Serviceleveln abhängig sein. Heutige Anbieter wie Lyft und UBER verfügen bereits über solche Angebotskonzepte. Dieser Trend wird zu weiteren neuen Geschäftsmodellen führen.

5.1.4 Elektromobilität (E)

Die bereits heute stetig zunehmende Verkehrsdichte in Großstädten zieht erhebliche Umweltbelastungen nach sich. Diese Belastungen gibt es durch immer mehr Kohlendioxid und Feinstaubpartikel. Ebenso nimmt der Lärmpegel stetig zu und somit der Stresslevel für jeden Einzelnen. Diese Entwicklung ist speziell unter Gesichtspunkten des Klimawandels nicht mehr tolerierbar. Es gibt auch Studien, die zeigen, dass die erhöhte Feinstaubbelastung zu chronischen Krankheiten wie zum Beispiel Diabetes führt. Um diese Situation zu ändern, gibt es zahlreiche Bemühungen. Eine davon, die am vielversprechendsten ist, ist die Elektromobilität. Ein weiterer Treiber für die Elektromobilität ist, dass der Vorrat an fossilen Brennstoffen endlich ist.

Bereits seit 1900 gibt es elektrische Fahrzeuge in den Vereinigten Staaten. In der Anfangszeit fuhren sogar die meisten Fahrzeuge sogar elektrisch. Doch dann kamen die Verbrennermotoren und setzten sich aufgrund ihres besseren Kundenerlebnisses durch. Es war bequemer, ein Verbrennerfahrzeug zu fahren, da fossile Brennstoffe die höchste Energiedichte haben. Daher verfügten sie über eine höhere Reichweite, was dazu führte, dass auch das Tankstellennetz günstiger im Aufbau war. Heutzutage stehen elektrische Antriebe immer noch in einem großen Rechtfertigungskampf mit Verbrennermotoren. Es wird hinterfragt, ob die Umweltbilanz von elektrischen im Vergleich zu fossilen Antrieben besser ist. Rechnet man nicht nur den Energieverbrauch für das Fahren, sondern die insgesamt verbrauchte Energie über den gesamten Lebenszyklus des Fahrzeugs zusammen, das heißt inklusive Produktion, Inspektionen, Reperaturen und Entsorgung, stellt sich die Frage, ob es aus Umweltgesichtspunkten immer noch besser ist. Ebenso wäre es eine Schummelrechnung, wenn die Energie für die E-Fahrzeuge von nicht regenerativen Erzeugern wie zum Beispiel Kohlekraftwerken stammt. Um diese Frage zu beantworten und auch, ob die Brennstoffzelle nicht sinnvoller als ein batteriebetriebener E-Motor ist, hat zum Beispiel der Volkswagen-Konzern hunderte Szenarien durchsimuliert. Die eindeutige Antwort lautet: Nur die E-Mobilität kann uns helfen, die weltweit gesteckten Klimaziele zu erreichen. Volkswagen kann dafür sorgen, bis zu 1 % der CO_2-Emissionen zu reduzieren [15]. Darüber hinaus ist Deutschland bereits heute gut unterwegs im Bereich der regenerativen Energien.

Eine Alternative für Verbrennungsantriebe sind Erdgas, Bio- und synthetische Kraftstoffe. Diese gelten als *sauber.* Im Vergleich zum E-Antrieb verfügen sie allerdings über eine wesentlich geringere Energieeffizienz von lediglich 35 %. E-Antriebe haben einen Wirkungsgrad von über 90 % [14]. Darüber hinaus ist die Produktion von E-Fahrzeugen viel einfacher. Besonders komplizierte Teile wie zum Beispiel Auspuffanlagen, Kraftstoff-Systeme und Getriebe sind nicht mehr nötig. Die notwendige Gesamtanzahl an Bauteilen reduziert sich. Je weniger komplex ein Gesamtsystem ist, desto einfacher ist auch die Absicherung. Durch die geringere Komplexität sind damit die Produktion und Wartung weniger kom-

pliziert und kostenintensiv für den Kunden. Der hohe Wirkungsgrad von über 90 % wird auch dadurch erzielt, dass E-Fahrzeuge
mit der sogenannten *Motorbremse* bremsen können. Dies führt
zu einem geringeren Bremsverschleiß und die Bremsenergie wird
zum Laden der Batterie genutzt. Diese Energie geht damit nicht
verloren wie bei Verbrennerfahrzeugen.

Eine wesentliche Komponente beim E-Fahrzeug ist seine Batterie. Die heutzutage verfügbaren Batterien haben immer noch
eine wesentlich geringere Energiedichte als fossile Brennstoffe
wie Diesel oder Benzin. Durch diese geringe Energiedichte werden die Batterien sehr groß und schwer. Dies bestärkt wiederum
das Reichweitenproblem von E-Fahrzeugen. Daher gibt es jetzt
eine Vielzahl von Forschungsprojekten weltweit, die genau dieses Problem zu lösen versuchen. Die Chancen stehen daher gut.
Zusätzlich herrscht auch in der Politik eindeutiger Konsens, dass
die Elektromobilität die bevorzugte und klimafreundliche Lösung
ist. Hierdurch gibt es jetzt eine Vielzahl von Förderprogrammen
und Subventionen. Bis 2030 ist daher zu erwarten, dass ein wesentlicher Anteil von Neufahrzeugen E-Fahrzeuge sein werden.

Die Elektromobilität ist auch deshalb so interessant, weil sie
einen Katalysator für das Thema Digitalisierung darstellen kann.
Ein E-Fahrzeug ähnelt nämlich einem fahrenden Smartphone eher
als einem komplizierten Antrieb, um den ein Chassis gebaut wurde.
Verbrennerfahrzeuge verfügen eher über einen hochkomplexen
Antrieb. Hier lag auch der Fokus in der Forschung und Produktion bei klassischen Automobilherstellern. Daher ist der Elektroantrieb ein *Game-Changer* in der Automobilindustrie. Auf der
einen Seite müssen sich die Automobilproduzenten daher mit
dem Thema Software und IT beschäftigen, auf der anderen Seite
kann es eben auch zum Eliminator werden, wenn dieser Wandel nicht geschafft wird. Durch den Elektroantrieb steigen nämlich die Anteile von Software im Fahrzeug (zum Beispiel für die
Steuerungselektronik) stark an. Daher ergeben sich neue Optionen in Bezug auf die Fahrzeugkonfiguration (zum Beispiel das
Fahrverhalten) und sonstige Softwareparameter. Dadurch, dass der
Softwareanteil stark steigt und die Komplexität zunimmt, muss
das Thema *Over-the-Air-Update* angegangen werden. Klassische
Absicherungsverfahren von Automobilherstellen (das Auto wird

250.000 km gefahren und die Anzahl der Fehler wird gezählt) funktionieren hier nicht mehr, da dies bezüglich Testabdeckung nicht mehr ausreicht. Der mögliche kombinatorische Raum für Fehler ist so groß, dass nach dem Fahrzeugverkauf Fehler auftreten werden, die dann über ein Online-Update behoben werden müssen. Die Elektromobilität wird daher die Markteintrittsbarrieren drastisch senken und den Markt nachhaltig revolutionieren.

5.2   Die neue Wertschöpfungskette

Um einen besseren Überblick bezüglich der Auswirkungen der in Abschn. 5.1 dargestellten Trends auf die Automobilindustrie zu erhalten, schauen wir uns im ersten Schritt kurz die klassische automobile Wertschöpfungskette an (die weiß markierten Pfeile in Abb. 5.1). Der Bereich „Forschung & Entwicklung" (R&D) ist der erste Schritt in der automobilen Wertschöpfungskette. Der Fokus ist hier auf der Entwicklung neuer Fahrzeugmodelle sowie der Erforschung neuer Technologien für bereits bestehende Fahrzeuge (sogenannte Produktaufwertungen). Die Verantwortlichkeiten hierfür liegen im Gegensatz zu vielen anderen Bereichen der Wertschöpfungskette zum Hauptteil noch bei den Automobilher-

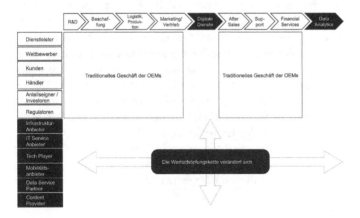

Abb. 5.1 Die Wertschöpfungskette in der Automobilindustrie ändert sich massiv

stellern selbst. Aus den erforschten und geplanten Fahrzeugen ergibt sich auch der Bedarf an Teilen und Komponenten, die nötig sind und beschafft werden müssen. Die Beschaffung kauft die notwendigen Teile bei Zulieferern ein. Hier hat sich eine Lieferhierarchie etabliert mit unterschiedlichen Tier-Leveln. Tier-3-Zulieferer verarbeiten Rohstoffe zu Halbfabrikaten und beliefern Tier-2-Unternehmen und Automobilhersteller. Tier-2-Zulieferer verarbeiten dann Halbfabrikate zu Komponenten und beliefern Tier-1-Unternehmen und Automobilhersteller. Tier-1-Zulieferer verarbeiten Komponenten zu Modulen/Systemen und beliefern die Automobilhersteller direkt. Solche Module können zum Beispiel Armaturen, Teile der Antriebs- bzw. Fahrwerkselektronik oder das Klimasystem sein. Im Gegensatz zum Entwicklungsbereich dominiert in diesem Teil der Wertschöpfungskette die Auslagerung der Aktivitäten an eng verbundene Zulieferer. Bereits seit Mitte des letzten Jahrhunderts ist dieser Trend hin zur zunehmenden Integration der Zulieferer erkennbar und zeigt sich zum Beispiel bei General Motors durch ca. 1500 direkte Tier-1-Zulieferer [11]. Die Ursachen für diese Entwicklung liegen vor allem in der zunehmenden Individualisierbarkeit der Fahrzeuge. Um die Wünsche der Kunden besser bedienen zu können und sich gegenüber den Wettbewerbern klarer abgrenzen zu können, wurden im Laufe der Jahre viele Fahrzeugvarianten und Modelle auf den Markt geworfen. Dies erfordert jedoch ein hohes Maß an Flexibilität. Daher mussten die Hersteller zunehmend Fertigungsaktivitäten auslagern.

Neben der Variantenvielfalt liegen die Gründe aber hauptsächlich auch in den immer kürzer werdenden Produktlebenszyklen und im zunehmenden Kostendruck. Dieser Trend hin zur Modularisierung und zum Bezug von Komplettlösungen spiegelt sich auch deutlich in den Wertschöpfungsanteilen wider. So ist im Laufe der letzten Jahre bei der Entwicklung und Fertigung der Fahrzeuge eine deutliche Wertschöpfungsverschiebung hin zu den Zulieferern zu erkennen. Hatten die Automobilhersteller im Jahre 2010 noch einen durchschnittlichen Eigenentwicklungsanteil von 60 %, liegt dieser im Jahr 2020 bei nur noch 40 %. Ein ähnlicher Trend ist auch im Bereich der Fertigung erkennbar, so dass im selben Zeitraum die durchschnittliche Fertigungstiefe von 30 % auf 25 % sank. Bei den Herstellern selbst bleiben Kompetenzen in den Bereichen Karosserie, Motor mit dessen Aggregaten, Antriebsstrang und Exterieur erhalten. Da all diese Elemente wesentlich die Marke des jeweiligen Herstellers von Wettbewerbern differenzieren und somit kritische Leistungs- bzw. Designkomponenten darstellen, versuchen die Hersteller einen großen Teil dieser Wertschöpfung zu behalten.

Bauteile am Fahrzeug, die als Differenzmerkmal gegenüber Kunden weniger auffallen, wie die Elektrik, wurden beinahe vollständig ausgelagert. Der Vertrieb der produzierten Automobile an die Endkunden erfolgt schließlich über nationale Vertriebsgesellschaften und Einzelhandelsunternehmen wie herstellereigene Vertriebsgesellschaften, selbstständige Vertragshändler oder Mischformen.

Der After-Sales-Bereich stellt schließlich den letzten Teil der automobilen Wertschöpfungskette dar. Hierunter fallen Aktivitäten wie das Werkstätten- und Ersatzteilgeschäft. Trotz eines relativ geringen Umsatzanteils stellt dieser Teil der Wertschöpfung für die Automobilhersteller einen wichtigen Teilbereich dar und trägt massiv zu den Gewinnen bei (Umsatzrendite von ungefähr 5 %).

Im Support-Prozess sind Themen wie die Unternehmens-IT oder auch das Personalwesen und der Finanzbereich angesiedelt. IT galt bisher bei den Automobilherstellern als unterstützendes Element zur Produktion von Fahrzeugen.

Danach folgt die Phase Financial Services. Neben dem klassischen Verkauf werden über Autobanken auch weitere Finanzierungsformen wie Leasing angeboten. Hier liegen die Umsatzrenditen bei über 10 %.

Die neuen Phasen, die zur automobilen Wertschöpfungskette dazukommen, sind die digitalen Dienste und Data Analytics (Datenanalyse und Einsatz von KI-Verfahren). Digitale Mehrwertdienste sind bei Kunden stark gefragt. Das kann von einem exzellenten Navigationsdienst bis hin zu Diensten zur Belieferung des Kofferraums reichen. Diese Phase ist deswegen spannend, weil digitale Produkte einen Lebenszyklus haben. Sie müssen zunächst entwickelt und dann betrieben werden. Digitale Produkte bestehen nur zu ungefähr 20 % aus Anforderungen. 80 % bilden IT-Themen, die in die Konzeption, Entwicklung und den Betrieb hineinspielen. Dieses Modell kollidiert sehr stark mit dem bisherigen Dienstleistergeschäft. Ein gutes digitales Produkt zu entwickeln, fällt nämlich in den Bereich der Produktentwicklung. Dies ist kein normales Projektgeschäft mehr.

Die weitere Phase *Data Analytics*, die sich mit der Datenanalyse aller vorherigen Phasen beschäftigt, ist ebenso ein Neuling. Man beschäftigt sich zu 80 % der Zeit bei der Entwicklung von Mehrwertdatendiensten nämlich damit, die Daten zu verstehen, zu reinigen und aufzubereiten. Hierfür ist ein gutes Domänenwissen notwendig. Dies liegt normalerweise bei denen, die die Systeme zur Datenerhebung entwickelt haben – also in der klassischen Logik bei den Dienstleistern. Viele Daten in der automobilen Wertschöpfungskette (zum Beispiel die Beschaffungs- und Einkaufsdaten) gelten aber als interne oder vertrauliche Daten, die externen Dienstleistern nicht zur Verfügung gestellt werden dürfen. Daher müssen solche Dienste von Internen entwickelt werden wie zum Beispiel Data Scientists und Data Engineers, die bisher nicht das Beuteschema der Automobilindustrie waren.

Auch wenn die Veränderung mit einer Erweiterung der Wertschöpfungskette um lediglich zwei Phasen klein wirkt, sind die Auswirkungen dennoch extrem, da sich das Spielfeld dramatisch verändert. Die Komplexität, die in Form neuer Mitspieler dazukommt und auch die Komplexität, die in der Entwicklung guter Software liegt, ist sehr hoch.

5.3   Kooperationen

Wie in der Wertschöpfungskette in Abb. 5.1 dargestellt, gibt es viele neue Mitspieler im Markt, die es erstmal zu bewerten gilt. Jeder könnte theoretisch ein spannender Kooperationspartner, Dienstleister oder auch direkter bzw. indirekter Konkurrent sein. In jedem Fall werden Kooperationen notwendig sein, da sich die Automobilhersteller das notwendige Wissen im Bereich KI und maschinelles Lernen nicht komplett an Bord holen können. Mitarbeiter in diesem Bereich zählen zu einem Engpasscluster. Ginge es lediglich um eine Erweiterung der Kapazitäten und Einbindung weiterer Mitarbeiter mit KI-relevantem Wissen und Erfahrung, wäre eine Zusammenarbeit mit einem spezialisierten Dienstleister in diesem Umfeld möglich. Um sich die Entwicklungskosten zu teilen, gehen auch immer mehr Automobilhersteller Kooperationen mit direkten Konkurrenten ein – wie das Beispiel von Volkswagen und Ford zeigt. Hier wird es in den nächsten Jahren intensive Kooperationen im Bereich der leichten Nutzfahrzeuge geben.

Über das reine Sourcingthema hinaus sind strategische Partnerschaften ein wichtiges Instrument, um das Technologiewissen sowie die Handlungsfähigkeit kurzfristig zu verbessern. Hierüber kann auch der Zugang zu wichtigen Technologien (wie zum Beispiel Cloud- und Infrastrukturwissen) sichergestellt werden. Diese Art und Weise von Partnerschaften ist für die heutigen Automobilhersteller allerdings noch ein Novum, so dass Erfahrung aufgebaut werden muss. Häufig wird IT noch als *Fahrzeugkomponente Backend* von der Beschaffung angesehen und gleich behandelt wie die Beschaffung von Fahrzeugbauteilen. Es wird lediglich auf den Preis geschaut und nicht die Qualität gewertschätzt, die dahintersteckt. Eine nachhaltige Analyse bezüglich der tatsächlichen Kosten, die durch eine verminderte Qualität zustande kommen, wird nicht durchgeführt.

Dieses Vorgehen hat bisher bei den Automobilherstellern zu einer überaus heterogenen IT-Landschaft geführt, die nur schwer einzufangen ist. Sie nutzt unterschiedlichste Technologien und zahlreiche Dienstleister sind involviert. Häufig verfügen die Automobilhersteller noch nicht einmal über ihre eigenen Daten und den Software-Code, den die Dienstleister entwickeln. Der Software-Code wird zumeist als Artefakt angeliefert. Unter dem Gesichtspunkt, dass IT, Künstliche Intelligenz und Daten ein Kernaspekt der Fahrzeuge von morgen sein werden, muss hier ein Mindshift stattfinden. Dienstleistung im Bereich der Softwareentwicklung darf nicht nur am Preis festgemacht werden. Im Idealfall findet sie irgendwann inhouse beim Automobilhersteller selbst statt. Um jedoch schnell arbeitsfähig zu werden, werden Automobilhersteller Kooperationen eingehen müssen – auch wenn hier anfangs das Risiko des *Vendor-Lock-in* besteht. Dies ist zum Beispiel leicht verständlich bei der Wahl des Infrastruktur-Anbieters im Cloud-Umfeld. Setzt ein Automobilhersteller nun vollends auf die Amazon Web Service Cloud und lässt alle Fahrzeugprojekte auf dieser Plattform anlaufen, ist die Wahrscheinlichkeit sehr gering, dass er die Fahrzeuge irgendwann einmal im Live-Betrieb auf eine andere Cloud-Plattform umziehen wird. Er ist dann quasi von diesem einen Partner abhängig. Dieses Risiko muss allerdings initial eingegangen werden, da ansonsten nicht die notwendige Transformationsgeschwindigkeit erreicht werden wird.

Ausgehend von der Transformation der Wertschöpfungskette und der gesamten Branche sind strategische Partnerschaften und Allianzen mit dem Fokus auf KI und Daten zum Beispiel in den folgenden Bereichen denkbar:

- Infrastruktur-Anbieter: Cloud-Anbieter wie Amazon, Microsoft usw.
- IT-Service-Anbieter: große Dienstleister im Software-Umfeld
- Tech Player: Chiphersteller, Telekommunikationsprovider, Google, Apple usw.
- Mobilitätsanbieter: intermodale Verkehrsanbieter, Entwickler und Betreiber von Mobilitätsplattformen, UBER, Lyft usw.
- Data Service Partner: Parkhausbetreiber, Städte, Mautbetreiber, Versicherungen, Handel, Hotelketten usw.
- Content Provider: Wetterinformationen, Börsendaten u. v. m.

5.4   Potentiale für KI

Durch die Nutzung von Daten und KI in der automobilen Wertschöpfungskette ergeben sich für die Automobilhersteller neue Umsatz- wie auch Kosteneinsparpotentiale. Diese liegen bei ungefähr 5 bis 10 % in Bezug auf die jährlichen Kosten des Automobilherstellers. Die größten Kostenpotentiale ergeben sich in der Produktion, Logistik und Beschaffung. Die Umsatzpotentiale sind schwer zu schätzen. Diese könnten aber sicherlich bei ungefähr 10 % zusätzlicher Rein-Rendite liegen [13]. Tab. 5.1 zeigt eine

Tab. 5.1 Geschätzte KI-Potentiale bei den drei großen deutschen Automobil-herstellern (alle Zahlen sind in Milliarden Euro)

Name	Umsatz	EBIT	≈ Kosten	Potential Kosten (7,5 %)	Potential Rendite (10 %)
Volkswagen AG	252,6	19,3	233,3	17,5	1,9
Daimler AG	172,8	4,3	168,5	12,6	0,4
BMW	104,2	7,1	97,1	7,3	0,7

grobe Schätzung für die Potentiale bei den drei großen Automobil-herstellern auf. Hierbei muss verstanden werden, dass es sich hier um nur ganz grobe Schätzungen handelt, die mit konkreten Maß-nahmen (siehe Aufbau eines KI-Backlogs in Abschn. 7.5) belegt werden müssten.

Die Umsatz- und Kosteneinsparpotentiale ergeben sich durch (siehe Abb. 5.2)

- KI-gestützte Prozessautomatisierung und -optimierung
- Fahrer/Fahrzeug: Angebot eines verbesserten Kundenerlebnis-ses inner- und außerhalb des Fahrzeuges durch digitale Dienste
- Neue Märkte – speziell im Bereich Mobilität

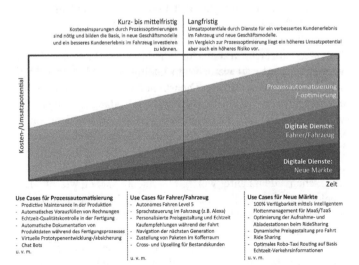

Abb. 5.2 KI-Potentiale

Im Bereich der **KI-gestützten Prozessautomatisierung und -optimierung** ergeben sich Potentiale durch überwachte und unüberwachte Lernverfahren. Unüberwachte KI-Verfahren ermöglichen die Analyse von Daten, die neue Einsichten generieren können. Diese Einsichten können helfen, Prozesse in Bezug auf ihre Kosten zu optimieren. Predictive-Maintenance-Anwendungsfälle nehmen zum Beispiel häufig Bilder, Töne und Vibrationen von Maschinen auf und versuchen in den Daten sogenannte Anomalien zu erkennen. Anomalien sind unbekanntes Verhalten, welches erkannt werden kann, indem viele Daten genutzt werden, um das normale Verhalten zu berechnen. Durch überwachte Lernverfahren können Aufgaben automatisiert werden, wenn *gelabelte* Daten vorliegen. Hierdurch sind Prozesse automatisierbar, bei denen dies vorher nicht möglich war. Bisher gab es zu vielen Phasen der automobilen Wertschöpfungskette Daten und Informationen. Diese liegen aber teilweise noch nicht in digitaler Form vor (zum Beispiel nur in Form von papierbasierten Reports). Da die Digitalisierung stets voranschreitet, liegen immer mehr Daten digital vor. Ein weiteres gutes Beispiel für eine KI-gestützte Prozessautomatisierung und -optimierung ist die simulationsbasierte Absicherung in der Forschung und Entwicklung. Hier könnten zum Beispiel Crash Tests auf neuen Fahrzeugmodellen rein simulativ ablaufen, ohne dass echte Fahrzeugprototypen zerstört werden.

Darüber hinaus gibt es Umsatzpotentiale im Bereich **digitale Dienste: Fahrer/Fahrzeug.** Auch hier können Daten und KI hervorragend eingesetzt werden, um intelligente und kundenzentrische Dienste zu entwickeln. Dienste in diesem Bereich haben vor allem strategische Relevanz. Auch wenn sie anfangs eventuell nicht viel Umsatz und Rendite generieren werden, sind sie dennoch ein wichtiger Punkt, um langfristig im Markt erfolgreich zu bleiben. Das autonome Fahren ist sicherlich ein Dienst, der die Fahrzeugnutzung revolutionieren wird, da man selbst gar nicht fahren muss. Dies schenkt dem Fahrer viel Zeit für andere Sachen wie zum Beispiel Zeitunglesen oder Bearbeitung von E-Mails und wertet das Kundenerlebnis entscheidend auf. Aber es müssen nicht immer Dienste im Fahrzeug sein. Genauso könnten Automobilhersteller Daten nutzen, um eine Cross- und Upselling-Funktion aufzubauen. Ähnlich wie bei Amazon bekäme der Kunde Funktionen oder Produkte empfohlen, die eventuell andere Kunden gekauft haben. Dies könnte ein spannendes Feature in den noch meist sehr altertümlichen Fahrzeugkonfiguratoren der Automobilhersteller sein und verspricht auf jeden Fall zusätzlichen Umsatz.

Das größte, aber auch unsicherste Umsatzpotential versprechen **neue Märkte**. Zu dem Zeitpunkt, zu dem Level-4- oder -5-Funktionen des autonomen Fahrens in der Fläche im urbanen Raum zur Verfügung stehen, werden neue Geschäftsmodelle im Bereich von Mobilitätskonzepten rentabel sein und die Wertschöpfungskette grundlegend verändern. So könnten dann digitale Dienste aufkommen, die auf Abruf verfügbare, fahrerlose Pkw oder Shuttles anzeigen. Diese könnten die Mobilitätsnachfrage in Echtzeit abdecken. Speziell durch den Entfall des Fahrers solcher Shuttles ergeben sich Einsparungen für den Betreiber in Höhe von ca. 30.000 bis 40.000 EUR pro Fahrer pro Jahr. Dadurch werden Geschäftsmodelle rentabel, von denen es vorher keiner dachte. Kaffeeketten wie Starbucks könnten nun zum Beispiel solche Shuttles anbieten, um dadurch ihren Kaffee zu verkaufen. Es sind noch zahlreiche andere Freemium-Modelle dieser Art denkbar, wo Mobilität quasi kostenlos weggegeben wird, um einen Upsell auf ein anderes Produkt zu ermöglichen. Ebenso können Level-4/5-Fahrzeuge flexibel dort eingesetzt werden, wo der öffentliche Nahverkehr nicht wirtschaftlich ist. Auch dieses eröffnet Raum für neue Geschäftsmodelle. Wichtig hierbei ist eine sinnvolle Integration in den öffentlichen Nahverkehr. Vor allem das Ride-Sharing oder auch Ride-Pooling, das heißt die effiziente Bündelung einzelner nachgefragter Fahrten, wodurch die Anzahl der verwendeten Fahrzeuge zu einem gegebenen Zeitpunkt verringert werden kann, ist eine interessante Funktion, um die CO_2-Belastung in Städten zu reduzieren.

Die Automobilindustrie durchläuft gerade eine Disruption und keiner weiß, wie sie in 5 bis 10 Jahren aussehen wird, aber jeder denkt, dass Mobilitätsdienste eine wichtige Rolle spielen werden. Der Mobilitätsmarkt wird im Jahr 2025 ungefähr eine Größe von 380 Mrd. US Dollar alleine in den USA haben. KI kann hier zum Beispiel genutzt werden, um Flotten anzubieten, die eine minimale Ausfallzeit haben werden. Nehmen wir etwa an, dass Automobilhersteller der Zukunft Flotten an Städte oder Kommunen verkaufen

werden, könnte dies sicherlich ein spannendes Differenzierungs-
merkmal sein.

Die Disruption wird sicherlich kommen und KI und Daten werden einen wesentlichen Beitrag dazu leisten. Dies hat Amazon in
den letzten Jahre beeindruckend bewiesen. Das gesamte Geschäftsmodell basiert auf Daten, die kontinuierlich genutzt werden, um
mit KI das Kundenerlebnis zu verbessern und neue Geschäfts-
ideen zu entwickeln. In Kap. 6 schauen wir uns explizit für jeden
der obigen drei Bereiche Anwendungsfälle an, die ein Teil dieser
Disruption sein werden.

Literatur

1. Kastl, W. Neuwagenkäufer über 60: männlich, markentreu, mobil.
   (DPA).   https://www.t-online.de/auto/neuvorstellungen/id_84304022/
   neuwagenkaeufer-ueber-60-maennlich-markentreu-mobil.html. Zugegriffen: 18. Aug. 2019.
2. Bertoncello, M. Setting the framework for car connectivity and
   user experience. McKinsey Quarterly. https://www.mckinsey.com/
   industries/automotive-and-assembly/our-insights/setting-the-framework-
   for-car-connectivity-and-user-experience. Zugegriffen: 18. Aug. 2019.
3. La Rocco, N. Hardware-Upgrade: Alle neuen Tesla können vollständig autonom fahren. https://www.computerbase.de/2016-10/hardware-
   upgrade-tesla-autonom-fahren/. Zugegriffen: 18. Aug. 2019.
4. Brockman, G. Scale.ai.: The data platform for AI. https://scale.com. Zugegriffen: 18. Aug. 2019.
5. Zimmer, H. (1990). PROMETHEUS – Ein europäisches Forschungspro-
   gramm zur Gestaltung des künftigen Straßenverkehrs. In: Forschungsgesell-
   schaft für Straßen- und Verkehrswesen: Straßenverkehrstechnik. Bd. 34/1.
6. Cacilo, A., Schmidt, S., Wittlinger P., et al. Hochautomatisiertes Fahren
   auf Autobahnen – Industriepolitische Schlussfolgerungen, Fraunhofer
   Institut für Arbeitswirtschaft und Organisation IAO. 2012. https://www.
   bmwi.de/Redaktion/DE/Downloads/H/hochautomatisiertes-fahren-auf-
   autobahnen.pdf. Zugegriffen: 18. Aug. 2019.
7. CNNMoney. Waymo tests self-driving cars without safety drivers. https://
   www.youtube.com/watch?v=WxZDc2BTQh4. Zugegriffen: 18. Aug.
   2019.
8. SAE. SAE – Society of automobil engineers, standard J3016: Taxonomy
   and definitions for terms related to on-road motor vehicle, automated driving systems. https://web.archive.org/web/20161120142825/http://www.
   sae.org/misc/pdfs-/automated-_driving.pdfs. Zugegriffen: 18. Aug. 2019.

9. Grimm, M., & Tulloch, J. Allianz Risk Pulse, Leben in der Megastadt: Wie die größten Städte der Welt unsere Zukunft prägen. AllianzSE. https://www.allianz.com/v_1448643925000/media/press/document/Allianz-_Risk-_Pulse-_Megacitys-_20151130-DE.pdf. Zugegriffen: 18. Aug. 2019.

10. Dobbs, R., Manyika, J., & Woetzel, J. (2015). *No ordinary disruption: The four global forces breaking all trends.* New York: PublicAffairs.

11. Seeberger, M. (2016). Der Wandel in der Automobilindustrie hin zur Elektromobilität – Veränderungen und neue Wertschöpfungspotenziale für Automobilhersteller. https://www1.unisg.ch/www/edis.nsf/SysLkpByIdentifier/4563/$FILE/dis4563.pdf. Zugegriffen: 18. Aug. 2019.

12. Thielmann, A., Sauer, A., & Wietschel, M. (2015). Produktroadmap Energiespeicher für die Elektromobilität 2030. Fraunhofer Institut für System- und Innovationsforschung ISI; Karlsruhe. http://www.isi.fraunhofer.de/isi-wAssets/docs/t/de/publikationen/PRM-ESEM.pdf. Zugegriffen: 18. Aug. 2019.

13. Thielmann, A., Sauer, A., & Wietschel, M. (2018). Artificial Intelligence – Automotive's New Value-Creating Engine. McKinsey & Company. https://www.mckinsey.com/~/media/McKinsey/Industries/Automotive%20and%20Assembly-/Our%20Insights/Artificial-%20intelligence-%20as%20auto%20companies-%20new%20engine-%20of%20value/Artificial--intelligence--Automotives--new--value--creating-engine.ashx. Zugegriffen: 18. Aug. 2019.

14. VDI. (2015). Elektromobilität – das Auto neu denken, Bundesministerium für Bildung und Forschung, Redaktion VDI Technologiezentrum GmbH. https://www.bmbf.de/pub/elektromobilitaet_das_auto_neu_denken.pdf. Zugegriffen: 18. Aug. 2019.

15. Volkswagen AG – Mobility for generations to come (Annual report 2019). (2019). https://www.volkswagenag.com/presence/investorrelation/publications/annual-reports/2020/volkswagen/Y_2019_e.pdf.

Einsatz von KI in der neuen Wertschöpfungskette

6

Zusammenfassung

In diesem Kapitel schauen wir uns eine Vielzahl von Anwendungsfällen an, die hinsichtlich KI und Daten für die Automobilindustrie Relevanz haben. Dies reicht von Use-Cases zur Optimierung der Kosten in bisherigen Stufen in der automobilen Wertschöpfungskette bis hin zu Use-Cases im Fahrzeug zur Verbesserung des Kundenerlebnisses oder neuen Geschäftsmodellen, mit denen Geld verdient werden kann. Alle Anwendungsfälle sind in jedem Unterkapitel tabellarisch dargestellt und bewertet. Dabei sind sie hinsichtlich Potential (Kosteneinsparungen bzw. Umsatzpotential), Aufwand in Bezug auf die Modellierung und Integration und ihrer Datenanforderungen bewertet worden.

6.1 Methode zur Bewertung der Use-Cases

Alle Use-Cases werden von uns (das meint explizit mich als Autor, ist aber im Plural geschrieben) hinsichtlich folgender Aspekte bewertet:

- Potential
- Modellierung

© Der/die Herausgeber bzw. der/die Autor(en), exklusiv lizenziert   159
durch Springer Fachmedien Wiesbaden GmbH, ein Teil von
Springer Nature 2021
M. Nolting, *Künstliche Intelligenz in der Automobilindustrie*,
Technik im Fokus, https://doi.org/10.1007/978-3-658-31567-2_6

- Integration
- Daten

Das **Potential** hinsichtlich Kosteneinsparungen bzw. Umsatz ist eine sehr subjektive Einschätzung. Anwendungsfälle mit geringem Potential bewerten wir mit einem einfachen X (X). Dies sind sogenannte *nice-to-have* Use-Cases, die für das Unternehmen nicht überlebenswichtig sein werden. Anwendungsfälle mit einem mittelgroßen Potential erhalten von uns zwei X (XX). Diese könnten ein klarer Wettbewerbsvorteil sein. Anwendungsfälle mit drei X (XXX) werden unserer Meinung nach einen hohen Business-Impact auf die Automobilindustrie haben.

Die **Modellierung** soll ein grober Indikator dahingehend sein, wie wir die Komplexität hinsichtlich des Aufsetzens eines ersten Minimal Viable Products (MVP) einschätzen. Einen einfachen Demonstrator hinsichtlich eines Use-Cases kann man sicherlich auch mit weniger Aufwand aufsetzen. Use-Cases mit geringer Komplexität haben ein (X) und erfordern hauptsächlich Datenprozessierung, statistische Verfahren und einfache KI-Verfahren. Mittlere Komplexität ist mit zwei (XX) bezeichnet und umfasst Use-Cases, die komplexer sind aufgrund der zugrunde liegenden Daten. Dies können zum Beispiel Kartendaten oder aufwendige Unternehmensdaten sein. Hohe Komplexität besteht beim Einsatz komplexer KI-Verfahren wie zum Beispiel neuronaler Netze und Optimierungsverfahren. Alle Use-Cases mit einer hohen Modellierungskomplexität sollten durch einen simplen Demonstrator im Vorfeld validiert werden, um das Risiko frühzeitig bewerten zu können. Use-Cases mit geringer bzw. mittlerer Modellierungskomplexität können sofort angegangen werden.

Die **Integration** beurteilt grob, wie wir den Integrationsaufwand des Use-Cases einordnen, um den MVP in die IT-Welt des Automobilherstellers zu integrieren. Anwendungsfälle mit geringer Integrationskomplexität sind mit einem (X) versehen. Solche Services könnten zum Beispiel als eigenständiger Web-Service oder automatisierter Report realisiert werden. Use-Cases mit mittlerer Komplexität (XX) erfordern eine graphische Schnittstelle oder etwas Vergleichbares, das eigenständig realisiert werden kann (zum Beispiel eine Website). Hohe Komplexität (XXX) erfordert einen Eingriff in ein bestehendes Interface wie zum Beispiel ein Navigationssystem im Fahrzeug oder ein bestehendes Kundenmanagement-System im Vertrieb wie Salesforce.

Anforderungen bzgl. der **Daten** geben einen Hinweis, wie viele Daten erforderlich sind, um den Use-Case aufzusetzen. Bei (X) reichen einzelne Datensätze bis zu 500 Stück. Bei (XX) sind Daten in höherer Anzahl (zum Beispiel von einer Fahrzeugflotte oder von einem Produktionssystem) erforderlich (bis zu 15.000 Datensätze). Alles darüber beinhaltet Use-Cases, für welche die gesamte verfügbare Datenmenge des Automobilherstellers in dem jeweiligen Umfeld genutzt werden sollte (zum Beispiel der gesamten Fahrzeugflotte, alle Produktionsdaten etc.).

6.2 Prozessautomatisierung und -optimierung

Im Rahmen der Prozessautomatisierung und -optimierung beleuchten wir jede Phase in der automobilen Wertschöpfungskette.

6.2.1 Forschung und Entwicklung

In der Forschung und Entwicklung gibt es zahlreiche Use-Cases zur Prozessautomatisierung und -optimierung. Die wichtigsten schauen wir uns jetzt an (Tab. 6.1).

Virtuelle Fahrzeugentwicklung: Zu einem großen Teil wird die virtuelle Fahrzeugentwicklung bereits heutzutage von vielen Automobilherstellern genutzt. Hierbei werden CAD-Modelle und Simulationen gefahren, die häufig physikalische Modelle im Bereich der Mechanik, Strömungs-, Schwingungs- und Wärmelehre und Akustik simulieren. Auch hier hat die zunehmende Rechenkapazität geholfen, komplexe Simulationsmodelle auf Basis der sehr rechenintensiven Finite-Elemente-Methode [4] ausführen zu können. Darüber können ganze Bauteile simuliert und es kann schnell bewertet werden, welchen Einfluss eine Änderung eines Bauteils hat. Anstatt zum Beispiel ein weiteres Bauteil in ein Fahrzeug hineinzubringen (beispielsweise Verbau hinter dem Fahrersitz) und mittels eines echten Prototypenbaus herauszufin-

Tab. 6.1 Anwendungsfälle mit Bewertung für die Forschung und Entwicklung

Name	Potential	Modellierung	Integration	Daten
Virtuelle Fahrzeugentwicklung	XXX	XXX	X	X
Virtuelle Fahrzeugabsicherung	XXX	X	XX	XXX
Erhebung von Nutzungsdaten im Feld zur Bauteildimensionierung	XX	X	XXX	X
Verschleiß-/Ausfall- bzw. Fehlererkennung	XX	XXX	XX	XX
Änderungskostenanalyse von Bauteilen für den Fertigungsprozess	XX	XX	XX	XXX
Automatische Dokumentation von Entwicklungsdaten und Enterprise-Search	X	X	X	XX
Kreative KI fürs Fahrzeugdesign	XX	XX	X	XXX

den, ob und gegebenenfalls wie stark sich dieses Bauteil über einen gewissen Grenzwert erwärmt und zu einer potentiellen Gefahrenquelle für Feuerentwicklung wird, kann dieser Prozess vollständig simuliert werden. Darüber bekommen Entwickler schneller Ergebnisse und die Kosten werden stark reduziert. Darüber hinaus können zahlreiche Simulationen mit Varianten des zu untersuchenden Bauteils gestartet werden. Hierüber ist es möglich, eine ganze Parameterstudie durchzuführen. Das beste Ergebnis gewinnt dann. Hier handelt es sich somit um eine klassische Optimierung. Anstatt eben einen Prototyp aufzubauen, der normalerweise zwischen EUR 50.000 und EUR 100.000 liegt, kann eine Simulation gestartet werden, die einen Bruchteil dessen kostet.

Virtuelle Fahrzeugabsicherung Die virtuelle Fahrzeugsabsicherung wird immer wichtiger zur Absicherung des autonomen Fahrens und neuer Software-Releases im Fahrzeug. Da die Entwicklungszyklen immer kürzer werden und die System-Komplexität zunimmt, kann nicht mehr rein über echtes Fahren abgesichert werden. Unternehmen wie UBER und Tesla sammeln große Datenmengen von mit Fahrzeugloggern aufgenommenen Testfahrten, um diese bei jeder Software-Änderung ihrer Algorithmen virtuell abfahren zu lassen. Dort gibt es dann Stadtfahrten, Kreuzungsüberquerungen, Autobahnfahrten und viele Szenarien mehr, auf die man den neu entwickelten Algorithmus (zum Beispiel fürs autonome Fahren) loslassen kann. Da es immer wichtiger wird, in immer kürzerer Zeit eine akzeptable Testabdeckung zu erreichen, bleibt als einzige Option die virtuelle Fahrzeugabsicherung. Über die virtuelle Fahrzeugabsicherung können Prototypen und Testfahrer eingespart werden. Die Potentiale sind damit auch hier hoch.

Erhebung von Nutzungsdaten im Feld zur Bauteildimensionierung Durch die stetig ansteigende Vernetzung von Fahrzeugen liegen den Automobilherstellern auch immer mehr reale Nutzungsdaten von echten Kunden vor. Misst man jetzt das reale Kundenverhalten (zum Beispiel wie häufig und wie stark gebremst wird, wie häufig der Kofferraum geöffnet wird etc.), kann man die eingebauten Bauteile besser dimensionieren und auch die Testmethodik besser an das reale Kundenverhalten anpassen. Viele Automobilhersteller betreiben ein klassisches *Übertesten,* das heißt, sie testen die Fahrzeuge wesentlich konservativer, als nötig ist. Durch die Übertragung von Nutzungshistogrammen aus dem Fahrzeug (sogenannte Klassierungen) sind der Kommunikationsbedarf und die Kosten gering. So muss zum Beispiel über einen Tag verteilt nicht jedes Mal eine Nachricht geschickt werden, wenn gebremst wird, sondern dies wird über den ganzen Tag zusammengezählt und dann nur eine Zahl übertragen. Je stärker der Automobilhersteller mit seinen Testverfahren und der Bauteildimensionierung an das reale Kundenverhalten herankommt, desto größer sind die Einsparpotentiale.

Verschleiß-/Ausfall- bzw. Fehlererkennung Verschleiß und Ausfall von Bauteilen können dem Automobilhersteller hohe Kosten verursachen – speziell wenn es in den Zeitraum der Gewährleistung fällt. Je weniger gut abgetestet ein Fahrzeug ist oder je stärker die Testpläne vom realen Kundenverhalten abweichen, desto höher ist das Risiko, dass Bauteile eventuell ausfallen. KI-Verfahren können hier helfen, Verschleiß, Ausfälle und Fehler rechtzeitig zu erkennen und einen Werkstattbesuch vorzuschlagen, bevor das Bauteil wirklich kaputt geht. So ist es schon heutzutage möglich, auf Basis der CAN-Fahrzeugdaten Ausfälle vorherzusagen, die bisher aufwendig getestet werden mussten. Ein gutes Beispiel hierfür ist die *Versottung* des Abgasrückführungsventils. Immer strengere Gesetze machen es notwendig, die Abgasemissionen weiter zu senken. Dies gilt sowohl für Diesel- als auch für Benzinmotoren. Mit Hilfe der sogenannten Abgasrückführung wird der Ausstoß an Stickoxiden gesenkt. Bei Benzinmotoren wird im Teillastbereich außerdem der Kraftstoffverbrauch reduziert. Ein klassisches Problem des Abgasrückführungsventils ist allerdings, dass es *versottet*. Durch Ölnebel und Ruß aus dem Abgas versottet das Ventil und der Querschnitt der Ventilöffnung verkleinert sich im Laufe der Zeit, bis hin zum kompletten Verschluss. Dadurch bedingt sinkt ständig die zurückgeführte Abgasmenge, was sich im Abgasverhalten widerspiegelt. Die hohe thermische Belastung begünstigt diesen Vorgang noch. Es ist möglich, ohne eine kostenintensive Messmethodik diese Versottung lediglich durch Nutzung von Fahrzeugdaten zu prädizieren. Ebenso gibt es Modelle, um den Verschleiß von Diesel-Partikelfiltern zu erkennen. Je weniger Bauteilausfälle ein Automobilhersteller im Gewährleistungszeitraum hat, desto geringer sind die Kosten.

Änderungskostenanalyse von Bauteilen für den Fertigungsprozess Ein Fahrzeug besteht aus tausenden von Bauteilen. Je geringer die Kosten für die Bauteile sind, desto günstiger kann ein Fahrzeug hergestellt werden und desto besser ist die Marge beim Automobilhersteller. Besonders die Auswahl und Analyse von Bauteilen für ein Fahrzeug stellen ein spannendes Optimierungsproblem dar. Hat man jetzt für ein bestehendes Bauteil einen Zulieferer gefunden, kann es immer wieder passieren, dass man dieses Bauteil doch noch ändern muss (zum Beispiel durch ein alternatives Bauteil oder weil sich die Anforderungen geändert haben). Dies kann geplant oder ungeplant stattfinden. Änderungen sind definiert als alle nachträglichen Anpassungen von freigegebenen, das heißt verbindlich festgelegten Arbeitsergebnissen [1]. Sie beinhalten immer eine Änderung der technischen Dokumentation bzw. Datenbasis, schließen aber auch alle damit zusammenhängenden Produkt- und Prozessänderungen mit ein. Nach gültigen Normen sind Änderungen prüfungs-, genehmigungs- und dokumentationspflichtig [2]. Auch wenn das Produktmodell im Vordergrund des klassischen Änderungswesens steht, müssen Prozesse aufgrund der engen Verzahnung in die Betrachtung einbezogen werden. Ein Prozess kann ähnlich einem Produkt für Änderungen verantwortlich und ebenso Gegenstand der Änderung selbst sein. Änderungen können nicht nur im Anlauf, sondern während des gesamten Produktlebenszyklus, auch in den dem Entwicklungsprozess nachgelagerten Phasen auftreten. Um dieses bewerten zu können, müssen alle Änderungen beim Automobilhersteller gespeichert und in eine KI hineingefüttert werden. Auf Grundlage dieser Datenbasis könnten dann zukünftige Änderungen ins Verhältnis zu bisherigen Änderungen gesetzt werden, um eine Prognose zu bekommen, wie hoch die Änderungskosten sein könnten. Jedes Fahrzeugprojekt hat ungefähr 1000 bis 100.000 Änderungen, mit denen es umgehen muss, wobei jede Änderung bei tausenden von Euro liegen kann. Diesen Prozess mit KI beherrschbar und systematisierbar zu machen, kann sehr hohe Kosteneinsparungen verursachen.

Automatische Dokumentation von Entwicklungsdaten und Enterprise-Search Ein Fahrzeugprojekt ist eines der kompliziertesten Projekte, welche man sich vorstellen kann. Es werden tausende Seiten von Spezifikationen erzeugt, die sich jederzeit ändern können. Ebenso gibt es tausende von Änderungen, nachdem die Spezifikation eigentlich bereits abgeschlossen ist. Diese ganzen Daten durchsuchbar zu machen und den bisherigen Ablauf nachvollziehen zu können, birgt ebenso hohe Kostenpotentiale. Wenn man sich die Google-Suche anschaut, erscheint es einem so einfach, eine gute Suche zu implementieren, aber das ist nicht so.

Heutzutage liegen viele solcher Daten noch auf Unternehmensfestplatten. Diese sind mehr oder weniger nur schlecht durchsuchbar und auch nicht miteinander verlinkt. KI kann helfen diese Probleme zu lösen und verwandte Dokumente zu verlinken. Ebenso kann es dabei unterstützen, Dokumentarten zu erkennen und sie Themen zuzuordnen.

Kreative KI fürs Fahrzeugdesign: KI kann helfen, das Design neuer Fahrzeugmodelle zu berechnen. Mittlerweile sind Neuronale Netze in der Lage, auf Basis gelernter Designs ähnliche neue Designs zu berechnen. So ist es zum Beispiel möglich, alle bisherigen Fahrzeugmodelle in so ein Netz hineinzufüttern und zu sagen, man möchte ein Design haben, in dem das letzte Geländewagen- mit dem letzten Sportwagenmodell gekreuzt werden soll. Darüber können unendlich viele Mischformen erzeugt werden. Über solche Verfahren ist die Computer-Spieleindustrie bereits heute in der Lage, im selben Zeitraum, in dem damals Designer eine Computerwelt designt haben, jetzt Millionen bis Milliarden unterschiedlicher Welten zu erzeugen [3]. Genauso kann auch die Automobilindustrie davon profitieren. Das Design der Zukunft wird immer mehr durch KI unterstützt werden.

6.2.2 Beschaffung

In der Beschaffung stehen eine Vielzahl von internen Daten über Einkaufspreise, Zulieferer, Rabatte, Liefertreue, Stundensätze, Rohmaterialspezifikationen und weitere Informationen zur Verfügung. Eine Berechnung von Kennzahlen für die Lieferantenbewertung und damit ein Ranking von Lieferanten ist dadurch leicht durchführbar. Mit Hilfe von KI-Verfahren aus dem Bereich des überwachten Lernens können die verfügbaren Datensätze genutzt werden, um zum Beispiel Prognosen zu berechnen und wesentliche charakteristische Merkmale zu Lieferanten zu identifizieren, die die Performance-Kriterien am stärksten beeinflussen. Ebenso kann auch die Liefertreue prädiziert werden.

Neben internen Daten können auch externe Daten genutzt werden, die öffentlich verfügbar oder käuflich zu erwer-

Tab. 6.2 Anwendungsfälle mit Bewertung für die Beschaffung

Name	Potential	Modellierung	Integration	Daten
Aufbau eines selbstoptimierenden unternehmensweiten Data Lake mit Einkaufsdaten	XXX	XXX	XXX	XXX
Predictive Procurements	XX	XX	X	X
Digitaler Einkaufsassistent	XX	XXX	XX	X
Automatisierter Compliance Check	XX	XX	X	XXX
Vergleichbarkeit von Dokumenten	X	X	XX	XXX
Prädiktion Liefertreue	XX	XX	XX	XXX
Lieferanten-Scorecard	XXX	XXX	XX	XXX

ben sind. Hierzu gehören Daten wie zum Beispiel Wechselkurse, Rohstoffpreise, Informationen zu Dienstleistern wie zum Beispiel Kreditwürdigkeit und viele mehr (Tab. 6.2).

Aufbau eines selbstoptimierenden unternehmensweiten Data Lake mit Einkaufsdaten Die Beschaffung von Automobilherstellern generiert jeden Tag eine hohe Anzahl an internen Einkaufsdaten, die teilweise Diskrepanzen aufweisen. Speziell bei international agierenden Konzernen wird die Beschaffung teilweise dezentral durch Niederlassungen im jeweiligen Land gesteuert, so dass die Datenbasis im Gesamtunternehmen nicht immer homogen ist. Mit Hilfe von KI-Verfahren zur Harmonisierung dieser Daten kann eine konsolidierte und konsistente Datenbasis geschaffen werden, die in Echtzeit aktuell gehalten wird. Dadurch ergeben sich hohe Einsparpotenziale (zum Beispiel durch Volumenbündelung) und Kostentreiber (wie zum Beispiel Maverick Buying und Engpässe) können identifiziert werden. Dies kann ein starker Wettbewerbsvorteil werden, weist aber hohe Komplexitäten hinsichtlich Modellierung, Integration und Datenanforderungen auf.

Predictive Procurement Durch die hohe und von außen einwirkende Dynamik (Währungsrisiken, volatile Rohstoffpreise) muss der Einkauf schnell reagieren, ohne dabei vermeidbare Fehler zu begehen. Mittels einer vernetzten Datenbasis auf Basis externer Informationen können entscheidende Informationen in Echtzeit verwendet werden, sodass die Reaktionsgeschwindigkeit im Einkauf erhöht werden kann. Predictive Procurement hat zum Ziel, die Zukunft mit ihren Risiken (wie zum Beispiel Währungsrisiken) zu prognostizieren und diese im Einkaufsverhalten des Unternehmens zu berücksichtigen. Dadurch wird die Planungssicherheit im Unternehmen und bei den Zulieferern erhöht. Mit Hilfe einer zuverlässigen, datengetriebenen Einkaufsplanung können relevante Kennzahlen im Unternehmen verlässlich abgeleitet und so kann vorausschauend im Rahmen eines Predictive Procurements gehandelt werden. Hier entsteht eine potentielle Kostenersparnis durch eine Reduzierung der Risiken für das Unternehmen.

Digitaler Einkaufsassistent Digitale Einkaufsassistenten können den Beschaffer im kompletten Einkaufsprozess unterstützen. Zum einen kann man ihn wie einen Chat-Bot verstehen, der automatisiert Dienstleister anschreiben kann, um Preisverhandlungen einen Schritt weiterzutreiben, ebenso kann er zum anderen automatisiert für den Beschaffer Angebote zusammenstellen, auswerten und mit alten Angeboten abgleichen. Auf Basis intern und extern verfügbarer Datenquellen kann er ebenso eine Vergabe an einen Lieferanten vorschlagen. Hier entsteht eine Kostenersparnis, da der Beschaffer in jeder Phase des Einkaufsprozesses effizient unterstützt wird.

Automatisierter Compliance Check Einkaufsdokumente und Angebote müssen compliant, das heißt gemäß den im Unternehmen geltenden Regeln, sein. Hier kann KI insofern unterstützen, als es Beschaffern hilft, Angebote compliant zu verfassen. Auf Basis vieler bisher erfolgreich und compliant geschriebener Angebote kann ein neuronales Netz trainiert werden. Dieses kann dann wiederum dafür genutzt werden, um in Echtzeit Beschaffer beim Verfassen von Angeboten zu unterstützen. Genau dasselbe Verfahren kann auch verwendet werden, um Angebote zu bewerten und Anbietern schnell Rückmeldung zu geben, wo Nachbesserungen nötig sind. Hier entsteht eine Kosteneinsparung durch Prozessoptimierung, da unnötiger Kommunikationsaufwand und Nachbearbeitung reduziert werden.

Vergleichbarkeit von Dokumenten Die automatische Auswertung von Dokumenten hat in der Beschaffung eine hohe Relevanz. Viele Informationen kommen auch in Dokumentenform herein. Eine Übersetzung dieser Dokumente in Text ermöglicht die automatisierte Auswertung. Hierüber können dann zum Beispiel auch ähnliche Dokumente gefunden werden. Dies führt dazu, dass man eine Vergleichbarkeit erreicht, wodurch der Beschaffer unterstützt wird, indem er auf historisches Wissen zugreifen kann. Hier entsteht eine Kostenersparnis, indem der Einkäufer schneller entscheidungsfähig ist.

Prädiktion Liefertreue Liefertreue ist ein wesentlicher Aspekt für einen Lieferanten, um das Risiko eines Ausfalls bewerten zu können. Auf Basis bisheriger Liefertermine und öffentlicher Daten zu dem Lieferanten bzw. anderen Lieferanten können Vergleiche angestellt und die Liefertreue von (neuen) Dienstleistern kann prädiziert werden. Dazu kann man Verfahren einsetzen, um auf allen verfügbaren internen und externen Daten die relevanten Parameter herauszufinden. Im nächsten Schritt können dann verfügbare Daten für das Training genutzt werden, um auf dieser Basis ein Modell zu entwickeln. Hier entsteht eine Kostenersparnis durch die Reduzierung des Unternehmensrisikos.

Lieferanten-Scorecard Neben der Lieferantentreue kann ein übergreifender Lieferanten-Score helfen, Lieferanten zu bewerten und rechtzeitig Risiken zu managen. Termintreue, Qualität, Anzahl der Reklamationen, Preisgestaltung gegenüber Wettbewerbern, Service-Level-Status, Umgang mit Sonderwünschen sind neben weiteren Aspekten wichtige Kriterien, die einem Lieferanten Profil verleihen. Für den Einkauf gilt es, Leistungsstärken und -schwächen bzw. Probleme zeitnah sichtbar zu machen, Ursachen zu analysieren und umgehend Maßnahmen hierzu einzuleiten. KI-Verfahren können helfen, relevante Parameter zu identifizieren und eine Echtzeit-Scorecard aufzubauen. Auf Basis einer solchen Sco-

recard können auch neue, ähnliche Dienstleister im Internet automatisiert gefunden werden.

6.2.3 Logistik und Produktion

Im Logistikbereich kann man zwischen Beschaffungs-,
Produktions-, Distributions- und Ersatzteillogistik unterscheiden
(Tab. 6.3).

Beschaffungslogistik In der Beschaffungslogistik wird die Pro-
zesskette vom Wareneinkauf bis zum Transport des Materials zum
Eingangslager in Betracht gezogen. Im Wareneinkauf liegen aus
der Beschaffung zahlreiche historische Preisinformationen vor.
Diese können zur Erstellung von Preisprognosen, zur Schätzung
der Liefertreue sowie zur Bewertung von Lieferanten genutzt werden. Der interessante Aspekt der Beschaffungslogistik ist, den
Transport hinsichtlich seiner Kosten zu optimieren. Hier können
klassische Optimierungsverfahren genutzt werden, um zum Beispiel die Ausnutzung von Transportkapazitäten zu optimieren und

Tab. 6.3 Anwendungsfälle mit Bewertung für die Logistik und Produktion

Name	Potential	Modellierung	Integration	Daten
Beschaffungslogistik	XX	XX	XX	XX
Produktionslogistik	XXX	XX	XX	XXX
Distributionslogistik	X	X	X	X
Ersatzteillogistik	X	XX	XX	XX
Optimierung der Liefe-rantenkette	XXX	XXX	XXX	XXX
KI-basierte Optimierung des Fertigungsprozesses durch Parameter-Moni-toring	XXX	XXX	XXX	XXX
Predictive Maintenance/Zero-Downtimes	XXX	XX	XXX	XX
Visuelle Inspektion	XX	X	XX	XX

ideal zu planen. Ebenso ist entscheidend, wann eine Bestellung ausgelöst wird und bis wann eine Ware ankommt. Hier können KI-Verfahren eingesetzt werden, um die Waren in Echtzeit zu verfolgen und sogenannte Anomalien, das heißt Abweichungen vom bisherigen Systemverhalten, zu erkennen.

Produktionslogistik Ähnliches, was für die Beschaffungslogistik gilt, ist auch für die Produktionslogistik gültig. Sie beschäftigt sich mit der Planung, Steuerung und Kontrolle der innerbetrieblichen Transport-, Umschlag- und Lagerprozesse. Hier ist es wichtig, Engpässe zu identifizieren, Lagerbestände zu optimieren und zeitliche Aufwände zu minimieren. Zur Optimierung des innerbetrieblichen Transportes können KI-gestützte autonome Transportfahrzeuge eingesetzt werden, die ähnliche Algorithmen wie autonome Fahrzeuge einsetzen. Die Vorhersage von Lieferungen, um Lagerbestände und Engpässe zu schätzen, ist wichtig, um unnötige Lagerkosten zu reduzieren und die logistische Komplexität zu reduzieren. Bei Überbestand fallen zusätzliche Lagerkosten an, bei Unterbestand zusätzliche Personalkosten und bei Nicht-Bestand erfolgt ein Abriss der Produktion. Hier gibt es ein jährliches Kostenpotential im mindestens 6-stelligen Bereich. Aktuell nehmen Automobilhersteller häufig noch Lieferungen an, ohne diese mit der ursprünglichen Bestellung abzugleichen. KI-Verfahren können helfen, dies zu automatisieren.

Distributionslogistik Die Distributionslogistik ist verantwortlich für die Überführung von Neuwagen und Gebrauchtwagen an den Kunden. Da hier Kosten und Liefertreue im Vordergrund stehen, sind alle Teilkomponenten der multimodalen Lieferkette zu berücksichtigen. Diese kann Bahn, Schiff und Lkw umfassen. Ebenso beinhaltet es die optimale Kombination von einzelnen Fahrzeugen auf einem Lkw. Hinsichtlich der Gebrauchtwagenlogistik kann durch KI-Verfahren die Zuteilung von Fahrzeugen auf einzelne Verkaufskanäle (wie Auktionen, Internet) auf der Basis einer geeigneten, fahrzeugspezifischen Restwertprognose optimiert werden. Hierüber kann der Gesamtverkaufserlös maximiert werden. Dies wurde von General Motors unter Berücksichtigung einer Prognose des jeweils zu erwartenden fahrzeugspezifischen Verkaufserlöses bereits 2003 umgesetzt.

Ersatzteillogistik In der Ersatzteillogistik, also der Bereitstellung von Ersatzteilen und deren Lagerhaltung, ist vor allem die Prädiktion der jeweiligen Anzahl vorzuhaltender Ersatzteile, in Abhängigkeit vom Modellalter und Modell (bzw. verkauftem Volumen), ein spannender Use-Case, bei dem man KI einsetzen kann. Auch hiermit können die Lagerkosten erheblich gesenkt werden. Für diesen Bereich treffen ähnliche Use-Cases und Optimierungspotentiale zu wie für die Beschaffungslogistik.

Optimierung der Lieferantenkette Wie die obigen Use-Cases zeigen, besteht in der Logistik ein großes Optimierungspotential hinsichtlich der Vorhersage der Einhaltung von Lieferprozessen. Hier müssen KI-Verfahren mit Simulationen gekoppelt werden, da der komplette Prozess nicht durch ein Modell abbildbar ist. Über eine Simulation können dann einzelne Aspekte der Logistikkette simuliert werden. Auf Basis der Ergebnisse sind dann Bewertungen möglich, aus denen Optimierungsmaßnahmen abgeleitet werden können. Das größte Potential stellen sicherlich die Analyse und Optimierung des Lieferantennetzwerkes dar. Dieses besser zu verstehen, kann kritische Pfade ans Licht führen. Der Ausfall einer Lieferung eines Lieferanten auf dem kritischen Pfad würde dementsprechend einen Produktionsstillstand beim Automobilhersteller hervorrufen. Die Simulation des Lieferantennetzwerkes erlaubt es nicht nur, derartige mögliche Engpässe abzuleiten, sondern auch die Optimierung durch Ableitung von Gegenmaßnahmen durchzuführen. Um eine möglichst detailgetreue Simulation zu ermöglichen, müssen alle Teilprozesse und Interaktionen so genau wie möglich abgebildet werden. Im Idealfall würde man sogar die Tier-2- und Tier-3-Ebenen mit einbeziehen. Daher liegt hier eine extrem hohe Komplexität hinsichtlich der Integration, der Modellierung und der Datenanforderungen vor.

Die **Produktion** wird in allen Teilschritten des Produktionsprozesses durch KI-Verfahren und Daten profitieren können. Die Anwendungsbereiche beinhalten dabei unter anderem die Umformtechnik (klassisch ebenso wie für neue Werkstoffe), den Karosseriebau, Korrosionsschutz und Lackierung, Antriebsstrang und Endmontage. Ebenso können alle Teilschritte in Betracht gezogen werden. Eine Gesamtbetrachtung über alle Prozessschritte hinweg, mit einer Analyse aller potenziellen Einflussfaktoren und deren Wirkung, sollte das übergreifende Ziel sein, da hier das höchste Kostenpotential liegt. Dafür ist eine Integration der Daten aus allen Teilprozessen notwendig, was durch Industrie 4.0 und IoT als Enabler-Technologie möglich ist. Auf dieser Basis können folgende Use-Cases hohe Kostenpotentiale bringen.

KI-basierte Optimierung des Fertigungsprozesses durch Parameter-Monitoring Die Produktion wird in allen Teilschritten des Produktionsprozesses durch KI-Verfahren und Daten profitieren können. Für alle Fertigungsprozesse ist dabei wichtig, dass beteiligte Prozessparameter kontinuierlich erfasst und gespeichert werden. Da die Qualität und die Verringerung von Defekten ein häufiges Optimierungsziel sind, sind Daten über auftretende Defekte sowie der Typ des Defektes wichtig. Diese müssen den Prozessparametern eindeutig zugeordnet werden können. Besonders in neuartigen Produktionsprozessen (zum Beispiel CFK) sind hierdurch erhebliche Verbesserungen möglich. Weitere mögliche Optimierungsziele sind die Reduzierung des Energieverbrauchs oder die Erhöhung des Durchsatzes eines Produktionsprozesses pro Zeiteinheit. Die Anwendung von KI-Verfahren kann dabei offline (im sogenannten Batch-Verfahren) wie online (im sogenannten Streaming) erfolgen.

Offline bedeutet, dass man erst einmal alle verfügbaren Daten sammelt und sich diese dann in Ruhe anschaut. Bei den Offline-KI-Verfahren findet häufig erst einmal eine Dimensionsreduktion statt (zum Beispiel durch Anwendung von Autoencoder-Netzwerken). Hier wird versucht, alle relevanten Parameter zu detektieren. Darüber hinaus werden Zusammenhänge zwischen diesen Einflussgrößen und den Zielgrößen (Qualität oder andere) identifiziert. Auf dieser Basis können dann Maßnahmen definiert werden, um die Zielgrößen zu optimieren. In der Realität sind solche Untersuchungen häufig einem akuten Problem im Prozess gewidmet und liefern auch zumeist eine praktikable und effiziente Lösung. Sie haben allerdings selten die stetige und nachhaltige Optimierung des Gesamtprozesses im Blick. Die Gründe hierfür sind, dass viel Domänenwissen notwendig ist, um die Ergebnisse zu verstehen und sinnvolle Optimierungsmaßnahmen abzuleiten. Obwohl das

Kosteneinsparpotential durch Optimierungen sehr hoch ist, wird daher dieser Schritt in der Praxis nicht gegangen.

Bei den Online-KI-Verfahren geht man auf in Echtzeit verfügbare Daten und automatisiert von Anfang an die Datenaufbereitungsprozesse. Hier gelten die Industrie 4.0 und IoT als entscheidender Enabler, um dies machen zu können. Diese bereiten den Weg für die Datenerfassung und -integration, die Datenvorverarbeitung, die Modellierung und die Echtzeit-Anwendung von KI-Verfahren. Somit kann dann die Bereitstellung der Prozess- und Qualitätsdaten automatisiert und in Echtzeit erfolgen. Steht nun ein integrierter Datenbestand zur Verfügung, können KI-Verfahren angewendet werden, die zum Beispiel Veränderungen des Prozesses (inklusive schleichender sogenannter Drifts bis potentieller Totalausfälle) detektieren können. Die hieraus entstehenden prädiktiven KI-Verfahren können dann für die Optimierung des Prozesses genutzt werden. Ebenso können mittels Durchführung einer Prognose in jedem Prozesszustand die Ausgabegrößen wie die Qualität vorhergesagt und auf dieser Basis Maßnahmen definiert werden.

Predictive Maintenance/Zero-Downtimes Auf Basis des im vorherigen Use-Case aufgebauten Monitoring-Systems kann Predictive Maintenance eingerichtet werden, das heißt die vorausschauende Wartung. Neben der Analyse aller relevanten Prozessparameter kann hierzu auch zusätzliche Sensorik wie Bild- und Audio-Sensoren genutzt werden. Ein häufig eingesetztes Verfahren ist dabei die Anomalieerkennung. Dies sind KI-Verfahren, die aus den verfügbaren Daten den gesunden Status des Gesamtsystems lernen und dann in Echtzeit Abweichungen erkennen können. Im Vergleich zu den vorherigen Use-Cases wird Predictive Maintenance genommen, um früh Ausfälle von Produktionsmaschinen zu erkennen und nicht den kompletten Produktionsprozess zu optimieren. Da allerdings Totalausfälle und somit ein Anhalten der Produktion mit hohen Kosten verbunden ist, ergeben sich auch hier hohe Kostenpotentiale.

Visuelle Inspektion Verfahren zur visuellen Inspektion auf Basis von Kameras können genutzt werden, um die Qualität von Teilprodukten sowie das Endprodukt zu überwachen. Hier müssen große Mengen von Bildern von korrekten Teilprodukten bzw. dem End-produkt gesammelt werden, die dann in ein neuronales Netz hin-eingefüttert werden. Auf Basis eines solchen Trainings ist das KI-Verfahren danach in der Lage, visuelle Abweichungen und somit Defekte mit übermenschlicher Genauigkeit zu erkennen. Auch hier sind hohe Kostenpotentiale denkbar, da Defekte frühzeitig erkannt werden und der Auslieferung potentieller Mangel-Fahrzeuge vor-gebeugt wird.

6.2.4 Marketing und Vertrieb

Grundsätzlich gibt es auch im Bereich Marketing und Vertrieb zahlreiche erfolgreiche Einsatzmöglichkeiten für KI-Verfahren. Die Themen der aufwendigen Datenerhebung, des Datenschutzes und der teilweisen Datenungenauigkeit erfordern hier allerdings eine langfristig angelegte Vorgehensweise und Planung der Daten-erhebungsstrategie. Noch komplexer wird es, wenn vollständig „weiche" Faktoren wie zum Beispiel das Markenimage optimiert werden sollen. Hier gibt es hohe Unsicherheiten auf den Daten. KI-Verfahren können allerdings helfen, solche Unsicherheiten durch ausreichend Daten zu reduzieren, und bieten spannende Kosten-potentiale (Tab. 6.4).

Tab. 6.4 Anwendungsfälle mit Bewertung für Marketing und Vertrieb

Name	Potential	Modellierung	Integration	Daten
Predictive Lead Scoring	X	X	X	XX
Dynamische Preisgestaltung	XX	XX	XX	XX
Churn-Management	XX	XX	XX	XX
Postpurchase Cross- und Upselling	XXX	XX	XX	XXX
Automatische Platzierung von Werbung auf unterschiedlichen Werbekanälen	XX	XXX	XXX	XXX

Predictive Lead Scoring Hierdurch kann die unproduktive Bearbeitung von Leads (Kaufinteressenten) reduziert werden. Durch KI-Verfahren kann aus jedem neuen erfolgreichen Lead sowie aus Leads aus externen Quellen gelernt werden. Dadurch kann die Kaufabsicht eines Leads relativ genau prädiziert werden. Mitarbeiter im Marketing und Vertrieb erhalten damit nur Leads, die eine hohe Kaufwahrscheinlichkeit haben. Dies kann die Vertriebsproduktivität und vor allem die Umsatzwahrscheinlichkeit erhöhen.

Dynamische Preisgestaltung Dieser Use-Case zielt auf das Problem ab, wie Preise individuell für einzelne Kunden festgelegt werden können, so dass deren Kaufbereitschaft steigt – ohne dass darunter der Gesamtumsatz des Unternehmens leidet. Hierfür können KI-Verfahren aus dem Bereich der Regressionsanalyse eingesetzt werden, die auf Basis unterschiedlicher Parameter zum Beispiel die demographischen Merkmale des Kunden, sein individuelles Kundenverhalten wie auch erfolgreiche Ergebnisse ähnlicher Kunden berücksichtigen.

Churn-Management Hervorragende Beispiele für den Einsatz von KI-Verfahren im Vertrieb und Marketing sind die Themen „Churn" (deutsch: Kundenabwanderungen) und Kundenloyalität. In einem gesättigten Markt ist für Automobilkonzerne wichtigstes Gebot, die Abwanderung von Kunden zu minimieren. Dies bedeutet, es müssen optimale Gegenmaßnahmen geplant und durchgeführt werden. Dazu sind möglichst individualisierte Informationen über die Kunden, das Kundensegment, in das die Kunden eingeordnet werden können, die Zufriedenheit und das Erlebnis mit dem aktuellen Fahrzeug und Daten über Wettbewerber und deren Modelle und Preise notwendig. Aufgrund der Subjektivität mancher Daten (zum Beispiel Zufriedenheitsumfragen mit individuellen Zufriedenheitswerten) ist die individualisierte Vorhersage von Churn sowie optimaler Gegenmaßnahmen (zum Beispiel personenbezogene Preisnachlässe, Tank- oder Barprämien, Incentives durch zusätzliche Features) ein hochkomplexes und ständig aktuelles Thema. Da gleichzeitig höchste Datenvertraulichkeit gewährleistet werden muss, ist es sehr schwierig, individuelle Angebote zu errechnen, die die Abwanderung maximal verhindern können.

Dies ist exakt das Spannungsfeld, in dem sich KI-Verfahren hier befinden. Es dürfen nämlich keinerlei personenbezogene Daten erfasst werden – außer der Kunde gibt explizit seinen *Consent* (seine Zustimmung) hierfür. Ansonsten dürfen die KI-Verfahren nur auf aggregierten Daten (das heißt auf Kundensegmenten) angewendet werden. Jeder nicht abgewanderte Kunde spart Kosten für eine erneute Kundengewinnung und sichert zukünftigen Umsatz ab.

Postpurchase Cross- und Upselling Ein weiteres spannendes Themenfeld, in dem KI-Verfahren eingesetzt werden können, ist, wie der Umsatz bei Bestandskunden maximiert werden kann. Hiermit verwoben ist das Thema „Upselling". Upselling umschreibt die Idee, dem Bestandskunden als nächstes Fahrzeug ein höherwertiges anzubieten und mit diesem Angebot erfolgreich sein zu können. Dies ist eine sehr komplexe Aufgabenstellung, da eine Vielzahl von Parametern wie zum Beispiel Daten über Kundensegmente, Marketingaktionen und damit korrelierte Verkaufserfolge in Betracht gezogen werden müssen. Diese Daten sind aber meist nicht vorhanden, schwierig systematisch zu erheben und mit einer hohen Unsicherheit belegt. Hier können KI-Verfahren helfen, diese Probleme zu lösen.

Automatische Platzierung von Werbung auf unterschiedlichen Werbekanälen Im Marketing und Vertrieb ist das übergeordnete Ziel, den Endkunden möglichst effizient zu erreichen. Dies zielt entweder auf Kundengewinnung oder -bindung. Der Erfolg von Marketingaktivitäten ist an Verkaufszahlen messbar. Die Messung des Erfolges von Marketingaktivitäten ist allerdings sehr komplex, da es hier zahlreiche Einflussfaktoren geben kann. Generell ist das Ziel, die Rückläuferquote an Kunden aus einer Marketingkampagne zu maximieren, bei gleichzeitiger Mininimierung des eingesetzten Budgets. Hierzu muss sowohl der Marketing-Mix wie auch dessen zeitliche Ausführungsreihenfolge passen. KI-Verfahren können helfen, Prognosemodelle zu entwickeln, die zum Beispiel die Prognose der zusätzlichen Verkaufszahlen über der Zeit als Folge einer spezifischen Marketingaktion abgeben. Neben Online-Werbung, die gut messbar ist, gibt es auch Offline-Werbung wie zum Beispiel Messeauftritte, Briefsendungskampagnen oder Print-Werbung, wo die Datenerhebung wesentlich komplexer ist. Hier müssen über längere Zeiträume Daten gesammelt werden, um diese auswerten und daraus Schlussfolgerungen ziehen zu können. Ebenso gibt es Möglichkeiten, Kunden über mehrere Marketingkanäle wiederzufinden, indem man sogenannte Website-Cookies nutzt, um diese zu identifizieren.

6.2.5 After Sales

Das After-Sales-Geschäft war lange Zeit ein verlässlicher Umsatz- und Gewinngarant für Hersteller, Zulieferer und Werkstätten. Diese Zeiten gehen zu Ende. Durch die Digitalisierung reißt die traditionelle Wertschöpfungskette zwischen Originalteileherstellern und Zulieferern, Teilehändlern und Werkstätten auf. Neue Spieler aus dem E-Commerce drängen in diesen Markt. Die Digitalisierung erhöht die Preistransparenz für die Endkunden (Tab. 6.5).

Predictive Maintenance: Der Use-Case *Verschleiß-/Ausfall- bzw. Fehlererkennung* im Bereich der Forschung und Entwicklung kann ebenso im Bereich After Sales und Handel angesiedelt sein.

Tab. 6.5 Anwendungsfälle mit Bewertung für den After Sales

Name	Potential	Modellierung	Integration	Daten
Predictive Maintenance	XX	XXX	XX	XX
Optimale Auslastung der eigenen Werkstätten	XXX	XXX	XXX	X
Lager- und Sortiments-optimierung für Ersatzteile	XX	XXX	XXX	XXX
Remote-Instandhaltung bei Pannen/Fahrzeug-EKG	XX	XX	X	XX
KI-basierte visuelle Erkennung von Schadensfällen	XXX	XX	X	XX

Predictive Maintenance kann hier helfen, dem Kunden ein optimales Kundenerlebnis zu vermitteln, indem Fahrzeugausfälle prädiktiv vorhergesagt werden können. Dies kann ebenso mit einer proaktiven Wartung kombiniert werden, die dem Kunden Empfehlungen (mit evtl. verbundenen Rabatten) ausspricht, wann das Fahrzeug gewartet werden sollte. Solch ein KI-Verfahren kann auf Basis der Wartungs- und Fehlerhistorie anderer Fahrzeuge aufgebaut werden.

Optimale Auslastung der eigenen Werkstätten Ist der Automobilhersteller nun in der Lage, Wartungsempfehlungen und eventuelle Liegenbleiber rechtzeitig vorherzusagen, kann er auch die eigene Werkstattauslastung optimal planen. KI-gestützte Bots können mit dem Kunden in Kontakt treten und Wartungszeiträume vorschlagen – ähnlich wie Google 2018 einen Bot zur Koordination eines Friseurtermins vorgestellt hatte [5]. Zum anderen könnten Optimierungsverfahren auf Basis der Mitarbeiterverfügbarkeit und anderer Parameter den Plan zur optimalen Werkstattauslastung berechnen und ständig aktuell halten.

Lager- und Sortimentsoptimierung für Ersatzteile Auf Basis zu erwartender Werkstattaufenthalte können auch das Lager und Sortiment in Bezug auf Ersatzteile optimiert werden. Ist erkennbar, dass ein Fahrzeug liegen geblieben ist und zeitnah ein neues Getriebe benötigt, könnte die Werkstatt, zu der das Fahrzeug wahrscheinlich geliefert wird, bereits proaktiv prüfen, ob solch ein Getriebe im Lager verfügbar ist. Falls nicht, könnte es bestellt bzw. angefordert werden. Neben der proaktiven Planung von Ersatzteilen könnte ebenfalls das Sortiment auf Basis historischer Werkstattaufenthalte optimiert werden. Hierzu benötigt das KI-Verfahren die bisherigen Werkstattaufenthalte mit den erforderlichen Ersatzteilen. Auf Basis dieser Daten könnte ein prädiktives KI-Verfahren trainiert werden und wäre in der Lage, den Bedarf an Ersatzteilen vorherzusagen.

Remote-Instandhaltung bei Pannen/Fahrzeug-EKG Sollten jetzt Pannen bzw. Probleme bei einem Fahrzeug vorliegen, könnte der Kunde seine Fahrzeugdaten der Werkstatt des Automobilherstellers zur Verfügung stellen. Ähnlich wie bei einem medizinischen EKG könnte die Werkstatt zum Beispiel online auf die Fahrzeugdaten zugreifen und analysieren, welches Problem besteht. Dies könnten CAN-Fahrzeugdaten, aber ebenso akustische Daten oder Bilddaten sein. Liegt zum Beispiel ein Problem mit einem automatischen Fensterheber vor, könnte der Kunde ein Video mit Ton aufnehmen und KI-Verfahren können diese Tonaufnahmen auswerten. Auf Basis von Tonaufnahmen funktionierender und nicht funktionierender Fensterheber kann nun ein KI-Verfahren identifizieren, ob der Fensterheber kaputt ist bzw. welcher Fehler im Detail vorliegt.

KI-basierte visuelle Erkennung von Schadensfällen Speziell die Auswertung von Bilddaten bietet eine Vielzahl von Einsatzmöglichkeiten im After Sales und Handel. Kunden könnten ein Bild von ihrem Fahrzeug aufnehmen, damit der Händler bewerten kann, ob ein Reifenwechsel erforderlich ist, sich eine Lackaufwertung lohnt und vieles mehr. Solche Verfahren sind relativ einfach erstellbar. Ebenso kommen Händler einfach an Daten heran, mit denen man solche Verfahren trainieren kann. Dadurch wäre es möglich, eine Art Remote-Erstinspektion gängiger Schadensfälle anzubieten und eventuell einen Werkstattaufenthalt in einer Vertragswerkstatt des Automobilherstellers zu koordinieren.

6.2.6 Support-Prozesse

Die Support-Prozesse beinhalten unterstützende Prozesse für die Automobilproduktion und bestehen bei den Automobilherstellern weitgehend aus den folgenden drei Bereichen:

- Finanzwesen
- Personalwesen (HR)
- Enterprise-IT

Der Unternehmensbereich Finanzen bietet viel Spielraum für KI-Verfahren. Hier gibt es große Datenbestände, die zahlreiche Informationen und Kennzahlen darüber enthalten, ob und wann das Unternehmen erfolgreich ist und war. Speziell das Finanz-Controlling verfügt über eine Fülle solcher Informationen. Solche Daten können hervorragend zur Entwicklung prädiktiver Modelle genutzt werden, um Prognosen über die nächste Woche oder den nächsten Monat automatisch zu erstellen. Ebenso kann das Personalwesen davon erheblich profitieren, da hier Analysen durchgeführt werden können, die eine systematische Stellenbesetzung ermöglichen und die Bindung von Mitarbeitern erhöhen können. Die Enterprise-IT kann nachhaltig davon profitieren, indem die Überwachung der IT-Landschaft automatisiert wird (Tab. 6.6).

Frühwarnsysteme, Risikoreduktion (Finanzwesen) Viele Unternehmen, sowie auch Automobilhersteller, verfügen über einen großen Schatz an historischen Finanzdaten. Auf Basis solcher Daten können somit einfach KI-Verfahren erstellt werden, die eine Prognose der wesentlichen KPIs (Key Performance Indicators) des Unternehmens ermöglichen. Eine wesentliche KPI stellt dabei

Tab. 6.6 Anwendungsfälle mit Bewertung für die Support-Prozesse

Name	Potential	Modellierung	Integration	Daten
Frühwarnsysteme, Risikoreduktion (Finanzwesen)	XX	X	X	X
Konzeptvergleich (Finanzwesen)	XX	XXX	XXX	XX
Amazon-Funktion für Weiterbildungen (Personalwesen)	X	X	X	XX
Aktuelle Angestellten-Profilanalyse (Personalwesen)	XX	XX	XX	XX
Kündigungsvorhersage (Personalwesen)	XXX	XX	XX	XX
Prädiktives IT-Monitoring (Enterprise-IT)	XXX	XXX	XX	XX

der Fahrzeugabsatz dar. KI-Verfahren könnten diesen Absatz auf Tages-, Wochen-, Monats- oder Jahresbasis vorhersagen und automatisch einen Abgleich mit den tatsächlichen Verkäufen durchführen. Neben den tatsächlichen Absatzzahlen können noch viele andere Daten miteinbezogen werden wie zum Beispiel Rabattaktionen, Marktanteil, Marktwachstum, Schadensfälle und Werbemaßnahmen. Momentan ist es noch sehr aufwendig, solche Prognosen und Abgleiche durchzuführen. Hier gibt es ein Kostenpotential von mehreren hunderttausend Euro. Ebenso würde sich die Prognosegenauigkeit erhöhen.

Konzeptvergleich (Finanzwesen) Alle Automobilhersteller führen systematische Wettbewerbsanalysen durch. Hierfür werden Konkurrenzfahrzeuge eingekauft, systematisch zerlegt und in Bezug auf ihre Kosten analysiert. Solche Konzeptvergleiche dann finanzseitig durchzuführen, ist sehr zeitintensiv. Mit KI-Verfahren könnte man diesen händischen Prozess automatisieren, wodurch sich Kostenpotentiale ergeben. Ebenso könnten KI-Verfahren noch aufwendigere Vergleichsanalysen durchführen als Menschen. Sie könnten den kompletten Zustandsraum analysieren, was für Menschen aufgrund seiner hohen Kombinatorik normalerweise nicht möglich ist.

Amazon-Funktion für Weiterbildungen (Personalwesen) Automobilhersteller bieten für ihre Mitarbeiter meist eine Vielzahl von Qualifizierungsmaßnahmen an – sowohl fachlich als auch überfachlich (häufig im oberen vierstelligen Bereich). Aktuell gibt es sogenannte Weiterbildungsberater. Dies sind Personen im Personalwesen, die Mitarbeiter individuell gemäß ihrer Weiterbildungswünsche beraten oder diese mit ihnen erarbeiten. Ähnlich wie Amazon seinen Kunden eine Funktion dazu anbietet, welche Produkte häufig zusammen gekauft werden, könnte man diese Funktion auch auf Bildungsmaßnahmen übertragen. Hiermit würden Mitarbeiter sehen, welche Maßnahmen häufig in Anspruch genommen werden bzw. welche Maßnahmen infolge einer anderen angetreten werden. Darüber könnten sich Mitarbeiter gegenseitig indirekt *coachen*. Jeder Mitarbeiter würde somit von der Intelligenz der Masse profitieren und die Weiterbildungsberater könnten sich auf andere Tätigkeiten fokussieren.

Aktuelle Angestellten-Profilanalyse (Personalwesen) Die Zukunft der Automobilhersteller wird davon abhängen, wie gut sie die notwendigen Kompetenzen, die für die Zukunft nötig sind, mit ihren Mitarbeitern abdecken können. Um neue Kompetenzen aufzubauen, können Weiterbildungsmaßnahmen angeboten und Neueinstellungen durchgeführt werden. In beiden Fällen ist es wichtig, dass das Unternehmen sich dessen bewusst ist, eine wichtige Kompetenz dazugewonnen zu haben, und diese bedarfsgerecht dort zuführen kann, wo sie am nötigsten gebraucht wird. Hier können KI-Verfahren unterstützen, indem sie dies dokumentieren und nachhalten. Es könnte somit eine große Qualifizierungsdatenbank aufgebaut werden, die mit einer notwendigen Kompetenzdatenbank abgeglichen wird. Hierüber können Kosten für Neueinstellungen reduziert werden. Ebenso können Kosten minimiert werden, die dadurch entstehen, dass eine Kompetenz über einen Freelancer extern eingekauft wird.

Kündigungsvorhersage (Personalwesen): Gute Mitarbeiter, speziell im IT-Umfeld, zu halten, wird immer schwieriger. Noch schwieriger ist es allerdings, gute Mitarbeiter zu finden. Daher ist es für Automobilhersteller wesentlich günstiger, ihre guten Mitarbeiter zu halten, als neue einzustellen. Dies dauert häufig sehr lange (aufgrund der langen Kündigungsfristen) und ist teuer (immer mehr Headhunter kommen zum Einsatz). Ebenso muss der neue Mitarbeiter dann eingearbeitet werden. Dies dauert häufig nochmals 3 Monate, bis er wirklich 100 % Leistung auf seiner neuen Position bringen kann. KI-Verfahren können helfen, für individuelle Mitarbeiter ihre Kündigungswahrscheinlichkeit zu berechnen. Hierzu können Daten von Mitarbeitern, die bereits gekündigt haben, genommen werden. In Großkonzernen liegen hierfür häufig ausreichend Daten vor. Auf Basis dieser Daten kann dann analysiert werden, warum Mitarbeiter gekündigt haben. Die aus dieser Analyse herauskommenden Merkmale (wie zum Beispiel Zufriedenheitslevel aus den jährlichen Abfragen, Anzahl von Jahren auf aktueller Position oder wöchentliche Arbeitsbelastung) können für ein Prognosemodell genutzt werden, um Mitarbeiter zu identifizieren, die bald kündigen könnten.

Prädiktives   Echtzeit-Monitoring   (Enterprise-IT) Die Enterprise-IT von Automobilherstellern hat die Aufgabe, alle notwendigen IT-Systeme am Laufen zu halten, damit die Produktionswerke nicht stillstehen. Dazu gehören die notwendige IT-Infrastruktur sowie alle nötigen Anwendungssysteme. Diese Vielzahl von Systemen zu überwachen, ist hochkomplex. Hier können KI-Verfahren helfen, dies automatisiert zu tun. Hierzu können historische Daten genutzt werden. Auf Basis dieser kann eine Art Anomalieerkennung aufgebaut werden. Hierbei wird durch KI-Verfahren das *normale* Verhalten des Gesamtsystems gelernt und das Verfahren gibt eine Warnung aus, wenn das beobachtete Verhalten davon abweicht. Hier ergeben sich hohe Kostenpotentiale, da das Risiko eines Systemausfalls reduziert wird, welcher die Produktion zum Stillstand bringen könnte.

6.2.7   Financial Services

Die letzte Phase der Wertschöpfung beinhaltet die Financial Services. Auch hier gibt es Potential für KI-Verfahren (Tab. 6.7).

Dynamische Preisgestaltung für Gebrauchtfahrzeuge Aktuell werden die Preise für Gebrauchtfahrzeuge noch nach Alter und Fahrzeugtyp berechnet. Hieraus ergibt sich allerdings nicht der optimale Absatz, da die Zahlungsbereitschaft eines Gebrauchtwagenkäufers sehr unterschiedlich sein kann. Häufig gibt es bei Auto-

Tab. 6.7 Anwendungsfälle mit Bewertung für Financial Services

Name	Potential	Modellierung	Integration	Daten
Dynamische Preisgestaltung für Gebrauchtfahrzeuge	XXX	X	X	X
Finanzierungs-angebote	XX	XX	XX	XX
Restwertprognosen	XX	XX	XX	XXX
Nutzungsbasierte Versicherung	XX	X	XX	X

mobilherstellern tausende monatliche Anfragen nach Gebrauchtwagen. Allerdings werden nur sehr wenige Abschlüsse erzielt. Das
liegt häufig daran, dass die Preise zu hoch sind. Daher wäre es
möglich, ein KI-Verfahren zu entwickeln, welches weitaus mehr
Parameter als nur das Alter und den Typ des Fahrzeugs in Betracht
zieht. Ebenso sollten Daten über den Kunden berücksichtigt werden, um seine Zahlungsbereitschaft vorhersagen zu können. Damit
könnte der Absatz von Gebrauchtfahrzeugen wesentlich gesteigert
werden.

Finanzierungsangebote Viele Fahrzeuge werden heutzutage finanziert, wobei die jeweilige Bank des Automobilherstellers häufig
den Zuschlag erhält. KI-Verfahren können helfen, ein individuelles Finanzierungsangebot zu erstellen. Ebenso könnte auf Basis
historischer Daten ein Angebot erstellt werden, das eine hohe
Abschlusswahrscheinlichkeit hat. KI-Verfahren können auch dafür
genutzt werden, frühzeitig die Kreditwürdigkeit des Käufers zu
beurteilen.

Restwertprognosen Für Gebrauchtfahrzeuge spielt im Flotten-
oder Mietwagengeschäft der Restwert eine wichtige Rolle. Hier
liegen häufig hohe Volumina von zehntausenden von Fahrzeugen
vor. Diese müssen in dem jeweiligen Unternehmen als Assets
in der Bilanz ausgewiesen werden. Dieses Risiko wird heute
von den Fahrzeugherstellern typischerweise an Banken bzw. Lea-
singgesellschaften ausgelagert, die allerdings wiederum Teil des
Gesamtkonzerns sein können. KI-Verfahren können hier eine entscheidende Rolle in der korrekten Bewertung der Assets spielen. So könnten KI-Verfahren auf Fahrzeugebene ausstattungs-
spezifisch individualisierte Restwertprognosen erstellen. Ebenso
könnten Absatzkanäle bis hin zur geographischen Zuordnung der
Gebrauchtfahrzeuge zu Auktionsplätzen individuell auf Fahrzeugebene optimiert werden.

Nutzungsbasierte Versicherung: Versicherungsbeiträge sind ein
großer Bilanzposten für Flottenbetreiber und große Unternehmen
mit Dienstwagenflotten. Ebenso zahlen einige Endkunden mehr,
als sie eigentlich müssten – gemäß ihrem Fahrverhalten. Nutzungs-

basierte Versicherungen (englisch: usage-based insurance, UBI) sind mit KI-Verfahren einfach umsetzbar und ein neues und wachsendes Interessensfeld. Die Fahrzeugdaten können in Echtzeit aus dem Fahrzeug übertragen werden. In Kombination mit der Analyse des Fahrverhaltens können individuelle Risikoprofile berechnet werden. Auf dieser Basis können dann Endkunden attraktive Prämien angeboten werden. Für den einzelnen Versicherungsnehmer ist das ein starkes Kaufargument. Für Flottenbetreiber kann es große Einsparungen bedeuten.

6.3   Digitale Dienste: Fahrer/Fahrzeug

Bei den in diesem Kapitel vorgestellten Use-Cases handelt es sich um digitale Dienste, die vor allem dem Fahrer einen Mehrwert liefern können (und zumeist im Fahrzeug laufen) (Tab. 6.8).

Autonomes Fahren (Level 5) Wie bereits in Kap. 4 dargestellt, enthält das autonome Fahren eine Vielzahl von KI-Verfahren, die entweder zur Steuerung oder zur Wahrnehmung der Umgebung eingesetzt werden. Für gewerbliche Kunden bietet das autonome Fahren große Kostenpotentiale. Alleine über das Einsparen eines Fahrers ergeben sich ca. EUR 30.000 bis EUR 40.000 Kostenpotential pro Jahr und Fahrzeug. Für den Fahrer bedeutet das, dass er sich täglich ungefähr 40 min freischaufeln kann. In dieser Zeit kann er zum Beispiel andere Aufgaben erledigen oder einfach entspannen. Ebenso könnte er diese Zeit zum Einkaufen nutzen. Das ist auch der Grund, warum speziell Amazon und Google ins autonome Fahren investieren, um sich diesen Zeitraum des Fahrers für ihre Dienste zu sichern. Diese Zeitspanne ist allerdings auch spannend für die Automobilhersteller, da dem Fahrer digitale Dienste angeboten werden können. Ebenso könnten die Automobilhersteller passgenaue Werbung anzeigen. Es ergeben sich hier viele interessante Kooperationsmöglichkeiten mit anderen Industrien. So könnte zum Beispiel Werbung gemäß der Geo-Position des Fahrers angezeigt werden, um so den Fahrer in *echte*

Tab. 6.8 Anwendungsfälle für Fahrer/Fahrzeug

Name	Potential	Modellierung	Integration	Daten
Autonomes Fahren (Level 5)	XXX	XXX	XXX	XXX
Sprachsteuerung im Fahrzeug (z. B. Alexa, Siri, ...)	XX	XX	XXX	XXX
Multi-Stop-Routenplanung	XX	XXX	XXX	X
Parkplatz-/Rastplatzfinder	XX	XXX	XXX	X
Personalisierte Navigation	XX	XXX	XXX	X
Fahrzeugfinder	X	X	X	X
Fahrzeugüberwachung/Diebstahlerkennung	X	X	X	X
Empathischer Assistent	X	XX	X	X
Social Matching	X	XX	XX	XX
Kollegengestützte Navigation	X	XXX	XXX	XX
Restreichweitenanzeige	X	XX	XXX	X

Shops mit attraktiven Angeboten zu locken. Den Automobilherstellern könnte dabei eine Provision bei einem erfolgreichen Kaufabschluss ausgeschüttet werden.

Sprachsteuerung im Fahrzeug (z. B. Alexa, Siri, ...) Zahlreiche Automobilhersteller fangen jetzt an, Technologien wie zum Beispiel Siri von Apple oder Alexa von Amazon in ihre Fahrzeuge zu integrieren. Sprachsteuerung ist ein spannendes Instrument, um die Usability im Fahrzeug zu verbessern. Hierüber ist es möglich, auch extrem komplexe Systeme im Fahrzeug einfach und unkompliziert zu bedienen. So hat zum Beispiel VW eine Partnerschaft mit dem Online-Händler Amazon geschlossen [6]. Ziel sind Anwendungsfälle wie zum Beispiel aus dem Auto heraus mit

Hilfe von Alexa daheim die Jalousien zu öffnen oder die Vorräte im Kühlschrank überprüfen zu können. Ebenso sind Use-Cases denkbar wie zum Beispiel, von zu Hause aus Navigationsziele an sein Fahrzeug zu schicken oder den Tankstand zu prüfen. Da Automobilhersteller über die Schnittstelle der Spracheingabe verfügen, können sie wertvolle Daten sammeln, um die Spracheingabe über die Zeit immer weiter zu verbessern.

Multi-Stop-Routenplanung Wenn Fahrer eine Route fahren, die mehrere Zwischenziele hat, ist dies ein spannendes Optimierungsproblem. Dies trifft zum Beispiel auf viele gewerbliche Fahrer aus dem Logistikbereich zu (Kurierfahrer, Paketzusteller usw.). Das Optimierungsproblem besteht aus vielen Kriterien, die in Betracht gezogen werden können, wie zum Beispiel der aktuelle Verkehr. Dieser kann auch zeitabhängig stark variieren und hat eine hohe Dynamik. Automobilhersteller könnten nun mit ihren im Feld befindlichen Flotten selbst den Verkehrsfluss weltweit messen und auf Basis dieser Daten eine Multi-Stop-Routenplanung anbieten. Hier können KI-Verfahren aus dem Bereich Optimierung helfen. Ein weiteres Feature, das man auf dieser Basis anbieten könnte, besteht darin, eine sehr genaue Ankunftszeit zu berechnen. Das hilft dem Fahrer bei seiner eigenen Planung, wie auch eventuellen Kunden des Fahrers, denen man eine solche Zeit mitteilen könnte.

Parkplatz-/Rastplatzfinder Besonders nachts sind freie Parkplätze (zum Beispiel auf Autobahnen) stark überfüllt. Gewerbliche Fahrer sind allerdings verpflichtet, eine Ruhepause nach einer gewissen Fahrzeit einzulegen. Ebenso wird es allen Fahrern empfohlen zu ruhen, wenn sie sich müde fühlen, um nicht andere Verkehrsteilnehmer zu gefährden. Bei Lkw-Fahrern spitzt sich dies nochmal zu, da sie eine wesentlich größere Parkfläche für ihren Lkw benötigen. KI-Verfahren können helfen, überfüllte Parkplätze zu erkennen, indem analysiert wird, wie viele Fahrzeuge auf einen Parkplatz fahren, ohne diesen wieder zu verlassen. Übersteigt dieses einen gewissen Grenzwert, kann davon ausgegangen werden, dass solch ein Parkplatz wahrscheinlich überfüllt ist, und man kann dies in einer Karte für den Fahrer markieren.

Personalisierte Navigation Durch Analyse des Fahrverhaltens des Fahrers (zum Beispiel häufige Ziele, genutzte Verkehrswege usw.) kann das Navigationssystem von Automobilherstellern individuelle Empfehlungen aussprechen. Das kann so weit reichen, dass ein KI-Verfahren analysiert, welche Verkehrswege bevorzugt genutzt werden (zum Beispiel Autobahn, Landstraße, Nebenstraßen usw.), und versucht, Informationen aus den Zieladressen abzuleiten. Liegt zum Beispiel laut Navigationskarte eine Tankstelle auf der Zielposition, kann das KI-Verfahren auswerten, welche Marke angefahren wurde. Auf dieser Basis kann das Verfahren über die Zeit analysieren, welches die am häufigsten angefahrene Marke ist, und dies bei der Streckenplanung berücksichtigen, falls einmal getankt werden muss. Ebenso kann ausgewertet werden, welche (Fast-Food)-Restaurants angefahren werden. Auf Basis all dieser Informationen kann dann die nächste Route des Fahrers höchst personalisiert gestaltet werden, zum Beispiel in Bezug auf die Tankstellenmarke, die Restaurantpräferenzen, gängige Hotelketten und vieles mehr. Speziell für personalisierte Dienste ist die Zahlungsbereitschaft von Nutzern häufig sehr gut. Bei gewerblichen Nutzern, die oft auf der Autobahn unterwegs sind, könnte solch ein Dienst besonders interessant sein, da diese regelmäßige Pausen einlegen müssen. Mit einem solchen Dienst könnte man die geplante Route dann abgleichen mit der verfügbaren Rest-Fahrzeit und rechtzeitig eine Tankstelle, eine Essenspause oder einen passenden Parkplatz zum Schlafen einplanen.

Fahrzeugfinder Dies ist ein relativ simpler Dienst, der wenig KI benötigt. Dennoch kann er einen hohen Mehrwert liefern. Es muss lediglich die letzte Position des Fahrzeugs vor dem Parken gespeichert werden. Bei Bedarf kann sich der Fahrer dann diese Position zuschicken lassen.

Fahrzeugüberwachung/Diebstahlerkennung Fahrer von Zustelldiensten, Paket- und Kurierfahrer haben häufig das Problem, dass sie nur halblegal parken können. KI-Verfahren können nun helfen zu detektieren, ob das Fahrzeug in der Zwischenzeit bewegt wird (zum Beispiel weil es abgeschleppt wird). Liegt das jetzt vor, könnte der Fahrer schnell benachrichtigt werden. Ebenso könnte das KI-Verfahren auch einen Diebstahl erkennen. Dies könnte so weit gehen, dass man eine KI auf das gängige Fahrverhalten des Fahrers trainiert und, wenn dieses abweicht, eine Nachricht an den echten Fahrer geschickt wird.

Empathischer Assistent Auf Basis von KI könnte man einen empathischen Assistenten erschaffen, der versucht, mit dem Fahrer auf freundliche Art und Weise Kommunikation aufzunehmen, um ihn auf Mehrwertdienste aufmerksam zu machen. Ein einfacher Anwendungsfall könnte hier sein, dass der Assistent mitprotokolliert, ob der Fahrer das Navigationssystem nutzt oder nicht. Verwendet er dieses nicht, aber der empathische Assistent erkennt, dass er nicht die optimale Route gefahren ist, könnte dieser ihn nett darauf hinweisen. Dadurch könnte dann der Fahrer dazu gebracht werden, häufiger den Navigationsdienst zu nutzen.

Social Matching Beim Social Matching könnte ein KI-Verfahren analysieren, welche anderen Fahrer in der Nähe sind. Die anderen Fahrer könnten Fahrer derselben Firma sein (ergibt nur Sinn bei großen Firmen) oder Fahrer, die ein gewisses Interesse teilen. Dies könnte von einer Social App stammen oder eine Social App des Automobilherstellers sein. Fahrer, die jetzt in der Nähe sind, könnten auf einer Karte angezeigt werden. Ebenso könnte das KI-Verfahren dieser Gruppe spannende Analysedaten zur Verfügung stellen (wie zum Beispiel häufige Routen) oder Restaurants für ein gemeinsames Mittagessen vorschlagen. Der Phantasie sind hier keine Grenzen gesetzt.

Kollegengestützte Navigation Bei der kollegengestützten Navigation können KI-Verfahren auswerten, welche Routen Fahrer derselben Firma häufig fahren. Übernimmt jetzt zum Beispiel ein Fahrer eines Paketzustellers die Route eines Kollegen, bekommt er hierdurch schneller einen Überblick. Ebenso kann er einsehen, wo der Fahrer häufig parkt (zum Beispiel für Pausen oder zum Ausladen von Paketen). Solch ein Dienst könnte auch nützlich sein für Lkw-Fahrer, die auf fremden Firmengeländen Zustellungen durchführen müssen und hierüber Informationen bekämen, welches wahrscheinlich die richtige Lade-/Entladerampe ist.

Restreichweitenanzeige Die Restreichweite bei E-Fahrzeugen ist stark abhängig von dem Höhenprofil der geplanten Route sowie auch den Windverhältnissen. KI-Verfahren könnten dies bei der Routenplanung einbeziehen und hierüber eine höhere Genauigkeit bei der Restreichweitenberechnung erzielen. Windverhältnisse sind extrem dynamische Daten, die eine stetige Neuberechnung erfordern. Der Vorteil für den Kunden ist, dass er so eine höhere Sicherheit über seine Restreichweite hat und planen kann, wann er wieder laden muss.

6.4 Digitale Dienste: Neue Märkte

Auf Basis der in Abschn. 5.1 dargestellten Änderung des Umfeldes, in dem Automobilhersteller agieren müssen, ist es sehr wahrscheinlich, dass neue Märkte entstehen werden. Ein Markt besteht immer aus einer Zielgruppe und der Zahlungsbereitschaft der jeweiligen Zielgruppe für die in einem Segment angebotenen Produkte und Dienstleistungen. Wir denken, dass Automobilhersteller der Zukunft folgende Märkte bedienen können, in denen KI-Verfahren sehr gut eingesetzt werden können, um einen starken Wettbewerbsvorteil zu erreichen:

- Flottenmanagement
- Daten für den privaten/öffentlichen Bereich
- Mobilitätsdienste

6.4.1 Flottenmanagement

Die Anwendungsfälle in Tab. 6.9 sind vor allem für Flottenmanager und Logistikdienstleister interessant, die über kleine, mittelgroße und große Flotten verfügen.

Flottenstatistiken Unter diesen Anwendungsfall fällt eine Vielzahl von Funktionen für Flottenmanager. Statistische und KI-gestützte Verfahren können den Flottenmanager dabei unterstützen, auf monatlicher Basis eine Vielzahl relevanter Kenngrößen

Tab. 6.9 Anwendungsfälle für Flottenmanager und Logistikdienstleister

Name	Potential	Modellierung	Integration	Daten
Flottenstatistiken	XX	XX	X	XX
Flottenstatistiken mit Optimierung	XXX	XXX	XX	XX
Optimierte Flottenstatistiken (auch bzgl. Leasing-Verträgen)	XXX	XXX	XX	XX
Fahrerüberwachung	XX	XXX	X	XX
Notfallservice unterstützen	XX	XX	X	XX
Optimierungen für die Logistik (Auftragsmanagement)	XX	XXX	X	XX
100% Verfügbarkeit/ Prädiktive Pflege	X	XXX	X	XX

zu der jeweiligen Flotte zu erhalten. Auf Basis dieser Kenngrößen kann der Flottenmanager dann datengetrieben Entscheidungen treffen. Die Analysen könnten zum Beispiel beinhalten, dass geschaut wird, wie viele Kilometer in der gesamten Flotte gefahren werden, wie viel innerhalb und außerhalb von Städten gefahren wird oder wie die Anzahl von Kilometern auf Autobahnen, die eventuelle Gebühren verursachen, ist. Ebenso könnten KI-Verfahren bei der Visualisierung dieser Daten unterstützen. So wäre es zum Beispiel möglich, Heatmaps zu erzeugen, die visualisieren, wo die eigenen Flottenfahrzeuge häufig hinfahren. Ebenso könnten sie dabei unterstützen, einen sogenannten *Drilldown* anzubieten, das heißt, dass der Flottenmanager bei Bedarf in jedes einzelne Flottenfahrzeug hineinklicken und detaillierte Informationen erhalten kann.

Flottenstatistiken mit Optimierung Die Ausbaustufe zu den Flottenstatistiken, die für Flottenmanager interessant sein könnte, sind KI-gestützte Optimierungsfunktionen. Über solche Funktionen kann dann der Flottenmanager seine Flotte Schritt für Schritt optimieren. Darüber wäre es zum Beispiel möglich, dass der Flottenmanager sieht, wie im Schnitt seine Flotte genutzt und gefahren wird und welche Fahrzeuge positiv sowie negativ herausstechen. Die Fahrer, die sich negativ abheben, kann der Flottenmanager nun coachen, damit diese ihr Verhalten nach und nach ändern und eventuell sogar zu einem Positivbeispiel werden. Darüber kann der Flottenmanager seine Kosten reduzieren. Ebenso könnte der Flottenmanager Einsicht erhalten, welche Fahrzeuge bald zu ersetzen sind und welcher Fahrzeugtyp als Ersatzfahrzeug Sinn ergibt. Auf Basis der Daten könnten dann KI-Verfahren errechnen, ob es sinnvoll ist, E-Fahrzeuge zu nutzen oder nicht. Bei häufigen Überlandfahrten könnte es sein, dass sich dies nicht rentiert. Liegen allerdings viele Stadtfahrten vor, könnte es Sinn ergeben. Ebenso könnten Algorithmen erkennen, welche Fahrzeuge eventuell noch nicht komplett ausgelastet sind und in einer weiteren Schicht betrieben werden könnten.

Optimierte Flottenstatistiken (auch bzgl. Leasing-Verträgen) Eine weitere Ausbaustufe der Flottenstatistiken könnte so aussehen, dass neben den bisherigen Fahrdaten auch die Leasing-Verträge in die Optimierungen miteinbezogen werden. Hier könnten KI-Verfahren überwachen, wann die Kilometerleistung einzelner Fahrzeuge erschöpft sein könnte, bzw. dafür sorgen, dass eine gleichmäßige Auslastung der Fahrzeuge erfolgt. Ebenso könnten KI-Verfahren auf Basis des Fahrverhaltens die optimalen Leasing-Verträge berechnen und somit zu einer Kostenersparnis für den Flottenbetreiber führen.

Fahrerüberwachung Der Use-Case der Fahrerüberwachung ist denkbar, hat allerdings einige rechtliche und ethische Herausforderungen, die jeder Automobilhersteller juristisch und ethisch untersuchen muss. Auf Basis der Fahrzeugdaten können KI-Verfahren auswerten, wie *sicher* ein Fahrer fährt. Auf Basis von Daten anderer Fahrer können nun Vergleiche angestellt werden. Fährt ein Fahrer zum Beispiel schneller oder langsamer als die anderen Fahrer? Hält er alle Gesetze und Vorgaben wie zum Beispiel Geschwindigkeitsbegrenzungen ein? Fährt er energetisch sinnvoll oder beschleunigt und bremst er sehr viel? Ebenso könnte man überwachen, wie häufig der Fahrer einen U-Turn macht und

Autobahnausfahrten verpasst. Eine weitere Auswertung könnte sein, ob der Fahrer früher oder später ankommt, als das Navigationssystem vorhergesagt hat, und wie dies im Verhältnis zu anderen Fahrern ist. Ebenso könnte man sich anschauen, wie lange die Fahrzeuge stehen, das heißt ein Fahrer Pause macht. Für Mietwagenverleiher könnte insbesondere interessant sein auszuwerten, ob man dem Fahrer bei einem besonders energieeffizienten und sicheren Fahrstil eine Vergünstigung anbietet. Es ist sicherlich im Interesse eines Mietwagenverleihers, dass die Fahrzeuge verantwortungsbewusst genutzt werden, um Schäden und Reperaturen zu vermeiden. All diese Use-Cases gehen sehr stark in Richtung *Total Cost of Ownership*. Technisch ist das alles machbar, in Bezug auf Datenschutz und ethisch allerdings zu untersuchen.

Notfallservice unterstützen Notfalldienste (egal ob es der Krankenwagen, die Feuerwehr oder der ADAC ist) könnten auf Basis von KI-Verfahren unterstützt werden. Bei allen Notdiensten ist die Reaktionszeit ein entscheidendes Kriterium. Betreiber solcher Flotten hätten daher sicherlich ein hohes Interesse daran, einen Dienst zu nutzen, der auf Basis von KI die optimale Positionierung ihrer Flottenfahrzeuge vorschlägt. Dies könnte auf Grundlage historischer Daten errechnet werden.

Optimierungen für die Logistik (Auftragsmanagement) Logistikdienstleistern könnten KI-gestützte Dienste bei einer Vielzahl von Aufgaben helfen wie zum Beispiel der Planung von Touren für Zustellungen, der Optimierung des Auftragsmanagements und bei vielem mehr. Ebenso könnten Leerfahrten minimiert werden, die aktuell noch für hohe Kosten bei Logistikdienstleistern verantwortlich sind. Hierfür könnte eine Art *Yield-Management* aufgebaut werden, das heißt, dass Leerfahrten mit einer dynamischen Preisgestaltung öffentlich verkauft werden. Dadurch könnte die Auslastung verbessert werden. Ebenso können KI-Verfahren helfen, die optimale Gesamtroutenplanung zu übernehmen. Viele Post- und Paketzusteller berechnen ihre Routen heutzutage noch auf Zustellungsgebieten. Man konnte allerdings nachweisen, dass dies nicht zum optimalen Ergebnis führt. Optimiert man nicht die Routen innerhalb der Zustellungsgebiete, sondern betrachtet dies global über das gesamte Gebiet, kann die Fahrzeuganzahl um ca. 30 % reduziert werden, was wiederum zu einer erheblichen Kostenersparnis führt.

100 % Verfügbarkeit/Prädiktive Pflege Der Use-Case Predictive Maintenance ist in aller Munde. Wie vorher schon beschrieben, wird dieser häufig in der Produktion oder auch Fahrzeugwartung angewendet. Speziell für Flotten ergibt es Sinn, die Verfügbarkeit aller Fahrzeuge immer sicherzustellen, damit jedes Fahrzeug in der Lage ist, Geld zu verdienen. Neben der Idee, KI-Verfahren dazu zu nutzen, eine solche 100-Prozent-Verfügbarkeit sicherzustellen, gibt es auch noch Anwendungsfälle im Bereich der prädiktiven Wartung. KI-Verfahren könnten Daten zum Motor, zu den gefahrenen Gängen, der Bremsnutzung usw. sammeln und auf dieser Basis Wartungsintervalle berechnen. Ebenso könnte auf Basis der gefahrenen Kilometer und der Wettersituation berechnet werden, ob ein Fahrzeug wieder einmal gewaschen werden sollte, um den Lack zu schützen. Auf Basis der bisher gefahrenen Kilometer und der Bremsaktionen könnte auch der Reifenverschleiß berechnet und prädiziert werden.

6.4.2 Daten für den privaten/öffentlichen Bereich

Die Use-Cases in Tab. 6.10 könnten Daten liefern, die der Automobilhersteller für sich selbst oder zum Verkauf an privatwirtschaftliche (das heißt Unternehmen) sowie öffentliche Einrichtungen (wie zum Beispiel Städte, Kommunen, Regierungen etc.) nutzt.

Verbesserung der Navigationskartendaten Auf Basis all der gefahrenen Routen und GPS-Informationen, die der Automobilhersteller theoretisch im Fahrzeug hat, kann mittels KI-Verfahren eine hochaktuelle Karte erzeugt werden. Mittels KI-Verfahren kann analysiert werden, wo aktuell Stau herrscht, Baustellen sind bzw. zu welcher Zeit und an welchem Wochentag die Staugefahr am höchsten ist. Ebenso könnten erkannte Verkehrszeichen zum Abgleich der aktuellen Navigationskarte genutzt werden. Solch eine tagesaktuelle Karte kann der Automobilhersteller selbst nut-

Tab. 6.10 Anwendungsfälle für Daten für den privaten/öffentlichen Sektor

Name	Potential	Modellierung	Integration	Daten
Verbesserung der Navigationskartendaten	XXX	XXX	XX	XXX
Customer Analytics für B2C-/B2B-Stores	XXX	XX	X	XXX
Orts-Vorschlagsfunktion für neue Geschäfte	XXX	XX	X	XXX
Verkehrsoptimierung	XX	XXX	XX	XXX
Katastrophenmanagement	XX	XXX	XX	XX
Falschfahrererkennung	X	XXX	XX	XXX
Dynamische Flächenvermietung	XX	XXX	X	XX
Sensordaten mit Ortsbezug	XX	XXX	X	XX

zen, um einen starken Mehrwert für sein Navigationsgerät zu erzeugen oder an Dritte zu verkaufen. Speziell für E-Fahrzeuge könnten Daten bzgl. der Steigungen von Straßen und Straßenbedingungen aus den eingefahrenen Daten abgeleitet werden. Ebenso könnten neue E-Tankstellen erkannt werden, da hier E-Fahrzeuge anhalten und sich der Batteriestatus verändert. Es gibt eine Vielzahl von Features, die KI-Verfahren erkennen können, um die Navigationskartendaten aufzuwerten.

Customer Analytics für B2C-/B2B-Stores Für große Warenhäuser (zum Beispiel im Lebensmittel-/Möbelbereich usw.) ist es spannend zu wissen, woher ihre Kunden kommen. Ebenso ist es interessant zu erfahren, wie die Parkplatzauslastung an gewissen Tagen und zu bestimmten Zeiten ist. KI-Verfahren könnten auf Basis von Fahrzeugdaten diese Daten erheben. Aus GPS-Daten kann erhoben werden, von wo der Kunde am häufigsten losfährt. Für diesen Startpunkt kann dann eine Postleitzahl hinterlegt werden und sie kann dazu genutzt werden, den B2C-/B2B-Stores eine Postleitzahlübersicht zu geben, wenn die Kunden einen solchen Markt ansteuern.

Orts-Vorschlagsfunktion für neue Geschäfte Auf Basis der Parkdaten vieler Kunden (zum Beispiel im gewerblichen Umfeld in Nähe von Autobahnen) können KI-Verfahren sogenannte Hotspots erkennen. Diese Hotspots könnten spannende Lokalitäten für neue Motels und Fast-Food-Ketten sein.

Verkehrsoptimierung: Auf Basis erfasster Fahrzeugdaten von Kunden können Automobilhersteller mittels KI-Verfahren den Verkehrsfluss berechnen und Engpässe erkennen. Dies kann relevant sein, um lange Wartezeiten an Kreuzungen, häufige Stauherde usw. zu identifizieren. Ebenso kann der Verkehrsfluss-Zyklus berechnet werden, um auch dies bei der eigenen Routenplanung zu berücksichtigen. Solche Daten sind sowohl spannend für den Automobilhersteller an sich als auch für Städte und Kommunen zur Verkehrsplanung.

Katastrophenmanagement In Katastrophensituationen ist es wichtig, dass Einsatzfahrzeuge möglichst schnell an den Ort des Geschehens kommen. Auf Basis von Daten von Fahrzeugen, die in die Katastrophe verwickelt sind, können KI-Verfahren sinnvolle Informationen ableiten. Fahrzeuge, die sich zum Beispiel nur noch langsam vorwärtsbewegen, ihre Richtung ändern wollen bzw. rückwärts fahren, könnten involviert, beschädigt oder havariert sein. Solche Bereiche sollten Einsatzfahrzeuge bei ihrer Routenplanung vermeiden. Ebenso können daraus Rückschlüsse gezogen werden, welche Art von Fortbewegungsmittel (zum Beispiel Fahrzeug, Hubschrauber etc.) zum Einsatz kommen sollte. Mögliche Kunden für solche Daten können Städte und Kommunen sein.

Falschfahrererkennung Falschfahrer sind immer noch eine große Gefahr. Falsch fahrende Fahrzeuge können leicht durch KI-Verfahren erkannt werden. Dazu muss lediglich die Fahrtrichtung des Fahrzeugs mit der Fahrspur auf der Navigationskarte abgeglichen werden. Diese Daten sollten zur Sicherheit aller Verkehrsteilnehmer an alle Verkehrsleitsysteme weitergeleitet werden.

Dynamische   Flächenvermietung   Zukünftige   autonome Fahrzeuge werden eine Vielzahl von Sensoren haben. Ebenso werden Fahrzeuge im Bereich Ride-Sharing regelmäßig ganze Städte abfahren. Hieraus ergibt sich ein großes Potential für dynamische Flächen, die durch die vorbeifahrenden Fahrzeuge mit der enthaltenen Sensorik (LIDAR, Kameras etc.) erkannt werden. Dies bietet großes Potential für Städte im Bereich der dynamischen Flächenvermietung. Als frei erkannte Flächen könnten somit für Umzüge, Lieferfahrer etc. online gebucht und vermietet werden.

Sensordaten mit Ortsbezug Neben freien Flächen können autonome Fahrzeuge andere relevante Sensorinformationen mit Ortsbezug erheben. Dies könnten zum Beispiel an dem jeweiligen Ort verfügbare WLANs sein, die jeweilige Lärm- oder Feinstaubbelastung. Auf Basis solcher Informationen sind viele neue Geschäftsmodelle denkbar. Die jeweilige stundenabhängige Lärmbelastung könnte zum Beispiel in Städten für Immobilienmakler interessant sein, die dies bei einer geringen Lärmbelastung als weiteres Verkaufselement nutzen könnten. Die stadtweite Feinstaubbelastung könnte für Städte von Interesse sein.

6.4.3 Mobilitätsdienste

Auf dem Weg zum Mobilitätsanbieter können Automobilhersteller die in Tab. 6.11 dargestellten Use-Cases entweder selbst umsetzen oder angehende Mobilitätsdienstleister dabei unterstützen.

Dynamische Preisgestaltung pro Fahrt Über hat bereits solch ein Feature im Einsatz und dieses ist leicht erklärt [7]: Wenn man zum Beispiel in einer Silvesternacht in Paris ein Taxi benötigt, ist die eigene Zahlungsbereitschaft wesentlich höher als sonst. Ebenso ist es, wenn man dringend eine Mitfahrgelegenheit sucht und der eigene Smartphone-Akku zur Neige geht. KI-Verfahren sind in der Lage, solche Details in Betracht zu ziehen und auf dieser Basis den Preis dynamisch anzupassen.

Optimierungen der Aufnahme- und Abladestationen beim Ride-Sharing Gute Aufnahme- und Abladestationen zu finden, ist nicht einfach. Der Ride-Sharing-Anbieter muss beim Abholen

Tab. 6.11 Anwendungsfälle für Mobilitätsdienste

Name	Potential	Modellierung	Integration	Daten
Dynamische Preisgestaltung pro Fahrt	XX	XX	XX	XX
Optimierungen der Aufnahme- und Abladestationen beim Ride-Sharing	XXX	XX	XX	XX
Optimales Robo-Taxi-Routing auf Basis von Echtzeit-Verkehrs-informationen	XXX	XX	XX	XXX

nämlich in der Lage sein, lange genug auf den Fahrgast zu warten, ohne dabei den ganzen Verkehr aufzuhalten. Ebenso muss der Abladeort so gewählt sein, dass ein Halten möglich ist, ohne den Aussteigenden in Gefahr zu bringen. KI-Verfahren könnten solche optimalen Aufnahme- und Abladestationen automatisiert berechnen. Zum einen könnten sie dazu die aktuellen Aufnahmeorte und örtlichen Anfragen in Betracht ziehen, zum anderen können sie aber auch zusätzlich Sensorinformationen von herumfahrenden Fahrzeugen berücksichtigen. Viele Fahrzeuge haben bereits heute Ultraschallsensoren verbaut, die Parklücken zum automatischen Einparken detektieren. Solche Informationen können Rückschlüsse auf mögliche Aufnahme- und Abladestationen liefern, wenn sie mittels KI-Verfahren analysiert werden.

Optimales Robo-Taxi-Routing auf Basis von Echtzeit-Verkehrsinformationen Diejenigen Robo-Taxis werden am erfolgreichsten sein, die die kürzesten Reaktionszeiten haben. Der Dienst, der den Kunden am ehesten abholt, wird das Geschäft machen. Daher müssen bei der Routenplanung und -berechnung Echtzeit-Verkehrsinformationen miteinbezogen werden. KI-Verfahren sind dann in der Lage, dieses multikriterielle Optimierungsproblem zu lösen.

6.5   Die vier Szenarien

Gemäß den Prozessautomatisierungen und -optimierungen, die möglich sind, um Kosten einzusparen, und den neuen Märkten, die es zu erschließen gilt, gibt es für die Automobilhersteller die in Abb. 6.1 dargestellten vier Szenarien:

1. Techgigant (oben rechts)
2. Foxconn der Automobilindustrie (unten rechts)
3. Blechbieger mit IT-Labs (oben links)
4. Blechbieger (unten links)

Das Ziel eines jeden Automobilherstellers sollte es sein, ein Techgigant wie Google oder Amazon zu werden. Dazu muss die komplette Wertschöpfungskette mittels Daten und KI optimiert werden. Jedes Kostenpotential, das es zu heben gilt, muss gehoben werden, um die Gesamtkosten für den Endkunden zu minimieren. Ebenso müssen Daten und KI genutzt werden, um auf Basis des noch herrschenden Wettbewerbsvorteils neue Märkte zu erschließen. Das bedeutet, dass neue digitale Dienste entwickelt werden müssen, die es ermöglichen, auch in der Zukunft gute Gewinne einzufahren. Das funktioniert allerdings nur, wenn die Kundenzentrierung maximal hoch ist. Der Kunde will verstanden werden und es muss möglich sein, trotz der ganzen vorherrschenden Pro-

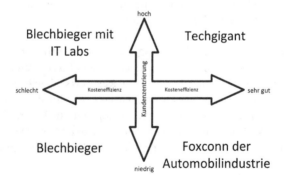

Abb. 6.1 Die vier Szenarien

zesse, alter IT-Umsysteme und rechtlicher Einschränkungen (zum Beispiel durch den Datenschutz) moderne Funktionen zu entwickeln, die der Kunde wünscht. Der Automobilhersteller hat die Chance, sich langfristig zum Mobilitätsdienstleister zu entwickeln und die Zukunft von morgen mitzugestalten.

Schafft es der Automobilhersteller nicht, diese Kundenzentrierung zu erreichen – dafür aber alle Kostenpotentiale in der Wertschöpfungskette zu heben –, wird er zum Foxconn der Automobilindustrie. Keiner ist aufgrund des hohen Automatisierungsgrads des Automobilherstellers in der Lage, so günstig wie er zu produzieren. Daher werden Unternehmen Plattformen und Fahrzeuge einkaufen und darauf passgenaue, kundenzentrische Angebote für ihre Kunden entwickeln. Das Problem an der ganzen Geschichte wird allerdings sein, dass die Automobilhersteller damit nicht die Kundenschnittstelle besetzen können und dies zu starken Einschränkungen hinsichtlich ihrer Margen führen wird. Es ist das gleiche Phänomen wie bei der chinesischen Firma Foxconn. Foxconn produziert weltweit Smartphones für Apple, aber Apple macht die dicken Gewinne, weil es ein Ökosystem bietet und die Kundenschnittstelle besetzt.

Schafft es jetzt der Automobilhersteller, kundenzentrisch neue digitale Dienste zu entwickeln, aber er kann seine bestehende Wertschöpfungskette nicht optimieren, wird dies das Unternehmen langfristig entzweien. Der Automobilhersteller wird ein klassischer Blechbieger mit angehängten IT-Labs. Die Kundenzentrierung wird auch nur so lange gut sein, wie die IT-Labs nicht auf bestehende IT-Umsysteme des Herstellers zugreifen müssen. Damit verwirkt der Automobilhersteller allerdings viele seiner möglichen Wettbewerbsvorteile. Diese Positionierung birgt zwar die Chancen, die Zukunft in einigen Bereichen mitgestalten zu können, die klassische Automobilproduktion wird aber nach und nach erodieren, da die produzierten Fahrzeuge zu teuer sein werden. Diese Positionierung wird daher ein Sterben auf Raten sein.

Sollte der Automobilhersteller es weder schaffen, seine Wertschöpfungskette mittels Daten und KI zu optimieren, noch, die Kundenzentrierung zu erreichen, bleibt er der klassische Blechbieger. Das Volumen wird Schritt für Schritt zurückgehen und neue Markteinsteiger bzw. Wettbewerber werden die Märkte der Zukunft unter sich aufteilen.

In Kap. 7 werden wir uns jetzt anschauen, wie die Automobilhersteller zum Techgiganten werden können.

Literatur

1. Zanner, S., Jäger, S., & Stotko, C. M. (2002). Änderungsmanagement bei verteilten Standorten. *Industrie Management, 18*(3), 40–43.
2. Niemerg, C. (1997). Änderungskosten in der Produktentwicklung, Dissertation, Technische Universität München.
3. Statt, N. (2019). How Artificial Intelligence will revolutionize the way video games are developed and played, TheVerge-Website. https://www.theverge.com/2019/3/6/18222203/video-game-ai-future-procedural-generation-deep-learning. Zugegriffen: 1. Apr. 2020.
4. Roylance, D. (2001). Finite element analysis, PDF. https://ocw.mit.edu/courses/materials-science-and-engineering/3-11-mechanics-of-materials-fall-1999/modules/MIT3_11F99_fea.pdf. Zugegriffen: 1. Apr. 2020.
5. Welch, C. (2018). Google just gave a stunning demo of Assistant making an actual phone call, TheVerge-Website. https://www.theverge.com/2018/5/8/17332070/google-assistant-makes-phone-call-demo-duplex-io-2018. Zugegriffen: 1. Apr. 2020.
6. Discherl, H. C. (2020). Alexa im Auto: Das bieten Audi, BMW, Seat, VW, PC Welt-Website. https://www.pcwelt.de/a/alexa-auto-audi-bmw-vw-mercedes-seat-toyota-mazda-ford-tesla,3463971. Zugegriffen: 1. Apr. 2020.
7. Martin, N. (2020). Uber charges more if they think you're willing to pay more, forbes-website. https://www.forbes.com/sites/nicolemartin1/2019/03/30/uber-charges-more-if-they-think-youre-willing-to-pay-more/. Zugegriffen: 1. Apr. 2020.

Teil III

SCHRITTE ZUM TECHGIGANTEN

Zusammenfassung

Dieses Kapitel zeigt auf, welche Vision die Automobilhersteller verfolgen können, um sich erfolgreich zu einem Techgiganten zu transformieren. Entscheidend hierfür ist zu erkennen, dass die digitale Lieferzeit von Monaten auf Tage reduziert werden muss. Hierzu müssen alle Engpässe im Unternehmen eliminiert werden. Ebenso muss eine Konvertierung vom Projekt- zum Produktgeschäft geschehen. Produkte kommen nämlich im Vergleich zu Projekten mit einem Lebenszyklus, der abgedeckt werden muss. Auf Basis eines Strategie-getriebenen Backlogs können dann die richtigen Themen angegangen werden, die die Transformation zum Techgiganten ermöglichen.

7.1 Das KI-Flywheel von Amazon

Jetzt schauen wir uns als Inspiration das KI-Flywheel von Amazon an (siehe Abb. 7.1). Um seinen Kunden die größtmögliche Auswahl zum niedrigsten Preis zu bieten, baute Jeff Bezos seine Vision auf dem sogenannten „Flywheel-Effekt" auf (ursprünglich geht der Begriff wohl auf seinen Strategieberater Jeff Collins zurück).

Beim *Flywheel-Effekt* (deutsch: Schwungrad-Effekt) wird das interessante Phänomen eines sich selbst verstärkenden Kreislau-

© Der/die Herausgeber bzw. der/die Autor(en), exklusiv lizenziert   205
durch Springer Fachmedien Wiesbaden GmbH, ein Teil von
Springer Nature 2021
M. Nolting, *Künstliche Intelligenz in der Automobilindustrie,*
Technik im Fokus, https://doi.org/10.1007/978-3-658-31567-2_7

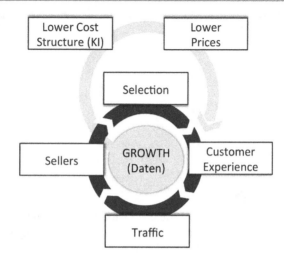

Abb. 7.1 Das KI-Flywheel von Amazon

fes generiert. Sobald sich ein Schwungrad zu drehen beginnt, entwickelt es eine selbstverstärkende Eigendynamik. Das *Flywheel*
beschleunigt sich dadurch sozusagen selbst. Amazon nutzt genau
diesen Effekt für sein Unternehmenswachstum. Das Schwungrad-
modell von Amazon sieht so aus: Amazon schafft mit seiner
Kundenorientierung genau das richtige Angebot (englisch: selection). Daher nennt sich Amazon auch *customer-obsessed* (deutsch:
besessen vom Kunden). Alles dreht sich darum, das richtige Angebot zu schaffen und damit einen großen Kundenmehrwert zu liefern. Amazon hat hierfür mehrere interne Review-Prozesse, um
sich nur auf die Ideen zu konzentrieren, die einen wirklichen Kundenschmerz lösen. Dieser Kundenschmerz wird dann mit dem
bestmöglichen Kundenerlebnis (englisch: customer experience) zu
lösen versucht. Durch die richtige Auswahl und das perfekte Kundenerlebnis fangen immer mehr Kunden an, das Produkt zu nutzen, und die Zugriffszahlen (englisch: traffic) steigen. Es ist schon
erstaunlich, wie schnell man im Amazon-Online-Shop einen für
sich passenden Artikel identifizieren und kaufen kann. Teilweise
reichen einem dazu zwei stille Minuten, da Amazon einem schnell
einen Überblick über Alternativartikel bietet und zeigt, welche

Artikel andere Kunden kaufen. Dazu weiß man als Kunde, dass Amazon häufig den besten Preis bietet. Wenn man jetzt auch noch *Prime*-Artikel kauft und man selbst Prime-Kunde ist, hat man die Garantie, dass der Artikel am nächsten Tag im Briefkasten landet. Das ist dieses gute Kundenerlebnis, das Amazon versucht, bei all seinen Produkten (nicht nur beim Online-Shop) zu erreichen. Die hohe Kundennachfrage lockt jetzt wiederum Drittanbieter (englisch: reseller) an, die das Angebotsportfolio dadurch erweitern. Eine größere Auswahl zieht mehr Kunden an, und so weiter – Amazons *Wachstumsspirale* ist in vollem Gange. Durch seine Volumeneffekte kann Amazon nun eine bessere Kostenstruktur anbieten. Die Preise sinken, was dem Kunden und dem Kundenerlebnis zugutekommt. Aber nicht nur dadurch – auch durch die eingesetzte KI. Amazon verfügt durch seine hohe Anzahl an Kundenzugriffen und sein Wachstum über große Datenmengen. Genau diese Datenmengen werden jetzt durch KI-Verfahren genutzt, um entweder die Kosten zu reduzieren, das Angebot zu erweitern oder das Kundenerlebnis zu verbessern. Je mehr Daten zur Verfügung stehen, desto besser können die KI-Verfahren trainiert werden. Durch dieses selbstverstärkende Schwungrad wird Amazons KI also immer besser.

Produktbeschreibungen von in einem Markt gut laufenden Produkten werden z. B. automatisch durch KI-Verfahren in andere Sprachen übersetzt. Dadurch wird geprüft, ob auch hier ein hohes Kundenverlangen besteht. Wenn ja, wird dieser Markt bedient. KI-Algorithmen nutzen Daten des bisherigen Kaufverhaltens, um dem Kunden anzuzeigen, welche Produkte ansonsten noch dazu gekauft werden. Ebenso werden KI-Verfahren bei der Logistikplanung eingesetzt. Amazon nutzt also KI-Verfahren in jedem Segment seiner Wertschöpfungskette, um das Schwungrad zu verstärken.

7.2 Ein KI-Flywheel für die Automobilindustrie

Die Automobilindustrie könnte ein ähnliches Flywheel (siehe Abb. 7.2) aufbauen, wie es Amazon nutzt. Auch hier muss der Automobilhersteller das richtige Angebot schaffen – in der *Selection*-Phase. Neben den Fahrzeugen, die bisher produziert wurden, muss hier ein Angebot für den Kunden der Zukunft geschaffen

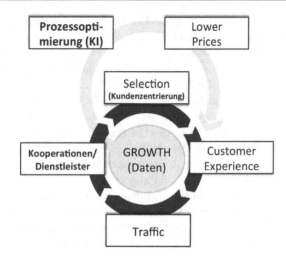

Abb. 7.2 Ein KI-Flywheel für die Automobilindustrie

werden. Dies beinhaltet ebenso digitale Dienste. Hier ist die Kundenzentrierung elementar. Neue Dienste müssen kundenzentriert
entwickelt werden. Genauso wie Amazon das macht. Jetzt müssen
ebenso die Fahrzeuge und Dienste eine gute *Customer Experience* vorweisen. Dies stellt für die Automobilhersteller eine große
Herausforderung dar, da häufig nicht das Kundenerlebnis bei digitalen Diensten, sondern eher die Risikominimierung im Vordergrund steht. Durch extrem konservative Auslegung der juristischen
Anforderungen in Bezug auf Datenschutz und andere Themen
entstehen häufig Dienste mit nur eingeschränkt gutem Kundenerlebnis. Diese konservative Risikoreduktion ist in den DNAs vieler
Automobilhersteller verankert – speziell bei den größeren. Innovation bedeutet allerdings häufig, ein gewisses Risiko in Kauf zu
nehmen. Sollte jetzt das richtige Angebot mit dem passenden Kundenerlebnis vorhanden sein, kann auch dies zu viel *Traffic* führen
– zu einer hohen Nutzungsanzahl durch die Kunden. Die Rolle
der *Reseller* bei Amazon können jetzt bei den Automobilherstellern die Dienstleister einnehmen. Diese könnten eigene Dienste
und Apps im Ökosystem der Automobilhersteller anbieten, die das
Angebot weiter aufwerten. Das könnte durch Bereitstellung einer

öffentlichen API erfolgen. Diese API könnte im ersten Schritt auch nur exklusiv den Dienstleistern zur Verfügung gestellt werden, zu denen ein gutes Vertrauensverhältnis besteht und mit denen die Automobilhersteller eine lange Historie teilen.

Auf Basis der Konnektivität im Auto fallen jetzt sowohl eine Vielzahl von Fahrzeugdaten als auch sonstige Kundendaten an. Ebenso entstehen viele Daten durch die Produktion der Fahrzeuge (Industrie 4.0). Genau diese Unmenge an Daten kann eine hervorragende Basis bieten, um die bisherige Wertschöpfungskette mit KI-Verfahren zu optimieren. Das führt wiederum zu geringeren Preisen bzw. verbesserten Renditen.

Ebenso können die Daten durch KI-Verfahren genutzt werden, um das Kundenerlebnis zu verbessern. Zur Optimierung des Kundenerlebnisses könnte z. B. im Fahrzeug mitprotokolliert werden, wie die Kunden die Dienste nutzen. Ebenso könnten die Automobilhersteller neue Funktionen in ihr Infotainmentsystem als sogenannten A/B-Test (siehe Abschn. 8.3.2) bringen, wie es Facebook auf seiner Internetseite bei jeder neuen Funktion macht [3].

7.3 Die Vision der Transformation zum Techgiganten

Eine Vision verhilft Organisationen sowie all ihren Teams zu mehr Energie und Fokus. Daher ist sie elementar für jeden Automobilhersteller, um die Transformation zum softwaregetriebenen Unternehmen und zum Techgiganten zu schaffen.

Wie in Abb. 7.3 dargestellt, kann man eine Vision anhand der Dimensionen Fokus und Energie bewerten. Unternehmen oder Teams mit hohem Fokus, aber einer geringen Energie (nicht optimalen Zusammenarbeit) sind in der Komfortzone. Klassische Bereiche, bei denen das noch so ist, da der Wettbewerbsdruck auf sie noch nicht so groß ist, sind Behörden und Versicherungen. Versicherungen haben ein stabiles Ertragsmodell, das sich nur sehr langsam ändert.

In der Resignationszone sind Unternehmen oder Teams mit geringem Fokus, die die vorhandene Energie aufbrauchen, um sich gegenseitig zu bekämpfen. Ein gutes Beispiel hierfür sind große Mehr-Konsortien-Projekte wie Toll Collect. Toll Collect betreibt

Abb. 7.3 Kriterien einer effektiven Vision

im Auftrag des Bundes das deutsche Lkw-Mautsystem. Hier gab es viele Anlaufschwierigkeiten, da zum einen der Fokus nicht klar war und es zum anderen viele Schuldzuweisungen im Konsortium gab, wenn etwas nicht lief. Ein weiteres gutes Beispiel ist das Flughafenprojekt Berlin Brandenburg. Es handelt sich um die größte Flughafenbaustelle Europas und zugleich um eines der größten im Bau befindlichen Verkehrsinfrastrukturprojekte Deutschlands. Der Flugbetrieb hätte im November 2011 und nach einer Terminkorrektur dann im Juni 2012 offiziell starten sollen. Der Eröffnungstermin wurde aufgrund technischer Mängel mehrfach verschoben. Der Bau des Flughafens konnte nicht abgeschlossen werden und wurde seitdem mehrfach wieder verschoben.

In der Zersetzungszone sind Unternehmen mit geringem Fokus, aber leidenschaftlichen Mitarbeitern. Häufig sind diese Unternehmen in die Krise geraten. Hier sind starke Emotionen wie Angst, Schuldzuweisungen und Wut vorhanden. Die Mitarbeiter oder Team-Mitglieder arbeiten eher gegeneinander als miteinander. Gute Beispiele hierfür ist das Investmentbanking nach dem Börsencrash 2008 oder die Lufthansa, wo das Bodenpersonal und die Piloten sich regelmäßig bekriegen. Ebenso ist dies sicherlich die Zone, in der sich viele Automobilhersteller aktuell befinden, da sie die Transformation zum Techgiganten schaffen möchten, aber nicht so richtig wissen, wie sie clever damit anfangen.

Firmen und Teams in der Leidenschaftszone haben eine klare Vorstellung davon, was zu tun ist und was sie erreichen möchten. Ebenso verfolgen diese Teams ihre Vision mit Leidenschaft und viel positiver Energie.

Um eine Vision zu entwickeln, die Teams und Unternehmen leidenschaftlich antreibt, ist es also wichtig, viel Fokus und positive Energie zu kreieren. Um dies zu erreichen, sollte eine Vision aus einer rationalen und einer emotionalen Komponente bestehen. Ein gutes Beispiel hierfür ist die Vision der Deutschen Nationalmannschaft aus dem Jahr 2014:

> „Wir wollen Weltmeister werden und jedes Kind soll wieder den Wunsch haben Nationalspieler zu werden."

Diese Vision hatte einen klaren Fokus sowie eine starke emotionale Komponente. Jeder Nationalspieler kann sich sicherlich noch gut daran erinnern, wie er selbst als kleines Kind Nationalspieler werden wollte. Diese Leidenschaft wollten sie auch bei den Kindern wecken und entfachen.

Bei der Definition einer Vision gibt es grundlegend zwei Kategorien, die man unterscheiden kann:

1. Positiv besetzt: „Die Prinzessin gewinnen"
2. Negativ besetzt: „Den Drachen töten"

Den Drachen zu töten kann als Vision sehr wirkungsvoll und antreibend sein. Im Automobilumfeld können sich sicherlich viele Automobilhersteller mit Tesla als Drachen und Feindbild anfreunden. Auf lange Sicht ist allerdings eine positiv besetzte Vision wie z. B. *Die Prinzessin gewinnen* weitaus nachhaltiger. Die zu starke Fokussierung auf den Feind kann nämlich dazu führen, dass ein anderer Drache einen auf einmal überholt. So könnte z. B. ein zu starker Fokus auf Tesla nach sich ziehen, dass die Automobilhersteller gar nicht realisieren, dass ebenso Google, Apple und Amazon in ihren Gefilden wildern.

Daher werden wir in diesem Buch folgende positiv besetzte Vision für die Automobilindustrie definieren, die auf jeden Automobilhersteller anwendbar ist:

„Wir haben einen digitalen SOP am Tag (nicht alle 3 Jahre) – das heißt,
unsere Kunden fahren morgens mit ihrem Auto zur Arbeit und abends
mit einem neuen zurück."

Der Begriff SOP ist dabei angelehnt an den *Start of Production,* wie
ein Fahrzeuganlauf bei den Automobilherstellern abgekürzt wird.
Unter SOP wird in der Automobilindustrie der Beginn der Serienproduktion bezeichnet. Genau betrachtet handelt es sich dabei um
den Zeitpunkt der Produktion des ersten unter Serienbedingungen
aus Serienteilen auf Serienwerkzeugen gefertigten Fahrzeugs. Auf
diesen Zeitpunkt planen Mitarbeiter normalerweise drei bis vier
Jahre hin. Unsere Vision sagt aus, dass es jeden Tag eine Aktualisierung an einem Fahrzeug geben kann. Dies kann jeden Teil seiner
Digitalkomponenten betreffen. Kunden haben dabei den Vorteil,
dass das Fahrzeug, wenn sie damit nach dem Kauf vom Hof des
Händlers fahren, nicht einen kontinuierlichen Wertverlust hat. Das
Fahrzeug wird auch weiterhin mit Updates versorgt. So macht es
ebenfalls Tesla. Tesla hat neulich erst viele Fahrzeuge zurückgeru-
fen und einen Hightech-Computer von NVIDIA verbauen lassen,
damit es auch noch in 5 bis 10 Jahren teure Fahrzeugupdates für
das autonome Fahren verkaufen kann. Tesla-Fahrzeuge durchlaufen regelmäßig Software-Updates – also digitale SOPs.

   Die obige Vision erzeugt den Fokus auf der wesentlichen Komponente, um mit den Techgiganten mithalten zu können. Tab. 7.1
zeigt nämlich die entscheidende Metrik, die alle erfolgreichen
Techgiganten auszeichnet. Sie sind in der Lage, neue Funktionen
schnell umzusetzen und ihren Kunden anzubieten. Amazon ist z. B.
in der Lage, 23.000 mal am Tag eine Änderung an einer Funktion
an ihre Kunden auszuliefern. Dies entspricht einer Änderung alle
4 s. Nehmen wir jetzt einmal an, wir kaufen im Amazon-Shop ein
neues Paar Schuhe und benötigen dafür 3 min, dann sehen wir 45
neue Versionen der Website in diesem Zeitraum. Um schnellÄnde-
rungen an Kunden auszuliefern, muss die Integrationszeit sehr kurz
sein. Sie liegt innerhalb von Minuten. Bei typischen Großunternehmen und auch Automobilherstellern befindet sich Rate, in der
digitale Änderungen an Kunden ausgeliefert werden, im Bereich
von Monaten. Das liegt häufig an einem komplizierten Change-
Management-Prozess im Unternehmen, in dem mehrere Umsysteme aufeinander abgestimmt werden müssen. Umsysteme sind

Tab. 7.1 Deploymentraten der digitalen Giganten [4]

Firma	Deploymenthäufigkeit	Integrationszeit	Stabilität	Kundenzentrierung
Amazon	23.000/Tag	Minuten	Hoch	Hoch
Google	5500/Tag	Minuten	Hoch	Hoch
Netflix	500/Tag	Minuten	Hoch	Hoch
Facebook	1/Tag	Stunden	Hoch	Hoch
Twitter	3/Woche	Stunden	Hoch	Hoch
Typisches Großunternehmen	alle 9 Monate	Monate/Quartale	Gering/mittel	Gering/mittel

dabei Altsysteme bei den Automobilherstellern, das heißt historisch gewachsene Anwendungen im Bereich der Unternehmenssoftware. Da nicht in allen Umsystemen eine komplette Testautomatisierung vorliegt, muss händisch getestet werden. Hier ist man gleich in einer fragilen IT-Umgebung unterwegs, die die Integrationszeit hochschnellen lässt. Möchten die Automobilhersteller mit den Techgiganten mithalten, müssen sie in der Lage sein, schnell Änderungen vor Kunde zu bringen. Daher ist die Vision *„Wir haben einen digitalen SOP am Tag (nicht alle 3 Jahre) – das heißt, unsere Kunden fahren morgens mit ihrem Auto zur Arbeit und abends mit einem neuen zurück."* genau die richtige, da sie an dem größten Differentiator im Vergleich zu den Techgiganten ansetzt.

7.4   Datenprodukte vs. Datenprojekte

Das Nächste, was die Automobilhersteller verstehen müssen, ist, dass sie keine IT-Projekte mehr durchführen, sondern IT-Produkte entwickeln. Wir nennen ab jetzt solche Produkte **Datenprodukte,** da sie auf Daten aufbauen und KI einsetzen.

Das Projekt- und Produktgeschäft unterscheidet sich dahingehend, dass Projekte im klassischen magischen Dreieck des Projektmanagements drei Größen haben:

1. Zeit,
2. Kosten
3. und Qualität.

Als Projektmanager muss man daher diese drei Parameter parallel ausbalancieren, um alle Stakeholder zufriedenzustellen. Bei der Produktentwicklung gibt es nur eines: Qualität. Die Qualität ist daher so entscheidend, weil sie elementar für die Kundenzufriedenheit ist. Sollte man jetzt darüber hinaus bei der Entwicklung eines Datenproduktes einen wichtigen Meilenstein treffen wollen (das heißt den Aspekt Zeit auch berücksichtigen), muss der Umfang der Produktentwicklung reduziert werden. Hier spricht man häufig vom Minimal Viable Product (MVP). Ein MVP, wörtlich ein

„minimal überlebensfähiges Produkt", ist die erste minimal funktionsfähige Iteration eines Produkts, das entwickelt werden muss,
um mit minimalem Aufwand den Kunden-, Markt- oder Funktionsbedarf zu decken und handlungsrelevantes Feedback zu gewähr-
leisten.

Ein Datenprodukt besteht wie in Abb. 7.4 dargestellt aus mehreren Komponenten. Da es sich um ein Datenprodukt handelt, verarbeitet es Daten, die aus einer Datenplattform oder aus Schnittstellen anderer Umsysteme stammen können. Darüber hinaus hat es
sogenannte Backend- und Frontend-Anteile. Der Backend-Anteil
ist der Programmcode, den der Kunde nicht sieht, sondern der
im Hintergrund notwendig ist, damit das Datenprodukt die Daten
verarbeiten kann, mit anderen Umsystemen spricht, Daten in eine
Datenbank schreiben kann und so weiter. Es ist quasi der Motor des
Datenproduktes. Die Daten entsprechen dem Benzin und das Frontend ist die Karosserie. Der Frontend-Anteil ist das Ergebnis des
Codes, den die Kunden zu sehen bekommen. Dies kann eine Website sein, eine App oder die Bedienschnittstelle im Fahrzeug. Auf
Basis dieses Fundamentes ist nun das Datenprodukt in der Lage,
Daten in einen KI-Algorithmus zu füttern und daraus Handlun-
gen abzuleiten. Dies könnten z. B. alle Verkaufsdaten eines Landes
sein, die aus der Schnittstelle eines Verkaufssystems geladen wer-

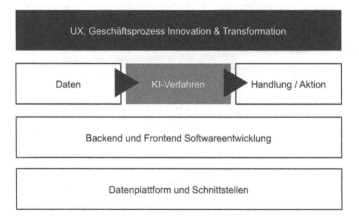

Abb. 7.4 Komponenten eines Datenproduktes

den. Darüber hinaus könnten wir noch von einer externen Schnittstelle Wetterdaten laden, weil wir den Verdacht haben, dass diese
Werte zusammenhängen. Auf Basis dieser historischen Verkaufs-
und der zukünftigen Wetterdaten könnte nun ein KI-Algorithmus
prädizieren, wie die Verkäufe an einem gewissen Tag sein könnten.
Dies wäre ein Beispiel für ein Datenprodukt. Und zu guter Letzt
muss jedes Datenprodukt ein gutes Kundenerlebnis (UX für User
Experience) und eine Innovation in Bezug auf die Geschäftsprozesse darstellen. Zusätzlich sollte es ein Leuchtturmprojekt sein,
welches für Inspiration in Bezug auf die Transformation sorgt.

Ein Datenprodukt verfügt auch über unterschiedliche Lebens-
zyklen wie in Abb. 7.5 dargestellt. Dies unterscheidet ein Produkt
wesentlich von einem Projekt. Normalerweise startet ein Datenprodukt in der *Ideate*-Phase. Dies ist die Phase, in der eine Idee kon-
kretisiert wird. Hier wird die Idee grob in Bezug auf ihr Geschäftspotential bewertet. Darüber hinaus wird geprüft, ob die notwendigen Daten wirklich zur Verfügung stehen und ob die Datenqualität ausreicht. In unserem obigen Beispiel mit den Verkaufs- und
Wetterdaten würde das etwa bedeuten, dass man sich grob die
Datenfelder anschaut, die man aus den beiden Systemen bekommt,
und betrachtet, mit welcher Häufigkeit man die Daten erhält. Die

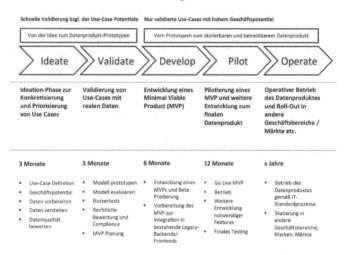

Abb. 7.5 Phasen und Lebenszyklus eines Datenproduktes

Verkaufsdaten wird man wahrscheinlich auf Tagesbasis bekommen. Die Wetterdaten eventuell auf Stundenbasis. Daraus kann man schon sehr gut die Datenqualität ablesen. Wenn man vermutet, dass ein ausreichendes Geschäftspotential vorliegt und die Datenqualität ausreicht, geht man in die *Validate*-Phase. In dieser Phase wird die Idee mit realen Daten validiert. Auf Basis der realen Daten wird ein Prototyp des KI-Modells entwickelt und die Ergebnisse werden validiert. Dies geschieht am besten mit realen Kunden. In unserem obigen Beispiel könnte man hier Verkäufer von Autohäusern frühzeitig einbinden und deren Feedback einholen. Ebenso sollte hier eine rechtliche Bewertung durchgeführt werden (z. B. auf Basis des geplanten Nutzer-Interfaces), um ebenso frühzeitig mögliche Komplikationen zu identifizieren. Ist diese Phase abgeschlossen und die Idee konnte sich behaupten, steht der Entwicklung eines MVPs in der *Develop*-Phase nichts mehr im Wege. Der Entwicklungszeitraum sollte nicht länger als 6 Monate dauern. Dementsprechend muss der Umfang des MVPs definiert werden. Nach Fertigstellung der Entwicklung sollte diese vor einer geringen Zahl von Kunden pilotiert werden. Ebenso sollte das MVP in dieser Phase vorbereitet werden, damit es in die Unternehmenswelt passt. Hierzu muss geprüft werden, zu welchen Teilen der Unternehmens-IT (der Umsysteme) eine Abhängigkeit besteht. Notwendige Änderungen an den Umsystemen müssen jetzt eingesteuert werden. Nach der *Develop*-Phase folgt die Phase *Pilot*. Hier wird der MVP live an Kunden ausgeliefert. Ab hier muss das Datenprodukt auch betrieben werden. Eventuell sind noch Änderungen nötig. Dies ist der größte Unterschied zwischen einem Datenprojekt und einem Datenprodukt. Ein Datenprojekt wird einmalig entwickelt und gilt als abgeschlossen. Ein Datenprodukt wird eventuell noch etliche Jahre durch Kunden nutzbar sein (Phase *Operate*). Da die Entwicklung eines solchen Datenproduktes normalerweise auch sehr komplex ist, kann es nicht einfach an die Betriebsabteilung übergeben werden. Daher muss ein Teil der Entwickler auch in der Phase *Pilot* und *Operate* dauerhaft unterstützen. Datenprodukte binden damit Entwicklerkapazitäten langfristig. Deshalb ist es enorm wichtig, die richtigen Datenprodukte zu priorisieren und nur die anzugehen, die im Backlog ganz oben stehen.

7.5   Backlog für Datenprodukte aufbauen

Das Backlog und seine Priorisierung sind mit das Wichtigste bei der erfolgreichen Transformation zum Techgiganten. Es müssen somit die richtigen KI-gestützten Datenprodukte identifiziert werden, die angegangen werden sollen. Die richtigen Datenprodukte sind diejenigen, die wie in Abb. 7.6 gezeigt folgende drei Bereiche abdecken:

- Machbarkeit,
- Wirtschaftlichkeit
- und Wunsch (des Kunden).

Ein gutes Datenprodukt muss einen starken Kundenwunsch abdecken. Hier kommt wieder der Aspekt der Kundenzentrierung und der *Selection* ins Spiel, wie wir es schon im KI-Flywheel in Abb. 7.2 gefordert haben. Neben einem hohen Kundenwert muss das Produkt natürlich auch technisch machbar sein. Hier müssen Techniker schätzen, ob die Idee, die ins Backlog als Datenprodukt

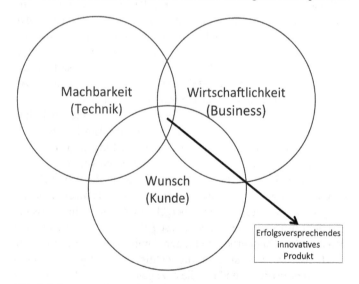

Abb. 7.6 Sweetspot Innovation

aufgenommen werden soll, technisch zu verwirklichen ist. Am Ende des Tages sollte das Datenprodukt natürlich auch in Bezug auf die Wirtschaftlichkeit gut sein. Das bedeutet, dass es entweder hilft Kosten einzusparen oder neue Umsätze zu generieren.

Je höher der Grad an künstlicher Intelligenz im Datenprodukt ist, desto höher ist auch der mögliche Wettbewerbsvorteil durch das Produkt. Viele Datenprodukte sind heutzutage bei den Automobilherstellern noch im Bereich *Reporting* angesiedelt (siehe Abb. 7.7). Hierzu zählen z. B. Standardreports wie Fahrtzeitenerfassung zur Erstellung von Online-Fahrtenbüchern von Fahrern, Kostenübersichten im Controlling oder das Business Reporting zu den verkauften Fahrzeugen eines Monats. Es ist allerdings wichtig zu verstehen, dass dies alles rückwärtsgerichtete Betrachtungen sind. Dies bedeutet, dass im Endeffekt aus bereits historischen Daten etwas analysiert wird.

Die Gegenwart zu verstehen, beginnt bei den statistischen Analysen. Dieses ist der Bereich, wo die Techgiganten mit ihren Diensten so richtig anfangen. Google ist ein Meister in statistischen Analysen. Aufgrund seiner großen Datenmengen kann es bereits heutzutage einige Dienste besser anbieten als die Automobilhersteller wie z. B. Navigationsdienste mit Google Maps, Bereitstellung von Verkehrsinformationen mit Google Now bzw. die Kom-

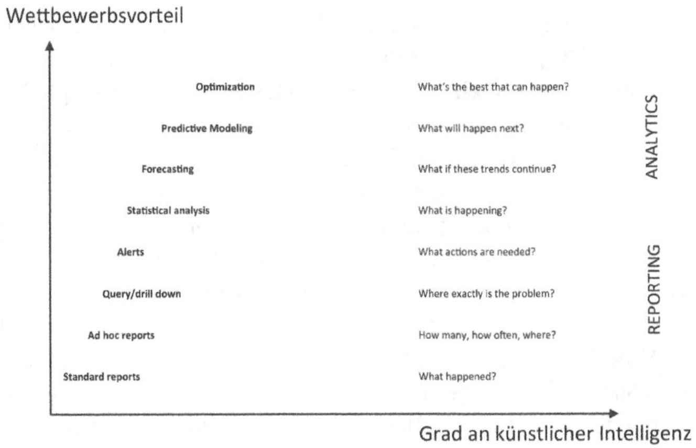

Wettbewerbsvorteil

Optimization	What's the best that can happen?	ANALYTICS
Predictive Modeling	What will happen next?	
Forecasting	What if these trends continue?	
Statistical analysis	What is happening?	
Alerts	What actions are needed?	REPORTING
Query/drill down	Where exactly is the problem?	
Ad hoc reports	How many, how often, where?	
Standard reports	What happened?	

Grad an künstlicher Intelligenz

Abb. 7.7 Wettbewerbsvorteil durch KI-Verfahren

bination von beidem. Wer kennt es z. B. nicht, dass man morgens in sein Auto steigt und sich der Google-Dienst mit einer Push-Benachrichtigung auf dem Handy mit der prognostizierten Ankunft am Arbeitsort meldet? Woher Google das alles weiß? Weil Google ein Meister in statistischen Analysen ist.

Die größten Wettbewerbsvorteile ergeben sich im Bereich *Analytics,* das heißt *Forecasting* (Vorhersagen machen), *Predictive Modeling* (deutsch: prädiktive Modelle) und *Optimization* (deutsch: Optimierung). Hier kann nämlich KI helfen, einen massiven Mehrwert für die Endkunden des Automobilherstellers zu liefern, wodurch wiederum die Wettbewerbsposition des Herstellers verbessert wird. Ein gutes Beispiel hierfür ist UBEREats von UBER. UBEREats startete unter dem Namen UBERCargo im Jahr 2014 und hatte das Ziel, Güter innerhalb der kürzestmöglichen Zeit zu transportieren. Schnell hatte UBER herausgefunden, dass die Zahlungsbereitschaft der Kunden für verderbliche Güter am größten ist. Aus UBERCargo wurde UBERFresh und letztendlich UBEREats [1]. UBEREats nutzt KI zum Prädizieren der genauen Ankunftszeit des bestellten Essens von Lieferdiensten. Das klingt so simpel, aber zum genauen Prädizieren muss die komplette Zustellungskette exakt vorhergesagt und optimiert werden. Gibt z. B. ein Kunde eine Bestellung in einem Restaurant über UBEREats auf, muss der Zustellbote zum Restaurant fahren, eventuell dort auf das Essen warten, das Essen in Empfang nehmen und beim Kunden abliefern. Um das Essen abholen zu können, muss der Zustellbote erstmal einen Parkplatz finden – natürlich möglichst nah dran. Dann muss er in das Restaurant gehen, dort gegebenenfalls warten, zurück zum Fahrzeug gehen, möglichst schnell zum Kunden fahren (unter Berücksichtigung der aktuellen Verkehrssituation mit Stau usw.), beim Kunden in der Nähe einen Parkplatz finden und letztendlich zum Kunden gehen. UBEREats hat einen KI-Algorithmus entwickelt, der genau dies zu optimieren versucht. Er ist ebenfalls in der Lage, neue Informationen (wie zum Beispiel die Verkehrssituation) jederzeit miteinzubeziehen und alles neu zu berechnen. Dieser Algorithmus basiert auf einem Entscheidungsbaum (siehe Abschn. 3.3.2), der folgende Daten berücksichtigt:

1. den Wochentag,
2. die Tageszeit,
3. die GPS-Position des Ziels,
4. die durchschnittliche Zubereitungszeit der letzten sieben Tage des jeweiligen Restaurants
5. sowie die durchschnittliche Zubereitungszeit für Gerichte in dem jeweiligen Restaurant in der letzten Stunde.

Auf Basis dieser Daten kann der KI-Algorithmus von UBEREats verlässlich die Ankunftszeit berechnen. Der Kunde ist bereit, für diesen Dienst zu zahlen. Der Dienst UBEREats ist ein wunderschönes Beispiel dafür, wie die Techgiganten entlang des Prozesses in Abb. 7.5 vorgehen, um die Datenprodukte zu identifizieren, die ihnen einen Wettbewerbsvorteil bringen, und KI einsetzen, um diesen immer weiter auszubauen.

Damit Automobilhersteller systematisch vorgehen können, um die notwendigen Ideen zu generieren und bewerten zu können, empfehlen wir das Business Model Canvas für KI-gestützte Datenprodukte, welches in Abb. 7.8 zu finden ist. Das Business Model Canvas [2] ist ein Instrument, um das Geschäftsmodell einer Idee zu visualisieren und in Bezug auf seine Wirtschaftlichkeit zu testen. Häufig wird es heutzutage von Start-Ups eingesetzt, um den

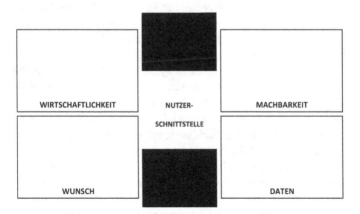

Abb. 7.8 Business Model Canvas für KI-gestützte Datenprodukte

veralteten Business Plan vollständig zu ersetzen. Jede Idee braucht ein funktionierendes Geschäftsmodell, wenn sie sich langfristig halten und möglichst viele Kunden begeistern soll. Das Business Model Canvas hilft dabei, alle wesentlichen Elemente eines erfolgreichen Geschäftsmodells in ein skalierbares System zu bringen. Daher kann man aufbauend auf dem Business Model Canvas das Business Model Canvas für KI-gestützte Datenprodukte entwickeln. Es beinhaltet nicht wie das Business Model Canvas Kategorien, die für Start-Ups relevant sind wie *Customer Relationships* (das heißt, wie auf den Kunden zugegangen wird) und *Channels* (das beinhaltet die geplanten Vertriebskanäle), sondern folgende fünf Bereiche, die ein innovatives Produkt charakterisieren sowie für Datenprodukte spezifisch sind:

1. Wirtschaftlichkeit,
2. Wunsch,
3. Machbarkeit,
4. Daten
5. und Schnittstelle des Datenproduktes.

Mit dem Business Model Canvas für KI-gestützte Datenprodukte können – systematisch angewendet durch sogenannte Trüffeljagden – die wichtigsten Anwendungsfälle über alle Geschäftsbereiche der Wertschöpfungskette hinweg gefunden werden (siehe Abb. 7.9). Trüffeljagden beschreiben das Vorgehen, wie ein Trüffelschwein in dem jeweiligen Geschäftsbereich zu versuchen, die *Trüffel* zu finden, das heißt die KI-gestützten Datenprodukte, die zur Unternehmensstrategie passen und hohe Umsatz- und Kostenpotentiale versprechen. Solche Trüffeljagden sind klassischerweise Workshops von ein bis zwei Tagen Länge, zu denen interessierte Personen aus den Fachbereichen eingeladen und im ersten Schritt zu Themen *KI und Daten* geschult werden. Im nächsten Schritt werden dann alle Begrifflichkeiten erklärt und erläutert. Dies geschieht praktisch anhand von Use-Cases aus der Literatur. Wichtig ist, dass sich diese Use-Cases in der jeweiligen Domäne der eingeladenen Fachbereichsvertreter abspielen, damit ein einfacher Transfer möglich ist. Danach findet eine Grobanalyse statt, in

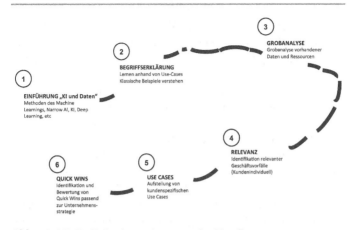

Abb. 7.9 Mit Trüffeljagden zu den passenden Use-Cases

der angeschaut wird, welche Daten und Ressourcen in dem jeweiligen Bereich zur Verfügung stehen, um Datenprodukte zu entwickeln. Danach werden auf Basis der vorhandenen Datenpools und der im jeweiligen Geschäftsbereich relevanten Prozesse Ideen generiert. Diese Ideen werden mit dem Business Model Canvas für KI-gestützte Datenprodukte (siehe Abb. 7.8) zu richtigen Use-Cases entwickelt.

Damit eine Idee zum Use-Case wird, muss sie hinsichtlich ihrer **Wirtschaftlichkeit** nach aktuellen Kosten, Potential für Einsparungen/Gewinn und in Bezug zur Unternehmensstrategie bewertet werden. Ein Use-Case muss daher entweder Einsparungen oder Gewinn erwirtschaften und zur Unternehmensstrategie passen. Hier ist der Aspekt der Unternehmensstrategie wichtig, da ansonsten solche Projekte einen Prozess zwar optimieren oder einen neuen Markt erschließen können, das Ganze aber nicht zu der Gesamtstoßrichtung des Unternehmens passt. Das würde somit bei der Transformation nicht helfen.

Nach Bewertung der Wirtschaftlichkeit muss auch ein starker **Kundenwunsch** vorhanden sein. Bei den Trüffeljagden sind bei Szenarien für Kosteneinsparungen häufig die Fachbereiche die Kunden. Ebenso kann es möglich sein, dass der wirkliche Endkunde (der Fahrzeugkunde) der Kunde ist, wenn es sich um digitale Dienste handelt. Jetzt muss daher aus Kundensicht bewertet werden, wie stark der Kundenwunsch abgedeckt wird. Wird ein wirkliches Problem gelöst? Dazu muss bewertet werden, wie das aktuelle Kundenproblem bisher gelöst wird (z. B. durch welchen Prozess und wie stark der automatisiert ist) und wie es die geplante Lösung machen wird. Ebenso wird hier angeschaut, welche Schlüsselressourcen im Unternehmen notwendig sind und wie eine grobe Roadmap für das nächste Jahr aussehen könnte.

Danach muss die **Machbarkeit** bewertet werden. Hierzu sind Techniker und KI-Experten einzuladen, die ein etwaiges Modell grob skizzieren können und Rückmeldung geben, welche bestehende Speicher- und Recheninfrastruktur zur Verfügung steht. Auf Basis des grob skizzierten Modells können dann Aussagen getroffen werden, ob diese ausreicht oder ob neue Speicher- und Recheninfrastruktur notwendig ist.

Um einen Überblick über die Datenqualität zu erhalten, müssen die **Daten** für den jeweiligen Use-Case genauer angeschaut werden. Hier wird am besten ein Jurist mit eingeladen. Juristen können helfen, die Daten aus Sicht des Datenschutzes zu bewerten. Sie bekommen z. B. sehr schnell einen Überblick, ob es sich um personen- oder nicht personenbezogene Daten handelt. Hiervon ist z. B. abhängig, ob mit anonymisierten Daten gearbeitet werden muss oder nicht. Daher müssen die Daten in Bezug auf ihre Quellen, ihre Besitzer, Formate und Verfügbarkeit analysiert werden. Die Verfügbarkeit gibt auch ein gutes erstes Indiz bezüglich der Datenqualität und der Modellentwicklung. Liegen z. B. Daten stundenaktuell vor, können ganz andere Modelle entwickelt werden, als wenn Daten nur im Tages- oder Wochentakt vorhanden sind.

Einen zentralen Aspekt zum Schluss stellt noch die **Nutzer-Schnittstelle** dar. Hier sollte angeschaut werden, wie die Inhalte dem Kunden präsentiert werden, damit er damit zielgerichtet und gewinnbringend arbeiten kann. Bei Prozessoptimierungen kann es sein, dass diese Inhalte in einem bereits bestehenden System des Automobilherstellers vorliegen müssen. Hier ist der Integrationsaufwand dann wesentlich höher, als wenn die Daten in einer komplett neuentwickelten Applikation dargestellt werden können. Handelt es sich z. B. um einen Use-Case, in dem dem Endkunden im Fahrzeug im Infotainmentsystem Daten angezeigt werden sollen (z. B. Echtzeitverkehrsinformationen), muss eine Nutzer-Schnittstelle angepasst werden, die im Serienprozess des Herstellers liegt. Hier handelt es sich um die höchste Komplexitätsstufe. Kann derselbe Mehrwert mit einer Smartphone-App realisiert werden, reduziert dies die Komplexität der geplanten Nutzer-Schnittstelle erheblich. Solche Aspekte müssen hier berücksichtigt werden.

Das Resultat der Trüffeljagden kann als Grundlage für die *Ideation*-Phase genutzt werden. Dort können die Use-Cases dann weiter verfeinert werden. Auf Basis der Ergebnisse der Trüffeljagden sollte allerdings eine grobe Priorisierung schon möglich sein, um sogenannte *Quick Wins* (das heißt Use-Cases mit hohem Kosten-/Umsatzpotential, die zur Unternehmensstrategie passen und relativ leicht umzusetzen sind) zu identifizieren. Da für die Identifizierung relevanter Use-Cases die Fachbereichsvertreter und somit das Domänen-Wissen elementar sind, haben die Automobilhersteller gute Chancen im Vergleich zu den Techgiganten. Das Domänen-Wissen ist wichtig, um den Innovationsgrad einer Idee bewerten zu können. Diesen Vorteil müssen die Automobilhersteller gegenüber den Techgiganten ausspielen.

7.6 Tempo aufnehmen

Lean Production und *Lean Manufacturing* (deutsch: schlanke Produktion) bezeichnen die ursprünglich von japanischen Automobilherstellern eingesetzte systematisierte Produktionsorganisation. Diese stand im Gegensatz zu der Produktionsform, die in den USA und Europa anzutreffen war. Hier war die sogenannte gepufferte Produktion („buffered production") vorzufinden [6, 7]. Man versteht unter schlanker Produktion ein System, dessen Kernzielsetzung die Beseitigung von Verschwendung ist, indem gleichzeitig lieferantenseitige, kundenseitige und interne Schwankungen reduziert oder minimiert werden.

Genau diese Prinzipien wurden auch nach und nach auf die moderne Softwareentwicklung übertragen [5]. In der klassischen Softwareentwicklung ging man in der Entwicklung sequentiell vor, das heißt, es wurden die Kundenanforderungen aufgenommen, auf Basis dieser wurde eine Spezifikation geschrieben und danach implementiert. Der Dokumentationsaufwand war hoch. Lagen darüber hinaus die Anforderungen in den frühen Phasen instabil vor, kam es später zu hohen Änderungskosten. Dieses Vorgehen entspricht gut der klassischen Produktion, bevor *Lean Production* zum Einsatz kam. Die Verschwendung war groß, wenn in den sehr frühen Phasen die Anforderungen nicht klar waren.

Die moderne Softwareentwicklung versucht sich daher stark an die Prinzipien von *Lean Production* anzulehnen und die Verschwendung zu minimieren. Dies geschieht durch eine hohe Kundenorientierung mit iterativer Softwareentwicklung. Dadurch ist auch die Softwareentwicklung schlank aufgestellt und vermeidet Verschwendung, wo es geht. Dies geschieht z. B. mittels Testautomatisierung. Durch die iterative Entwicklung wird jederzeit hoher Wert auf Qualität gelegt. Fehler werden schnell erkannt und behoben. Daher ist die Entwicklung flexibel, schnell, kundennah und hochwertig. Der spannende Effekt bei der modernen Softwareentwicklung ist, dass die digitale Lieferzeit (siehe Abb. 7.10) minimiert wird. Dies wird benötigt, um die Deploymenthäufigkeit (das heißt das Ausliefern neuer funktionsfähiger Software an Kunden) zu erhöhen. Die digitale Lieferzeit ergibt sich als Summe aller Teilbearbeitungsschritte: von der schriftlich fixierten Idee bis hin

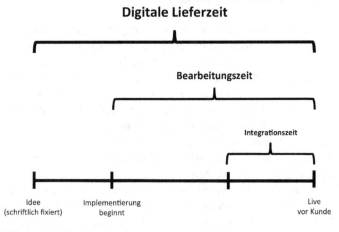

Abb. 7.10 Digitale Lieferzeit

zum Zeitpunkt, zu dem diese Idee in Software-Code gegossen als fertige Funktion vom Kunden erlebbar ist. Nach schriftlicher Fixierung der Idee muss diese so weit technisch gehärtet werden, dass die Implementierung starten kann. Dann beginnt die aktive Bearbeitung durch die Programmierer. Damit der entwickelte Code an die Kunden ausgeliefert und die Funktion genutzt werden kann, muss dieser in die Softwarewelt des Automobilherstellers integriert werden.

In jedem Teilschritt der Bearbeitungskette können sich Engpässe ergeben, die behoben werden müssen. Das bedeutet, dass wir uns anschauen müssen, wo Engpässe in den folgenden Schritten entstehen können:

- Idee (schriftlich fixiert), bis Implementierung beginnt,
- Bearbeitungszeit
- und Integrationszeit.

Engpässe können in jedem Teilschritt auftreten. Dies können z. B. wichtige Entscheider (wie z. B. Vorstände), wichtige Entwickler, Zugriff auf Daten oder Umsysteme sein, in die integriert werden muss. Gibt es jetzt einen Engpass (wie z. B. den Vorstand, der etwas entscheiden muss), kann dieses die gesamte digitale Lieferzeit negativ beeinflussen wie in Abb. 7.11 dargestellt. Ist eine Ressource (Vorstand, Umsystem oder Entwickler) z. B. zu 50 % ausgelastet, warte ich im Schnitt 1 Zeiteinheit, bis meine Anfrage abgearbeitet werden kann. Eine Zeiteinheit kann z. B. ein Sprint von 2 Wochen sein. Ist die Ressource allerdings zu 90 % ausgelastet, warte ich 10 Zeiteinheiten bzw. Sprints (das heißt 20 Wochen). Hier komme ich also schnell in Zeiträume von Monaten, wenn ich solch ein Umsystem als Engpass habe.

Die **Integrationszeit** stellt häufig ebenfalls einen starken Engpass dar. Bei der klassischen Softwareentwicklung wird hier zum ersten Mal die Funktion in ihrer Gesamtheit getestet. Je später das stattfindet, desto höher ist die Anzahl und Schwere der Fehler. Da Automobilhersteller Software entwickeln, die aus Millionen Zeilen von Software-Code besteht (siehe Abb. 8.1) und wo hunderte von Umsystemen der Automobilhersteller betroffen sind,

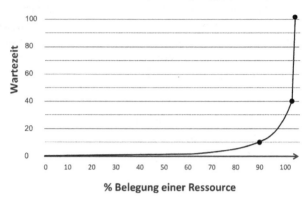

Wartezeit = (%Belegung)/(%Frei)

% Belegung einer Ressource

Abb. 7.11 Auswirkung von Engpässen: Die Wartezeit steigt exponentiell an

kann diese Integrationszeit auf Monate anwachsen. Das ist viel zu viel. Wie bereits in Tab. 7.1 dargestellt, muss diese im Minutenbereich liegen. Das ist genau das Erfolgsgeheimnis der Techgiganten.

Aber wie kann man es schaffen, die Integrationszeit von Monaten auf Minuten zu reduzieren? Hierzu muss man wie bei *Lean Production* die Losgröße so weit reduzieren, wie es geht. Wo in der klassischen Produktion in einem Verarbeitungsschritt mehrere Teilprodukte hergestellt wurden, bevor es mit dem nächsten Produktionsschritt weiterging, ist es bei geringer Losgröße (z. B. Losgröße 1) möglich, dieses für eine geringere Anzahl durchzuführen. Je geringer die Losgröße ist, desto geringer muss die Ausgabe von Teilschritten sein, bevor der nächste Schritt starten kann. Das haben die Automobilhersteller in den letzten Jahrzehnten soweit optimiert, dass die Losgröße mittlerweile 1 ist. Genau dasselbe muss auch bei der Entwicklung neuer Softwarefunktionen passieren. Dies bedeutet, dass jede neue Zeile Code (entspricht einer Losgröße von 1) getestet, integriert und an den Kunden ausgeliefert werden muss. Das größte Hindernis bei den Automobilherstellern stellen dabei die abhängigen Umsysteme dar. Stellen wir uns z. B. vor, wir möchten eine neue Funktion ins Fahrzeug bringen, die uns zeigt, wo das eigene Fahrzeug zuletzt geparkt wurde, muss diese Funktion auf die letzte Parkposition des Fahrzeugs zugreifen (Umsystem 1), sicherstellen, dass ich autorisierter Nutzer bin (Umsystem 2), und die Funktion muss in der Fahrzeug-App diese Position anzeigen (Umsystem 3). Auf den ersten Blick muss der Entwickler damit auf drei andere Systeme zugreifen, die in der IT-Landschaft des Automobilherstellers zur Verfügung stehen. Reichen die vorhandenen Schnittstellen dieser Systeme nicht aus, muss der Entwickler mit den Entwicklern der Umsysteme sprechen und diese bitten, die notwendigen Änderungen für ihn durchzuführen. Gibt es jetzt ein zentrales Umsystem, welches sehr viele dieser Anfragen hat, wird es zum Engpass. Auch hier kommt man schnell in Zeiträume von Monaten, wenn solch ein Umsystem ein Engpass ist. Dies bedeutet, dass es erst möglich ist, mit der Integrationszeit in den Minutenbereich zu kommen, wenn ich als Automobilhersteller in der Lage bin, meine Umsysteme nicht als Engpass für Entwickler zu gestalten, die neue Funktionen für Kunden entwickeln und an diese ausliefern möchten. Erst so kann ich dann Tempo aufnehmen, wie die Techgiganten es tun.

In Kap. 8 werden wir uns anschauen, wie die passende Mission zur Vision aussehen muss. Mit der Mission sollen alle Engpässe behoben werden, um eine digitale Lieferzeit wie ein Techgigant zu erreichen.

Literatur

1. Hermann, J., & Del Balso, M. (2017). Meet Michelangelo: Uber's machine learning platform. https://eng.uber.com/michelangelo-machine-learning-platform/. Zugegriffen: 18. Aug. 2019.
2. Wikipedia. Business model canvas. https://en.wikipedia.org/wiki/Business_Model_Canvas. Zugegriffen: 18. Aug. 2019.
3. Nolting, M., & von Seggern, J. E. (2016). Context-based A/B test Validation, ACM Proceedings of the 25th International Conference Companion on World Wide Web. https://dl.acm.org/doi/10.1145/2872518.2889306. Zugegriffen: 18. Aug. 2019.
4. Kim, G. (2018). *The Phoenix Project: A Novel about IT, DevOps, and Helping Your Business Win, Buch von IT Revolution Press.*
5. Poppendieck, M., Poppendieck, T., & Poppendieck, T. D. (2003). *Lean software development – an agile toolkit.* Boston: Addison-Wesley Professional.

6. Monden, Y. (1998). *Toyota Production System - An Integrated Approach to Just-In-Time, Norcross*. GA: Engineering and Management Press.
7. Womack, J. P., & Jones, D. T. (2007). *The Machine That Changed the World – The Story of Lean Production – Toyota's Secret Weapon in the Global Car Wars That Is Now Revolutionizing World Industry*. Free Press.

Mission: Own your code. Own your data. Own your product

8

Zusammenfassung

Um eine digitale Lieferzeit wie ein Techgigant zu erreichen und die Vision „Ein digitaler SOP am Tag" zu erreichen, müssen alle Engpässe im Unternehmen beseitigt werden, die dies verhindern. Mittels der Mission *Own your Code. Own your data. Own your product.* werden systematisch häufige Engpässe bei Automobilherstellern angegangen. Dieses sind Zugriff auf die Code-Basis aller Umsysteme, Zugang auf eine Integrationsumgebung zum automatischen Testen, Freigabeprozesse innerhalb der Organisation, Zugriff auf Daten aus anderen Domänen und zuletzt Feedback von wichtigen Entscheidern wie Bereichsleitern oder Vorständen.

8.1 Code-Ownership

Alle Techgiganten sind in der Lage, in großen Mengen funktionierenden Software-Code zu entwickeln. Wie in Abb. 8.1 dargestellt, ist Google weltweit führend in Bezug auf die Summe von entwickeltem Software-Code. Man schätzt, dass bei Google bisher ungefähr 2 Mrd. Code-Zeilen bisher implementiert wurden [2]. Das Genom einer Maus dahingegen verfügt nur über 120 Mio. Basen-Paare, die man auch als Code-Zeilen interpretieren kann, da hierdurch Informationen und Aktionen codiert sind. Ein modernes

© Der/die Herausgeber bzw. der/die Autor(en), exklusiv lizenziert durch Springer Fachmedien Wiesbaden GmbH, ein Teil von Springer Nature 2021
M. Nolting, *Künstliche Intelligenz in der Automobilindustrie*, Technik im Fokus, https://doi.org/10.1007/978-3-658-31567-2_8

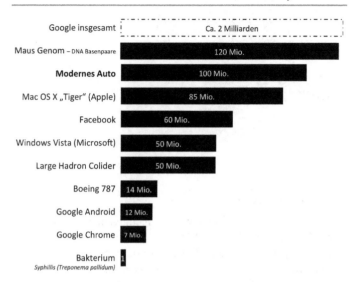

Abb. 8.1 Zeilen Software-Code im Fahrzeug und von anderen Techgiganten

Auto weist eine ähnlich große Anzahl an Zeilen Software-Code
auf. Eine Boeing 787 verfügt mit 14 Mio. Code-Zeilen nur über
14 % dessen. Daher werden wir uns in diesem Kapitel verstärkt
auf Google konzentrieren und anschauen, wie Google mit Source-
Code umgeht.

Im Rahmen der Teil-Mission *Own your Code* muss das Ziel
der Organisation sein, die Code-Ownership zurückzugewinnen.
Automobilhersteller haben über die letzten Jahrzehnte vermehrt
die Software-Entwicklung an Dienstleister übergeben. Dadurch
ist allerdings die Kompetenz abhanden gekommen, Code bewerten zu können. Heutzutage wird bei vielen Automobilherstellern
Software-Code wenig Beachtung geschenkt. Häufig wird lediglich
darauf bestanden, dass Dienstleister eine fertige Gesamtapplika-
tion abliefern – auch Software-Artefakt genannt. Der dazugehörige
Code interessiert aber nicht. Dieser liegt irgendwo verteilt bei den
Dienstleistern und verkümmert da. Somit verfügen eigentlich alle
Automobilhersteller über eine dezentrale Code-Basis. Aber was

machen die Techgiganten? Was ist zum Beispiel Googles Schlüssel zum Erfolg? Google verfügt über eine zentrale Code-Basis!

Um als Automobilhersteller jetzt die Code-Ownership im eigenen Unternehmen zurückzugewinnen, müssen folgende drei Schritte angegangen werden, wodurch sämtliche Engpässe in Bezug auf die Software-Entwicklung behoben werden:

- Zentralisierung der Code-Basis,
- dynamische Test-Infrastrukturen
- und Feature Toggles.

8.1.1   Zentralisierung der Code-Basis

Wie in Abb. 8.2 dargestellt, beschäftigen klassische Automobilhersteller fachliche und technische Mitarbeiter, die Anforderungen an einen Dienstleister stellen und die erstellte Software funktio-

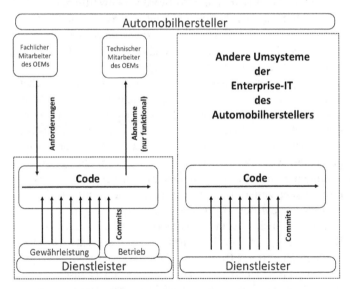

Abb. 8.2 Aktuelle Code-Basis bei vielen Automobilherstellern

nal abnehmen. Das ist der klassische Prozess, der seit Jahrzehnten in der Automobilindustrie gelebt wird. Die Dienstleister entwickeln auf Basis der Anforderungen den Code für die Software und speichern ihn bei sich ab. Die Speicherung erfolgt normalerweise in Form eines Code-Repositorys. Das Code-Repository ist das zentrale Element in jeder Versionsverwaltung, da an diesem Ort der jeweils aktuelle Code gebündelt und sicher aufbewahrt wird. Alle Änderungen am Code werden in dem Code-Repository verwaltet und strukturiert. In der modernen Anwendungsentwicklung wird kaum noch ohne eine gute und umfassende Versionsverwaltung gearbeitet. Sie erlaubt es, verschiedene Änderungen am Code nachzuvollziehen, die verschiedenen Versionen des Codes zu vergleichen und vor allem mit allen Mitarbeitern gemeinsam am Code zu arbeiten, ohne dass Änderungen überschrieben werden. Jede Code-Änderung wird als *Commit* bezeichnet. Im Laufe der Entwicklung einer Applikation finden normalerweise tausende solcher Commits statt. Nach Fertigstellung und Abnahme durch den technischen Mitarbeiter ist der Dienstleister für die Gewährleistung und den Betrieb der Software verantwortlich, da er sich mit der Software am besten auskennt. Ebenso werden seit einigen Jahren Dienstleister nur noch auf Basis sogenannter Werkverträgen verpflichtet. Wurden Dienstleister in den Zeiten davor in Form von Dienstleisterverträgen verpflichtet, war diese Umstellung nötig, damit Dienstleister nicht vor dem Gesetz als Scheinselbständige gelten. Beide Vertragsarten (sowohl der Werkvertrag und der Dienstleistervertrag) sind sich sehr ähnlich. Der entscheidende Unterschied zwischen beiden Verträgen ist, dass beim Werkvertrag die Fertigstellung der Leistung durch den Ersteller geschuldet wird. Beim Dienstleistervertrag wird hingegen nur die Erbringung einer Leistung vereinbart, ein bestimmtes Ergebnis aber nicht garantiert. Beim Werkvertrag liegen somit die Gewährleistung und der Betrieb eindeutig beim Dienstleister.

Da es bei einem Automobilhersteller tausende von Software-Projekten gibt, bei denen in dieser Form entwickelt wird, entsteht eine verteilte Code-Basis. Normalerweise gibt es für jedes Software-Projekt und jedes Umsystem einen Dienstleister, der sich auf dessen Entwicklung spezialisiert hat. Ergeben sich jetzt bei der eigenen Software-Applikation notwendige Änderungen an bestehenden Umsystemen, müssen die fachlichen und technischen Mitarbeiter des Automobilherstellers zwischen den Dienstleistern vermitteln und die notwendigen Anforderungen in Form einer Spezifikation bereitstellen. Die Herausforderung, die hierbei entsteht, ist, dass die Mitarbeiter dies kaum leisten können, da beide Applikationen für sie *Black Boxes* sind, die sie technisch gar nicht verstehen können. Dadurch wird häufig nur zwischen den Dienstleistern vermittelt. Das Wissen, das die Mitarbeiter des Automobilherstellers über die Software haben sollten, liegt somit bei den Dienstleistern. Die eigene Handlungsfähigkeit nimmt sukzessive ab und eine Abhängigkeit vom Dienstleister entsteht. Daraus resultiert ein Engpass in Form der vorhandenen Kapazitäten beim Dienstleister. Ebenso geht die Fähigkeit verloren, auf den Code durch andere als den eigenen Dienstleister zuzugreifen.

Techgiganten gehen hier anders vor. Google hat sich zum Beispiel von Anfang an darauf konzentriert, ein zentrales Code-Repository aufzubauen. Dort werden zentral Milliarden Zeilen von Code gespeichert, auf die jeder Entwickler bei Google Zugriff hat. Google hat zum Beispiel täglich 40.000 Code-Änderungen (Commits) [1]. Das Repository verfügt über 1 Mrd. Dateien. Alle Dateien sind in Verzeichnissen organisiert, wobei jedem Verzeichnis verantwortliche Personen zugeordnet sind. Möchte jetzt ein Entwickler eine Änderung an einer Datei vornehmen, muss er die verantwortliche Person darum bitten, die gewünschten Änderungen zu übernehmen (einen sogenannten *Pull/Merge Request* stellen). Wenn sich die verantwortliche Person diese Änderung jetzt anschaut (ein *Review* durchführt) und sie für gut befindet, wird sie in die zentrale Code-Basis überführt. Der Code wird wie schon vorher beschrieben in einem Code-Repository verwaltet. Code-Repositorys ermöglichen das simultane Arbeiten am Code und die Versionierung. Stellt man sich jetzt das Code-Repository wie einen Baum vor, ist die zentrale Code-Basis der Stamm (englisch: trunk). Der Stamm enthält den entscheidenden Code der Software. Bei Google ist genau dieser Stamm in Verantwortlichkeiten aufgeteilt. Möchte der Entwickler jetzt eine neue Funktion entwickeln, macht er einen sogenannten *Branch* (deutsch: Zweig) auf und arbeitet nur auf dem Zweig. Erst wenn der Code fertig und abgenommen ist, wird er in den Stamm überführt. Automobilhersteller arbeiten häufig auf vielen Zweigen. Sie haben einen Zweig für die Entwicklung, einen Zweig zum Testen, und erst wenn das Testen (die Absicherung) erfolgreich war, wird der Code in den Stamm überführt. Was allerdings Techgiganten wie Google auszeichnet, ist, dass diese gar nicht auf Zweigen arbeiten, sondern nur auf dem Stamm. Man spricht hier vom *trunk-based development*. Das ist das Geheimnis von Google und erklärt, warum es in der Lage ist, Milliarden von Code-Zeilen effizient zu verwalten, eine hohe Code-Qualität zu bewahren und nicht den Überblick zu verlieren.

Möchte man das Vorgehen von Google jetzt auf die Automobilhersteller übertragen, könnte das wie in Abb. 8.3 aussehen. Dazu müsste es bei den Automobilherstellern Verantwortliche geben (Software-Experten), die sich die Code-Änderungen von den Dienstleistern anschauen. Dies müssen richtige Software-Experten sein, die sich mit der Entwicklung von Code auskennen und darüber entscheiden können, ob der Code, den der Dienstleister abliefert, gut ist oder nicht. Der fachliche Mitarbeiter würde

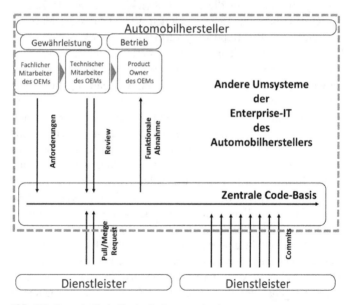

Abb. 8.3 Zentrale Code-Basis als Ausgangsbasis

weiterhin die Anforderungen stellen und der technische Mitarbeiter wäre für die funktionale Abnahme verantwortlich. Die Dienstleister müssen ebenso die Code-Änderungen in dem zentralen Code-Repository des Automobilherstellers *committen*. Sollen diese Änderungen jetzt in die zentrale Code-Basis übernommen werden, stellen sie wie bei Google einen *Pull/Merge Request*. Gibt es nun Abhängigkeiten zu anderen Software-Artefakten beim Automobilhersteller (zum Beispiel anderen Umsystemen), können die Dienstleister durch das zentrale Code-Repository auf den jeweiligen Code zugreifen und die notwendigen Änderungen selbst durchführen. Hierdurch ist der Engpass in Form der vorhandenen Kapazitäten beim Dienstleister, der den Code für das Umsystem entwickelt hat, behoben. Ebenso besteht dadurch die Möglichkeit, auf den Code durch andere als den spezialisierten Dienstleister zuzugreifen. Jetzt kann man die Dienstleister auch aus der Betriebs- und Gewährleistungsverantwortung entlassen. Dies ist sehr wichtig, da der Betrieb innerhalb der eigenen Organisation des Automobilherstellers liegen muss. Ohne die Übernahme der Betriebsverantwortung durch den Automobilhersteller ist es nämlich nicht möglich, ein gutes Preis-Leistungs-Verhältnis zu erzielen. Fängt der Automobilhersteller jetzt an, jeden Dienstleister auf das Servicelevel 24/7 (das heißt, er muss für Problemfälle jeden Tag den ganzen Tag erreichbar sein) zu verpflichten, steigen die Betriebspreise ins Unermessliche. Möchten Automobilhersteller zu Techgiganten werden, müssen sie die Verantwortung für ihren eigenen Software-Code und den Betrieb übernehmen.

8.1.2 Dynamische Test-Infrastruktur

Das nächste Geheimnis von Google, um mit den ganzen Code-Änderungen fertig zu werden und immer ein funktionierendes System vorweisen zu können, ist die Erstellung dynamischer Test-Infrastrukturen zur Testautomatisierung. Google nennt das selbst *presubmit infrastructure*. Hiermit wird der Integrationsengpass aufgelöst.

Da bei Google tausende von Entwicklern gleichzeitig an der zentralen Code-Basis arbeiten, also auf dem *Stamm* (englisch:

trunk-based) des Codes, stellt Google eine Vielzahl von Tools zur
Verfügung, damit dies möglich ist. Mit diesen Tools versucht Google zu vermeiden, dass sich die Entwickler gegenseitig blockieren
oder ein Entwickler mit seinen Code-Änderungen das Gesamtsystem vorübergehend kaputt macht. Hierfür setzt Google massiv
auf Testautomatisierung. Googles Testsystem analysiert bei jeder
Code-Änderung, welche Abhängigkeiten bestehen, und baut die
komplette Applikation mit den Änderungen auf frischen Cloud-
Servern automatisch neu auf. Dieses passiert wirklich bei jeder
Code-Änderung. Möglich ist das natürlich nur durch die Nutzung
der Cloud, da hierfür massive Rechner-, Speicher- und Infrastruk-
turkapazitäten notwendig sind. Hierfür wird die komplette Google-
Software auf einer dynamischen Test-Infrastruktur in der Cloud
aufgesetzt, die dann wie das reale Live-System von Google getestet werden kann. Sollte eine Code-Änderung jetzt dazu führen,
dass diese Umgebung nicht mehr so funktioniert wie das Live-
System, wird diese Code-Änderung nicht in den *Stamm* der Code-
Basis übernommen. Auf der dynamischen Test-Infrastruktur können auch eine Vielzahl von Analysen hinsichtlich Code-Qualität
und Testabdeckung, Komponenten-Tests, Integrations-Tests, API-
Tests und GUI-Tests durchgeführt werden. Dadurch erhält Google
sehr schnell Rückmeldung, ob eine Code-Änderung gut ist oder
nicht, und kann die Code-Qualität auf einem Maximum halten.

Wie in Abb. 8.4 dargestellt setzen Techgiganten wie Google ihre
Softwareentwicklungsprozesse so auf, dass sie die ideale Testing-
Pyramide nutzen können. Eine Vielzahl von Fehlern wird daher
durch automatische Tests gefunden. Die größte Anzahl von Fehlern tritt normalerweise bei der Integration auf. Erst wenn alle automatisierten Tests gelaufen sind, wird händisch getestet. Die Automobilhersteller nutzen heutzutage allerdings noch häufig die nicht
ideale Testing-Pyramide. Bei ihnen existieren wenige Integrations-
und GUI-Tests. Viel wird noch händisch getestet. Da Automobilhersteller allerdings nicht dynamische Test-Infrastrukturen zur
Testautomatisierung nutzen, werden die Testumgebungen häufig ebenfalls händisch aufgesetzt. Dies ist ebenfalls ein großer
Aufwand, der Wochen dauert. Auf diesen Testumgebungen werden dann alle Code-Änderungen gesammelt aufgespielt und erst
danach wird händisch getestet, welche Fehler auftreten. Die Feh-

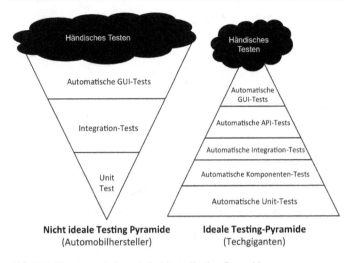

Abb. 8.4 Die nicht ideale und die ideale Testing-Pyramide

ler werden wiederum gesammelt und es wird versucht, sie sukzessive in Form eines Fehlerabstellprozesses zu beseitigen. Hierzu werden dann die notwendigen Code-Änderungen gesammelt und nach einigen Wochen in Gänze auf die Testumgebung aufgespielt. Dann fängt das Ganze wieder von vorne an. Die Herausforderung bei diesem Vorgehen ist allerdings, dass dieser Prozess nicht konvergiert. Das gesammelte Aufspielen von Code-Änderungen kann wiederum zu neuen Integrationsfehlern führen. Googles Vorgehen hingegen resultiert in einem konvergenten Fehlerabstellprozess. Darüber hinaus ist beim händischen Testen bei den Automobilherstellern nicht gewährleistet, dass die menschlichen Tester jedes Mal wirklich gleich testen. Hier ist also die Prozesssicherheit nicht gegeben, die beim automatisierten Testen möglich ist.

Wir werden uns jetzt anschauen, wie man das Vorgehen von Google auf die Entwicklungsprozesse bei den Automobilherstellern übertragen kann. Nehmen wir an, ein Automobilhersteller möchte ein innovatives Datenprodukt entwickeln, welches es ermöglicht, dass der Kunde auf Basis seines bisherigen Fahrverhaltens das ideale nächste Fahrzeug für sich angeboten bekommt. Hierzu wurden alle Fahrdaten vom aktuellen Fahrzeug aufge-

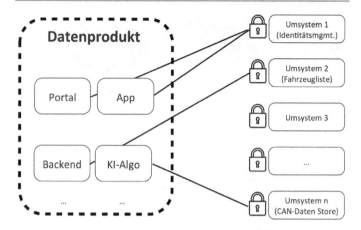

Abb. 8.5 Entwicklung eines Datenproduktes und Abhängigkeiten zu Umsystemen

nommen und hinsichtlich des Fahrverhaltens analysiert. Danach wird geschaut, welcher Fahrzeugtyp die Anforderungen am besten abdeckt (E-Antrieb, Kombi etc.). Dieses Datenprodukt könnte aus den Komponenten bestehen, die in Abb. 8.5 dargestellt sind. Es ist durch den Kunden über die Hersteller-Website (das Portal) und als Handy-App nutzbar. Ein KI-Algorithmus wertet die bisherigen Fahrdaten aus und ein gewisser Teil an Backend-Logik ermöglicht die Speicherung von Daten in einer Datenbank. Der Backend-Dienst enthält die für den Dienst relevante Geschäftslogik zur Abdeckung aller Geschäftsprozesse. Hier ist zum Beispiel hinterlegt, welche Fahrzeuge der Fahrer bisher besaß. Damit sich der Kunde in das Portal und die App einloggen kann, muss er über einen Login verfügen. Dieser Login ist häufig in einem sogenannten Identitätsmanagement-System (kurz: IAM) hinterlegt. Um ein Ökosystem aufzubauen, wie es Techgiganten wie Apple machen, ist dieses Identitätsmanagement-System ein zentrales Umsystem, auf das alle Dienste zugreifen müssen. Man möchte die Identität des Kunden zentral halten, um sie optimal zu schützen und eine hohe Datenqualität auf diesen Daten zu haben. Daher haben das Portal und die App eine Abhängigkeit zu einem Umsystem des Automobilherstellers. Die Backend-Komponente benötigt den

Zugriff auf die bisherigen Fahrzeuge. Auch diese Daten könnten in einem separaten Umsystem gespeichert sein – so wie die bisherigen Fahrzeugdaten (die CAN-Daten des Fahrzeugs). Damit hat unser Datenprodukt Abhängigkeiten zu drei Umsystemen des Automobilherstellers. Durch das oben beschriebene Vorgehen des händischen Testens und der Bereitstellung manuell erstellter Testumgebungen ist es jetzt für die Entwickler unseres Datenproduktes nicht möglich, während der Entwicklung zu testen. Es wird daher tausende von Code-Änderungen und Commits geben, bevor sie das erste Mal das Datenprodukt in Gänze mit allen betroffenen Umsystemen testen können. Zusammengefasst kann man daher sagen, dass durch das aktuelle Vorgehen bei den Automobilherstellern folgende Probleme entstehen:

- Ende-zu-Ende-Tests während der Entwicklung sind nicht möglich,
- Änderungen in Umsystemen bleiben unbemerkt,
- Integration findet erst kurz vor Livegang des Datenproduktes statt,
- viel Aufwand für die Simulation von Schnittstellen ist erforderlich,
- jeder Fehler, der am Ende auffällt, sorgt für Verzögerungen
- und es sind keine automatisierten Ende-zu-Ende-Tests möglich.

Um die oben benannten Probleme zu lösen und einen ersten Schritt in Richtung der Vorgehensweisen der Techgiganten wie Google zu machen, ist es möglich, alle Umsysteme durch sogenannte *Mocks* darzustellen. Ein *Mock* ist ein Platzhalter in der Softwareentwicklung. Es ist eine Attrappe für noch nicht realisierte Objekte, die frühzeitige Modultests ermöglicht. Auch wenn der Begriff „to mock" etwas vortäuschen bedeutet, so wird ein Mock-Objekt nicht in böser, sondern in guter Absicht verwendet. So werden *Mocks* häufig eingesetzt, wenn:

- ein gewünschtes Objekt oder eine gewünschte Schnittstelle noch nicht zur Verfügung steht,

- das reale Objekt bzw. das reale Umsystem nicht durch einen Test beschädigt werden soll (zum Beispiel durch die dauerhafte Löschung von Daten),
- ein Verhalten nachgestellt werden soll, das nur schwierig auszulösen ist,
- und die reale Lösung zu komplex und langsam für einen Test ist (zum Beispiel eine vollständige Datenbank, die vor jedem Test initialisiert werden müsste).

Mit dem Einsatz von *Mocks* sind die Entwickler im ersten Schritt in der Lage, zu entwickeln und das Gesamtsystem grob als Ganzes zu testen (siehe Abb. 8.6). Hierzu kann eine dynamische Test-Infrastruktur in der Cloud hochgezogen werden. Sollten sich während der Entwicklung allerdings die Schnittstellen der Umsysteme ändern, muss dieses in den *Mocks* nachgezogen werden. Ein weiterer großer Vorteil dieses Vorgehens ist es, dass das mit den *Mocks* integrierte Gesamtsystem automatisiert getestet werden kann. Dies könnte sogar wie bei Google bei jeder Code-Änderung geschehen. Durch dieses Vorgehen kann die Integration des Gesamtsystems beschleunigt werden.

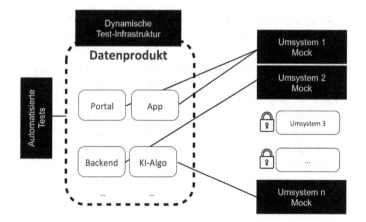

Abb. 8.6 Schritt 1: Dynamische Test-Infrastruktur mit Umsystem-Mocks zum automatisierten Testen

Als zweiten Schritt kann man eine dynamische Test-Infrastruktur aufbauen, an die die existierenden Q&A-Systeme angebunden sind (siehe Abb. 8.7). Q&A steht für *Quality Assurance* (deutsch: Qualitätssicherung). Dies umfasst alle Systeme, die bei den Automobilherstellern zum händischen Testen aufgesetzt werden. In der Regel gibt es für jedes Umsystem eine sogenannte Q&A-Testumgebung. Testumgebungen sind normalerweise mit einem Zertifikat (einem digitalen Schlüssel) geschützt. Bei dem Aufbau einer dynamischen Test-Infrastruktur müssen diese digitalen Schlüssel hinzugefügt und es muss eine Verbindung mit der Q&A-Testumgebung der benötigten Umsysteme aufgebaut werden. Dazu müssen alle Umsysteme über Schnittstellen verfügen, von denen der digitale Schlüssel angefragt bzw. wo eine temporäre Verbindung mit einer dynamischen Test-Infrastruktur hinterlegt werden kann. Hierüber ist man nun in der Lage, das Komplettsystem unter sehr realistischen Bedingungen automatisiert zu testen. Damit kann der Integrationsengpass aufgelöst und die Integrationszeit wesentlich reduziert werden.

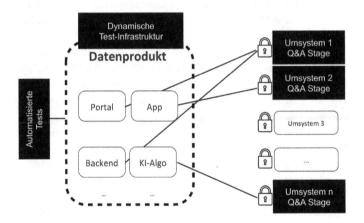

Abb. 8.7 Schritt 2: Dynamische Test-Infrastruktur mit Q&A-Umsystemen zum automatisierten Testen

8.1.3 Feature Toggle

Jetzt schauen wir uns an, wie der Engpass aufgelöst werden kann, der in großen Unternehmen in Form von Freigabeprozessen herrscht. Es nützt relativ wenig, wenn man in der Lage ist, Code-Änderungen im Minutentakt an Kunden auszuliefern, wenn die zur Verfügung gestellten Funktionen vom Rechtswesen oder vom Datenschutz gar nicht freigegeben sind. Google nutzt hierfür sogenannte *Feature Toggles*.

Feature Toggle ist eine Programmiertechnik in der modernen Softwareentwicklung, bei der ein in der Entwicklung befindliches Feature oder eine Funktionalität zur Laufzeit der Software an- oder ausgeschaltet werden kann. Man kann sie als konfigurierbare Knöpfe verstehen. Ist der Knopf auf an gestellt, wird eine Funktion dem Kunden angezeigt und ist für den Kunden nutzbar. Ist der Knopf aus, dann sieht der Kunde auch die Funktion nicht. Solche Knöpfe können nun dafür verwendet werden, Funktionen an Kunden auszuliefern, die zwar im Code enthalten sind, aber noch nicht aktiv genutzt werden können. Der Entwickler schaltet in der eigenen Umgebung das Feature zur Laufzeit ein, um es erweitern und testen zu können. Beim Hochladen des Software-Codes in die zentrale Code-Basis bleibt das *Feature Toggle* standardmäßig ausgeschaltet, bis es einen akzeptablen Reifegrad erreicht hat, so dass andere Teams, Testteams oder auch Benutzer damit arbeiten können. Ebenso wird es erst aktiviert, wenn alle Freigabeprozesse durchlaufen wurden.

Google geht zum Beispiel teilweise so vor, dass es nur für einige Nutzer die Funktion freischaltet und analysiert, ob die Funktion auch mit echten Daten und echten Kunden funktioniert. Ebenso lässt Google manchmal die Funktion ausgeschaltet und somit für seine Kunden unsichtbar, analysiert aber, wie sich der Software-Code der neuen Funktion verhalten würde, wenn dieser angeschaltet wäre.

Bei den Automobilherstellern könnte man daher diese *Feature Toggles* wie in Abb. 8.8 dargestellt einsetzen. Die App soll zum Beispiel um ein Feature 1 erweitert werden. Dies könnte zum Beispiel ein Feature sein, welches neben den Nutzungsdaten des Nutzers auch die Daten des Nutzers aus den sozialen Medien in

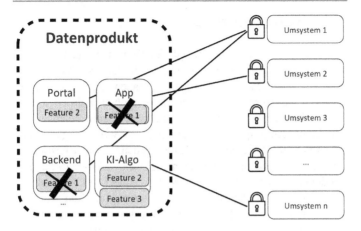

Abb. 8.8 Feature Flags in unserem Datenprodukt

Betracht zieht. Auf Basis gesetzter *Likes* auf Facebook könnte etwa analysiert werden, ob der Fahrer eine Familie hat, ob er pendelt oder nicht oder welchen Hobbys er nachgeht. Macht er zum Beispiel Triathlon, könnte die Vermutung naheliegen, dass er einen Fahrradanhänger benötigt. Pendelt er regelmäßig, könnte ein verbrauchsarmer Motor empfehlenswert sein. Liegt jetzt vom Rechtswesen noch nicht die Freigabe vor, diese sensiblen Daten des Nutzers wirklich zu nutzen und zu verarbeiten, könnte dieses Feature zwar im Gesamt-Code ausgeliefert werden, um keine anderen Entwickler bei der Veröffentlichung ihres Software-Codes zu blockieren, aber eben ausgeschaltet mit einem *Feature Toggle*.

Zusammenfassend können wir also sagen, dass *Feature Toggles* helfen den Engpass in Bezug auf die Unternehmensprozesse aufzuheben, da:

- das Veröffentlichen neuen Software-Codes immer möglich ist,
- schneller unter echten Bedingungen getestet werden kann (auch wenn der Kunde die Funktion nicht sieht).

8.2   Data-Ownership

Bei den Automobilherstellern gibt es Unmengen an Daten, die
dezentral vorliegen. Dienstleister, die sich zum Beispiel mit der
Fahrzeugabsicherung beschäftigen, verbauen sogenannte Daten-
logger in die Fahrzeuge. Während der Erprobungsfahrten werden
die anfallenden Fahrzeugdaten hochfrequent aufgezeichnet und
auf Festplatten gespeichert. Hier fallen pro Stunde Gigabytes an
Daten an. Danach werden diese Daten bei den Dienstleistern ausgewertet. Obwohl es sich hier um einen großen Datenschatz handelt,
mit dem man sehr spannende Use-Cases abdecken könnte, finden
diese Daten selten den Rückweg in den zentralen Data Store des
Automobilherstellers. Der Grund hierfür ist, dass den Automobilherstellern häufig die Infrastruktur fehlt, um diese Daten in die
eigenen Data Stores zu übertragen, sie kostengünstig zu speichern
und auszuwerten. Ohne die vorhandene IT-Infrastruktur zur Datenerfassung und -speicherung ist es letztlich nicht möglich, skalierbar
KI einzusetzen. Dieser Engpass muss behoben werden.

Ebenso verfügen Automobilhersteller über viele spannende
Daten in den Datenbanken ihrer Umsysteme. So gibt es eine Vielzahl an Datenbanken für die Automobilproduktion, Datenbanken
mit Kundendaten und – wie bereits oben beschrieben – Datenbanken mit Fahrzeugdaten. Diese Daten liegen nicht außerhalb
des Automobilherstellers, sondern innerhalb ebenfalls dezentral
vor. Hier müssen die Daten ebenso in den zentralen Data Store
des Automobilherstellers überführt werden. Danach müssen die
Daten innerhalb des Unternehmens demokratisiert werden, das
heißt, jeder sollte Zugriff auf die Daten bekommen.

Datenprodukte und KI-Algorithmen sind speicher- und rechen-
hungrig. Nur mit ausreichend Speicherkapazitäten und Rechenleistung ist es möglich, KI-Verfahren auf großen Datenmengen
anzuwenden. Warum das so ist, schauen wir uns jetzt an. KI-
Algorithmen folgen einer gewissen KI-Bedürfnispyramide, die in
Abb. 8.9 dargestellt ist [3].

Nehmen wir an, dass KI an der Spitze unserer Bedürfnispyramide ist. Die KI-Bedürfnispyramide ist sehr ähnlich zur
Maslow'schen Bedürfnispyramide [4]. Die Maslow'sche Bedürfnispyramide ist ein sozialpsychologisches Modell des US-

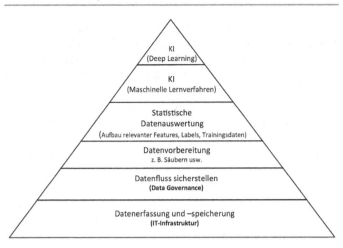

KI
(Deep Learning)

KI
(Maschinelle Lernverfahren)

Statistische
Datenauswertung
(Aufbau relevanter Features, Labels, Trainingsdaten)

Datenvorbereitung
z. B. Säubern usw.

Datenfluss sicherstellen
(Data Governance)

Datenerfassung und –speicherung
(IT-Infrastruktur)

Abb. 8.9 KI-Bedürfnispyramide

amerikanischen Psychologen Abraham Maslow. Es beschreibt auf vereinfachte Art und Weise menschliche Bedürfnisse und Motivationen und versucht, diese zu erklären. An der Spitze steht hier die Selbstverwirklichung. Dies entspricht also bei uns der KI. Selbstverwirklichung ist gut und schön und jedem Menschen zu wünschen – ergibt allerdings wenig Sinn, wenn nicht genug Essen und Wasser vorhanden sind (Abdeckung der physiologischen Bedürfnisse). Ebenso muss man sich sicher fühlen (Abdeckung des Sicherheitsbedürfnisses). Erst wenn diese beiden Bedürfnisse abgedeckt sind, fangen wir Menschen an, auf unsere sozialen Bedürfnisse zu achten. Ähnlich verhält es sich in unserer Pyramide. KI ist gut und schön, aber es müssen zum einen ausreichend Daten vorliegen, das heißt, die Datenerfassung und -speicherung muss möglich sein. Zum anderen müssen die Daten dorthin fließen können, wo sie gebraucht werden. Ohne die Abdeckung dieser beiden Grundbedürfnisse kann nicht mit der Datenvorbereitung, dem Säubern der Daten usw. gestartet werden.

Datenerfassung und -speicherung beschäftigt sich mit der Frage, welche Daten benötigt werden und welche verfügbar sind. Möchte man zum Beispiel alle Kundendaten auswerten, die auf der firmeneigenen Website anfallen, ist die Frage, ob auch alle relevanten Kundeninteraktionen protokolliert werden. Bei Fahrzeugdaten

stellt sich immer wieder die Frage, welche Daten im Fahrzeug vor-
gefiltert werden müssen, da die Menge anfallender Daten im Fahrzeug einfach zu groß ist, um diese alle über das Mobilfunknetz
zu übertragen. Bei den Fahrzeugdaten liegt daher ein klassisches
Henne-Ei-Problem vor, da alle Daten benötigt werden, um herauszufinden, welche Daten für den Use-Case relevant sind. Auf der
anderen Seite können aufgrund der schieren Datenflut aber nicht
alle Daten übertragen werden.

Im nächsten Schritt müssen die Daten dorthin fließen können,
wo sie auch wirklich gebraucht werden. Hierfür müssen verläss-
liche Datenströme aufgebaut werden. Hier ist entscheidend, wo
die Daten gespeichert werden und wie darauf zugegriffen werden
kann. Erst wenn auf die Daten zugegriffen werden kann, kann die
Datenvorbereitung stattfinden. Hierfür müssen die Daten gesäu-
bert werden. Die Datensäuberung nimmt einen großen Teil der Zeit
eines jeden Data Scientist in Anspruch und ist sehr wichtig für die
Qualität der Ergebnisse der später eingesetzten KI-Verfahren. In
dieser Phase findet man heraus, ob die Datenmenge ausreicht, es
Messfehler in den Sensordaten gibt, das Aufspielen einer neuen
Website-Version dazu geführt hat, dass die relevanten Kundeninteraktionen gar nicht mehr protokolliert werden, und so weiter. Sollten solche Fehler hier auffallen, muss dieses den unteren
Schichten als Rückmeldung gegeben werden. Darauf basierend
müssen Anpassungen durchgeführt werden, bis das Fundament
solide ist.

Wenn jetzt die Daten in der ausreichenden Qualität und Quan-
tität fließen und das im Rahmen der Datensäuberung validiert ist,
kann die Datenauswertung beginnen. Hier fängt man mit dem *Feature Engineering* an. Üblicherweise startet man jetzt mit den Verfahren und Methoden der klassischen Business Intelligence (BI).
BI-Verfahren sind in vielen Unternehmen und auch bei den Automobilherstellern geläufig, da BI klassischerweise zur Gewinnung
von Erkenntnissen aus den im Unternehmen vorhandenen Daten
zur Unterstützung von Managemententscheidungen genutzt wird.
Die Auswertung von Daten – über das eigene Unternehmen, die
Mitbewerber oder die Marktentwicklung – geschieht mit Hilfe ana-
lytischer Konzepte sowie mehr oder weniger spezialisierter Software und IT-Systeme. Mit den gewonnenen Erkenntnissen kann

das Unternehmen seine Geschäftsabläufe sowie seine Kunden- und Lieferantenbeziehungen erfolgreicher machen, indem zum Beispiel betrachtet wird, wo Kosten gesenkt werden und Risiken reduziert werden können. Solche Verfahren können sehr gut zur Aggregierung von Daten eingesetzt werden. Im BI-Umfeld definiert man dazu zuerst die Messgrößen, die man sich anschauen möchte, und macht dann statistische Auswertungen. Zum Beispiel untersucht man bei zeitabhängigen Größen, wie die Saisonalität ist und wie stark die Abhängigkeit zu anderen Metriken ist. Die Kombination relevanter Messgrößen führt zu einem sogenannten *Feature*. Ein solches Feature kann zum Beispiel die berechnete Kundentreue sein, die sich aus der Anzahl der bisher gekauften Artikel und dem bisherigen Warenkorb des Kunden zusammensetzt. Hat man jetzt die Information, ob dieser Kunde zu einem anderen Unternehmen gewechselt ist, kann man der Messgröße sogenannte *Labels* zuordnen. Das Label kann sein *Kunde abgewandert* oder *Kunde nicht abgewandert*.

Mit den *Features* und den *Labels* hat man dann die Trainingsdaten zusammen, die man für KI-Verfahren aus dem Bereich des überwachten Lernens (siehe Abschn. 3.3) benötigt. Dieses können einfache KI-Verfahren aus dem Bereich des maschinellen Lernens sein, die häufig sehr gute Ergebnisse liefern, wenn die Datenqualität stimmt, oder komplexe Verfahren wie zum Beispiel Deep Learning (siehe Abschn. 3.3.6).

Wir werden uns jetzt anschauen, wie zwei häufige Engpässe aufgelöst werden können, die an der Basis der Pyramide auftreten:

- Bereitstellung von ausreichend IT-Infrastruktur,
- Data Governance zur Demokratisierung von Daten.

8.2.1 IT-Infrastruktur

Um den Mitarbeitern ausreichend IT-Infrastruktur zur Speicherung und Prozessierung zur Verfügung zu stellen, können Verträge mit Cloud-Anbietern geschlossen werden. Hierzu gehören die großen Cloud-Anbieter wie zum Beispiel Amazon Web Services, Google Cloud oder Microsoft Azure. Es besteht zwar die Gefahr, dass eine große Abhängigkeit zu einem der Cloud-Anbieter entstehen kann, wenn man dort erstmal Petabytes an Daten liegen hat und herstellerspezifische Cloud-Dienste nutzt, in der Realität ist dieses Risiko aber eher überschaubar. Das liegt daran, dass alle Cloud-Anbieter ihre eigenen herstellerspezifischen Dienste auf Open-Source-Software aufbauen. Dadurch ist die Grundlage dann doch gleich, was einen Umzug nicht so schwer macht wie gedacht.

Hierdurch kann der Engpass bezüglich der Bereitstellung von ausreichend IT-Infrastruktur schnell aufgelöst werden. Je etablierter ein Cloud-Anbieter im Markt ist, desto stabiler und robuster sind auch seine APIs und Schnittstellen, die zum Beispiel benötigt werden, um automatisiert Test-Umgebungen in der Cloud aufzubauen. Initial sollten daher etablierte Cloud-Anbieter genutzt werden, auch wenn diese teurer sind. Hier ist Schnelligkeit entscheidender als Kosten.

8.2.2 Data Governance

Gesamtziel der Organisation muss die Demokratisierung von Daten und KI innerhalb des Unternehmens sein. Jede Entscheidung innerhalb des Unternehmens sollte datengetrieben geschehen. Genau das hat die Firma UBER von Anfang an mit seiner Plattform Michelangelo gemacht und das ist ein großer Teil ihres Erfolgs [6].

Genauso müssen auch die Automobilhersteller vorgehen. Um dieses in der DNA des Unternehmens zu verankern, ist die Unterstützung von der Spitze des Unternehmens nötig. Der CEO des Automobilherstellers muss es vorleben und vorgeben. Er muss in den Köpfen aller Führungskräfte und Mitarbeiter verankern, dass die Daten und KI Allgemeingut jedes einzelnen Mitarbeiters im Unternehmen sind. Jeder in seiner Domäne muss die Möglichkeit haben, datengetrieben auf allen im Unternehmen verfügbaren Daten zu entscheiden. Silos dürfen dabei nicht toleriert werden.

Um anfangs Silos aufzubrechen und zu vermeiden, dass Daten in einem Unternehmensbereich gehalten werden, muss eine Art *Steuerkreis für Daten & KI* aufgesetzt werden, in dem jeweils ein Vertreter von jedem Unternehmensbereich zugegen ist. In diesem

Gremium können dann etwaige Datenblockaden berichtet werden. Dieses Gremium muss direkt an den CEO des Automobilherstellers berichten.

Darüber hinaus muss für jeden Datensatz, der zum Beispiel im zentralen Data Store des Unternehmens vorliegen soll, definiert werden, wer dafür verantwortlich ist. Dies nennt man *Data Governance*. Neben einem Verantwortlichen muss ebenfalls definiert werden, mit welcher Qualität die Daten bereitgestellt werden. Qualität umfasst die Frequenz (das heißt, wie häufig eine Aktualisierung der Daten angeliefert wird), welche Datenfelder in den Daten enthalten sind und wie eventuell kombinierte Messgrößen berechnet wurden. Die verantwortliche Person wird *Data Steward* genannt. Für jeden Datensatz im Unternehmen muss es einen solchen *Data Steward* geben, der sich zu 100 % seiner Zeit um die Daten kümmert. Es müssen also im Rahmen der Mission die beim Automobilhersteller vorhandenen Datentöpfe demokratisiert werden. Dazu müssen die wichtigsten Datentöpfe in einen zentralen Data Store überführt werden und jedem Datentopf muss ein *Data Steward* zugeordnet werden, der für die Qualität verantwortlich ist.

8.3   Product-Ownership

Viel zu häufig arbeiten in Softwareprojekten und auch bei der Erstellung von KI-gestützten Datenprodukten Softwarentwickler monate- oder jahrelang an einer neuen Funktion. Häufig wissen die Entwickler allerdings gar nicht, was der eigentliche Mehrwert der Funktion aus Business-Sicht ist und ob die Funktion erfolgreich ist. Häufig wissen sie noch nicht einmal, ob die Funktion überhaupt von den Kunden genutzt wird.

Was sogar noch schlimmer ist: Wenn eine gewisse Funktion das erwartete Ergebnis (zum Beispiel Nutzung durch den Kunden) nicht bringt, wird nicht darin investiert, die Funktion kontinuierlich zu verbessern, sondern sie wird einfach durch eine neue Funktion überpriorisiert. Dadurch kann nicht nachgesteuert werden, damit aus der bisherigen Funktion, die nicht das erwartete Ergebnis liefert, eine Funktion wird, die das erwartete Ergebnis liefern kann.

Somit ist es nicht möglich, ein gutes, konvergierendes Produkt zu entwickeln. Der ineffizienteste Weg zu prüfen, ob ein Markt oder Kundenbedarf existiert, ist, das komplette Produkt zu entwickeln, um zu testen, ob dies stimmt. Cleverer ist es, kleine Funktionen zu bauen und diese Schritt für Schritt zu verfeinern und zu erweitern. Um nicht das komplette Produkt entwickeln zu müssen bevor man Feedback bekommt bzw. unnötige Entwicklungen zu vermeiden, können Analytics-Funktionen und A/B-Testing hilfreich sein.

Daher werden wir uns in diesem Kapitel anschauen, wie es möglich ist, mit Analytics und A/B-Testing folgende Engpässe zu umgehen:

• schnell, sicher Entscheidungen treffen zu können (Analytics),
• ausreichend Kundenfeedback bei der Entwicklung einer Funktion (A/B-Testing) zu erhalten.

8.3.1   Analytics

Um, wie in Abschn. 7.6 beschrieben, eine digitale Lieferzeit im Tagesbereich zu erreichen, müssen natürlich auch Entscheidungen schnell getroffen werden können. Bei den Automobilherstellern ist allerdings der HIPPO-Effekt noch stark vorhanden. Avinash Kaushik definierte als Erster den Begriff HIPPO [7]. Der HIPPO-Effekt besagt, dass sich eine Gruppe in der Regel auf das subjektive Urteil eines HIPPOs bezieht, wenn es keine verlässlichen Daten für eine objektive Entscheidung gibt. HIPPOs haben meistens die größte Erfahrung und vor allem Macht. Sobald sie ihre Meinung kundgetan haben, stirbt jegliche Diskussion. In manchen Firmenkulturen trauen Mitarbeiter sich nicht einmal für ihre Meinung einzustehen, wenn sie anders ist.

Um diesen HIPPO-Effekt zu umgehen, braucht man Daten. Daher ist es elementar für jeden digitalen Dienst und jedes Datenprodukt, welches entwickelt wird, eine Art Analytics-Dashboard anzulegen. Hierzu muss im ersten Schritt definiert werden, welcher der fundamentale Geschäftsprozess des entwickelten Dienstes ist und welche Metriken herangezogen werden können, um den Erfolg zu messen. Vielleicht ist es die Anzahl der registrierten Nutzer für einen Dienst. Eventuell ist es auch die Retention, das heißt, wie lange die Kunden den Dienst in Anzahl von Tagen nutzen, bis ihnen die Lust vergeht. Gemäß der entwickelten Funktion müssen diese Metriken definiert und gemessen werden. Alle Entscheidungen sollten dann auf Basis dieser Daten im Team erfolgen. Hierdurch kann der HIPPO-Effekt umgangen werden und es herrscht früh Klarheit, was Kunden wünschen und was funktioniert – und was nicht. Die größte Herausforderung bei diesem Vorgehen ist allerdings immer noch, dass hierfür großes Vertrauen innerhalb des Unternehmens herrschen muss. Gibt es zum Beispiel Bereiche im Unternehmen, die das Datenprodukt kritisch sehen, könnten sie die transparent dargestellten Daten des Teams missbrauchen, um das Produkt innerhalb des Unternehmens zu sabotieren.

Ebenso sollte Analytics angewendet werden, um sich anzuschauen, wie lange es braucht, bis eine Idee in Code umgesetzt wird und an die Kunden ausgeliefert werden kann. Hierfür kann zum Beispiel das Ticket-System ausgewertet werden, welches normalerweise genutzt wird, um Ideen in Handlungsanweisungen für die Entwickler zu überführen. Erst wenn diese Daten zur Verfügung stehen, kann auch die kontinuierliche Selbstoptimierung gestartet werden, die wesentlich ist, um prozessual effizienter zu werden. Dies ist in Abb. 8.10 dargestellt. Wie im ersten Schritt aufgezeigt, muss das Ziel sein, dass eine Idee maximal schnell entwickelt wird und an Kunden ausgeliefert werden kann. Um den Fluss dieses Prozesses zu optimieren, müssen wir ihn sichtbar machen und die Losgröße auf 1 reduzieren. Dies ist genau die digitale Lieferzeit, die optimiert werden muss.

In Schritt 2 muss dann ein kontinuierliches Feedback ermöglicht werden. Entwickler und Product Owner müssen die Möglichkeit haben, Feedback vom Kunden und aus dem Betrieb des Datenproduktes zu bekommen. Dadurch, dass Probleme hinsichtlich der Nutzbarkeit oder des Betriebes des Produktes sichtbar gemacht und rückgemeldet werden, wird weitaus schlimmeren und größeren Problemen vorgebeugt. Ebenso wird dadurch sichergestellt, dass Probleme und Fehler nur ein einziges Mal passieren, genau nach dem Motto: „Kluge Leute machen Fehler, dumme Leute machen sie zweimal."

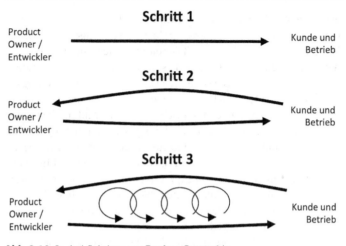

Abb. 8.10 In drei Schritten zur Product-Ownership

Schritt 2 bildet die Basis für Schritt 3. Durch das kontinuierliche Feedback können die Feedback-Zyklen immer weiter reduziert werden. Hierdurch ist es dann möglich, eine Kultur im Unternehmen zu etablieren, die Risiken offen in Kauf nimmt und bereit ist, die *Ownership* für ein Produkt zu übernehmen. Es wird Hand in Hand gearbeitet. Rückschlüsse werden aufgrund der kurzen Zyklen und des Feedbacks schnell gezogen und dadurch werden die Entscheidungs- und Experimentierfreudigkeit erhöht. Das Unternehmen ist jetzt in der Lage, in Rekordzeit zu lernen, da der Engpass hinsichtlich Entscheidungen eliminiert wurde.

8.3.2 A/B-Testing

Um jetzt aus der erhöhten Entscheidungs- und Experimentierfreudigkeit einen maximalen Nutzen zu ziehen und das Unternehmen in Rekordzeit lernen zu lassen, müssen A/B-Tests eingesetzt werden.

Der A/B-Test (auch Split Test genannt) ist eine Testmethode zur Bewertung von zwei Varianten einer Funktion. Hierbei wird die Originalversion gegen eine leicht veränderte Version getestet.

Anwendung findet diese Methode hauptsächlich bei der Entwicklung von Software mit dem Ziel, eine bestimmte Nutzeraktion oder Reaktion zu optimieren. Im Laufe der Jahre hat sie sich zu einer der wichtigsten Testmethoden im Online-Marketing entwickelt. Mit dem A/B-Test werden aber auch Preise, Designs und Werbemaßnahmen verglichen.

Facebook investiert zum Beispiel mehr als 50 % seines Webtraffics für A/B-Testing. Bei jeder Funktion und jedem Datenprodukt sollte initial die Frage gestellt werden: *Sollen wir dieses Produkt wirklich entwickeln und wird es einen hohen Kundenmehrwert haben?* Danach sollte das Experiment aufgesetzt werden, das den geringsten Aufwand hat und belegen kann, ob die Funktion/das Produkt erfolgreich sein wird. Genau hier kommen A/B-Tests ins Spiel. Auf Basis der eingesetzten echten Kunden, die jetzt eine Funktion verproben und durch ihre Nutzung Feedback geben, ob diese Funktion Sinn ergibt oder nicht, kann statistisch signifikant abgeleitet werden, ob die Funktion weiterentwickelt werden sollte. Je höher die eingesetzte Stichprobe ist, desto signifikanter ist das Ergebnis und desto geringer das Risiko. A/B-Testing ist also eine Möglichkeit, hochrisikoreiche Ideen risikolos auszuprobieren. Genau hier haben Automobilhersteller mit ihrer hohen Reichweite einen Vorteil, den sie bisher kaum ausspielen. Diese A/B-Tests könnte man nicht nur für die Optimierung des Website-Designs nutzen, sondern auch für die Erweiterung jeglicher Funktion – vom Infotainmentsystem im Fahrzeug bis zum Einsatz einer Funktion fürs autonome Fahren. Tesla verwendet dafür zum Beispiel den *Shadow Mode* [5]. Darüber kann es eine neue Funktion für das autonome Fahren risikolos testen, bis sie produktreif ist.

Literatur

1. Potvin, R., & Levenberg, J. (2018). Why Google stores billions of lines of code in a single repository. *Communications of the ACM*. https://dl.acm.org/doi/pdf/10.1145/2854146. Zugegriffen: 18. Aug. 2019.
2. Desjardins, J. (2020). *Codebases – Millions of lines of code*. Visualcapitalist-Website. https://www.visualcapitalist.com/millions-lines-of-code/. Zugegriffen: 18. Aug. 2019.

3. Rogati, M. (2017). *The AI hierarchy of needs*. Hackernoon-website. https://hackernoon.com/the-ai-hierarchy-of-needs-18f111fcc007. Zugegriffen: 18. Aug. 2019.

4. Maslow, A. (1987). *Motivation and personality*. Pearson Longman. https://www.amazon.de/Motivation-Personality-Abraham-H-Maslow/dp/0060419873. Zugegriffen: 18. Aug. 2019.

5. Golson, J. (2016). *Tesla's new Autopilot will run in 'shadow mode' to prove that it's safer than human driving*. The Verge Website. https://www.theverge.com/2016/10/19/13341194/tesla-autopilot-shadow-mode-autonomous-regulations. Zugegriffen: 18. Aug. 2019.

6. Hermann, J., & Del Balso, M. (2017). *Meet Michelangelo: Uber's Machine Learning Platform*. UBER-Website. https://eng.uber.com/michelangelo-machine-learning-platform/. Zugegriffen: 18. Aug. 2019.

7. Kaushik, A. (2007). *Web analytics – An hour a day*. Wiley. https://www.amazon.de/Web-Analytics-Hour-Avinash-Kaushik/dp/0470130652. Zugegriffen: 18. Aug. 2019.

Organisation und Mindset

9

Zusammenfassung

Ein wesentlicher Bestandteil zur Umsetzung der Vision und Mission, um ein Techgigant zu werden, ist es, die notwendige Organisationsform dafür zu finden und alle Mitarbeiter zu motivieren, die notwendigen Transformationsprozesse und den Wandel aktiv mitanzugehen. Hier muss darauf geschaut werden, dass sowohl die Mitarbeiter als auch die Organisation nicht in alte Verhaltensmuster verfallen. Die allerdings heutzutage herrschende Unternehmenskultur bei vielen Automobilherstellern ist allerdings noch durch hierarchische Strukturen dominiert, in der traditionelle Werte bestehen. Diese alten Strukturen müssen aufgebrochen werden. Die neue Organisationsform muss nämlich Neugierde, Bereitschaft zur Veränderung und schnelle Entscheidungsprozesse fördern. Nur hierdurch werden Kundenzentrierung, Geschwindigkeit und Agilität ermöglicht, wie wir es in großen Maßstäben bei den Techgiganten wie Amazon, Google oder Netflix vorfinden. Die Schaffung der notwendigen Organisationsform ist allerdings nur die eine Seite der Medaille. Ebenso wichtig ist es, das notwendige Mindset innerhalb des Unternehmens zu schaffen. Dieses bildet das Fundament, um die richtige Organisationsform aufzubauen. Dieses Kapitel versucht hierzu einen Überblick zu geben, welche Organisationsform unter dem Blickpunkt der Stärkung von Daten und KI im

M. Nolting, *Künstliche Intelligenz in der Automobilindustrie*, Technik im Fokus, https://doi.org/10.1007/978-3-658-31567-2_9

Unternehmen förderlich ist und wie die richtigen Werte Einzug
finden können.

9.1 Leadership

Die Unternehmenskultur ist das Selbstverständnis aller Mitarbeiter
gegenüber dem Kunden und untereinander. Dieses Selbstverständnis beinhaltet die gelebten Werte, das Unternehmensklima und die
Moral in der Mannschaft. Die Kultur ist auch immer stark ein
Abbild der sogenannten *Unternehmens-DNA*. Diese DNA beinhaltet die Geschichte und Wurzeln des Unternehmens. Ebenso ist
sie geprägt durch das Image des Unternehmens, die produzierten
Produkte sowie das Feedback der Kunden. Diese Kultur ist das
Fundament des Unternehmens. Auch wenn bisher häufig unterschätzt, bildet sie die Grundlage für eine erfolgreiche Veränderung
des Unternehmens.

Die Automobilhersteller verfügen über eine fast 100-jährige
Geschichte. In 100 Jahren kann weiß Gott viel passieren. Durch
den kontinuierlichen Siegeszug des Automobils und die ständig
steigenden Verkaufszahlen hat sich allerdings auch eine gewisse
Arroganz in dieser Branche eingeschlichen. Viele Manager und
Mitarbeiter hinterfragen ihre Kultur und ihr Verhalten kaum noch,
weil sie denken, sie machten alles richtig. Ansonsten sei es ja kaum
möglich, dass die Verkaufszahlen weiterhin stiegen. Ebenso haben
sich Berufsbilder, Karrierepfade und das Selbstverständnis über
Jahrzehnte hinweg nicht verändert. Teilweise gibt es regelrechte
Familienbanden. Über Generationen hinweg fangen die Kinder
von Mitarbeitern wieder beim selben Automobilhersteller an zu
arbeiten. Ganze Städte arbeiten somit bei einem Unternehmen über
Generationen hinweg. Diese bisher etablierte Kultur muss allerdings nachhaltig aufgebrochen werden, damit die Automobilhersteller auch morgen noch mit den Techgiganten mithalten können,
die über eine diversifizierte Mitarbeiterbasis verfügen.

Gemäß einer Studie ist die Kultur im Unternehmen maßgeblich
durch folgende Faktoren beeinflusst [1]:

- Kommunikation und Führung,
- Flexibilität und Veränderungsbereitschaft,
- Diversität,
- Transparenz
- und Ownership.

Die Studie legte ihren Fokus auf die Beschäftigungseffekte, die sich aus den Entwicklungen in der Arbeitswelt und hier insbesondere aus der Digitalisierung ergeben. Diese sind die wesentlichen Treiber für KI und Daten. Diese Beschäftigungseffekte werden sowohl aus der qualitativen als auch aus der quantitativen Perspektive einer detaillierten Betrachtung unterzogen. Zusätzlich zu diesem Schwerpunkt gab es Langzeitbetrachtungen und spezifische Analysen zu den Themenbereichen HR-Trends, Mitarbeitergewinnung und Mitarbeiterbindung. Die Studie findet jährlich statt. Was sich fast jedes Jahr herauskristallisiert, ist, dass die Kommunikation mit als wichtigster Faktor beim Kulturwandel gesehen wird. Das zweitwichtigste Kriterium ist Führung und die Bereitschaft zur Veränderung, das heißt, das Verlassen der Komfortzone.

Besonders in der Kommunikation ist der offene Umgang mit kritischen Themen noch ein sensibles Thema. Hierunter leidet auch die offene Feedbackkultur, die wichtig im Unternehmen ist, um sich Schritt für Schritt weiterzuentwickeln und sich positiv zu verändern. Ein weiteres heikles Thema ist Wertschätzung. Viele Mitarbeiter bemängeln, dass ihnen ihre Führungskräfte nicht genug Wertschätzung entgegenbringen. Es ist also wichtig, dass kritische Themen nicht im Unternehmen totgeschwiegen werden und proaktiv über alle Hierarchiestufen hinweg mit Wertschätzung diskutiert werden kann. Solch eine Kultur kann aber nur umgesetzt werden, wenn sie von der Führung vorgelebt wird. Der Fisch stinkt bekanntermaßen vom Kopf.

Die Führung muss sich also neu erfinden. Führungskräfte müssen in der Lage sein, Veränderungsprozesse zu managen. Ebenso müssen sie in der Lage sein, mit wachsender Komplexität umzugehen und Transparenz zu schaffen. Nur wenn sie als Vorbild vorangehen und diese Themen aktiv vorleben, können diese Themen auf die Mitarbeiter überspringen. Durch die immer stärker einziehende neue Generation Z sind auch Themen wie Work-Life-Balance und

Homeoffice von Relevanz, die allerdings noch aufgrund mangeln-
den Vertrauens stiefmütterlich angegangen werden. Dies hat sich
sicherlich durch die Corona-Pandemie zum Positiven verändert.
Hier mussten Führungskräfte ihre Mitarbeiter notgedrungen ins
Homeoffice schicken und Unternehmen waren gezwungen, die
Digitalisierung voranzutreiben. Glück im Unglück! Schön wäre
es dennoch gewesen, wenn dieser Vertrauensvorsprung unabhängig von einer globalen Pandemie möglich gewesen wäre.

Um die Fähigkeit zur Transformation des Unternehmens zu
verbessern, müssen Führungskräfte in der Lage sein, transaktional (das heißt traditionell) wie auch transformational (das heißt
emotional motivierend) zu führen (siehe Abb. 9.1[2]). Man spricht
auch davon, dass Führungskräfte die *Ambidextrie* (stammt aus
dem medizinischen Umfeld und heißt Beidhändigkeit) beherrschen müssen. Dies bedeutet, dass Führungskräfte neben dem
Managen traditioneller Optimierungsmaßnahmen in etablierten
Geschäftsfeldern und Märkten auch neue, disruptive Modelle und
Produkte (wie KI-gestützte Datenprodukte) entwickeln können.
Bisher beschäftigen sich die Automobilhersteller eher mit der kon-

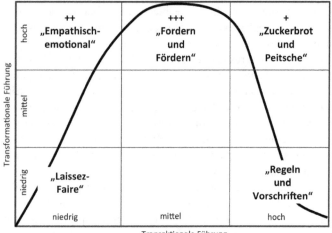

Abb. 9.1 Das Beste aus zwei Welten – transformationale und transaktionale
Führung

tinuierlichen Optimierung ihrer Produkte und Prozesse. Und das ist auch der Grund, warum die Führungskräfte klassisch transaktional führten. Transaktionale Führung ist durch folgende Merkmale charakterisiert:

- Stark rational und ökonomisch getrieben
- Aufgabenerfüllung gegen Belohnung bzw. Bestrafung
- Befehl und Kontrolle; die Führungskraft ist quasi der *Puppenspieler*
- Baut auf der extrinsischen Motivation des Mitarbeiters auf (von außen nach innen)
- Sieht den Menschen als rationales, den Nutzen maximierendes Wesen (homo oeconomicus)

Eine wesentliche Eigenschaft bei transaktionaler Führung ist somit die aktive Kontrolle des Mitarbeiters durch die Führungskraft. Hierzu wird im Vorfeld durch den Führungsstab ein System aufgebaut, welches die Steuerung ermöglicht. Dazu müssen auch Prozesse, Verantwortlichkeiten, Regeln und Vorschriften definiert werden. Auf Basis dieses Systems werden dann Ziele definiert, deren Fortschritt gemessen und kontrolliert wird. Auf Basis der Erreichung der Ziele wird dann Feedback gegeben. Dies alles charakterisiert die aktive Kontrolle beim transaktionalen Führungsstil. Zusätzlich wird auf das Element der bedingten Belohnung zurückgegriffen. Dies bedeutet, dass auf Basis vorher getroffener Vereinbarungen Leistungen bewertet werden. Das geschieht gemäß der Logik „Wenn …, dann …". Sollten Ziele maßgeblich verfehlt werden, kommt folgendes Element zum Einsatz: die bedingte Intervention (Bestrafung). Hier werden Disziplinarmaßnahmen bei starken Abweichungen und Fehlern eingesetzt.

Positive Effekte bei der transaktionalen Führung sind, dass Mitarbeitern Richtung und Sicherheit vorgegeben werden. Dies ist vor allem in Krisenzeiten und unter Zeitdruck sehr nützlich. Darüber hinaus führt es zu einer kontinuierlichen Verbesserung eines Systems und damit zur Systemstabilität. Häufig ist die kontinuierliche Verbesserung nämlich die Folge der Identifikation einer Schwachstelle im System. Ebenso unterstützt es die Zielklarheit, da das Ziel immer ein Folgeziel eines vorherigen Ziels ist. Man kann somit auf etwas aufbauen. Ebenso – auch wenn dies im ersten Schritt irritierend ist – fördert transaktionale Führung Transparenz und Vergleichbarkeit. Durch im Vorfeld definierte Leistungsstandards und das Micromanagement von Mitarbeiteraktivitäten ergibt sich ein klares Bild.

Negative Effekte der transaktionalen Führung sind allerdings, dass den Mitarbeitern teilweise eine Hilflosigkeit antrainiert wird. Mitarbeiter lernen, sich auf ihre Führungskraft zu verlassen. Dies führt dazu, dass sie weniger dazu neigen, eigeninitiativ zu handeln, und das eigene selbständige Denken einstellen. Sollte jetzt die Realität einmal zu stark von dem vorher getroffenen Plan abweichen, wird schnell zur Führungskraft gegangen und um Hilfe gefragt. Es fördert auch die Compliance-Mentalität, die einige Automobilhersteller in den vergangenen Jahre in gewisse Probleme gebracht hat. Es wird nämlich ein Verhalten erzeugt, dass Mitarbeiter *gemäß den Erwartungen an sie* arbeiten, aber häufig nicht motiviert sind, *die Extrameile zu gehen.* Zusätzlich führen extrinsische Anreize wie Belohnungen oder Strafen zu einer Demotivation beim Mitarbeiter. Sie fressen quasi die Freude an einer Aufgabe auf und Spaß wird zu harter Arbeit. Dadurch wird auch die Kreativität bei Mitarbeitern negativ beeinflusst. Zu guter Letzt führt transaktionale Führung zu einer hohen Belastung bei der Führungskraft selbst. Sie wird zur Schlüsselkomponente bei Entscheidungen. Alles muss über sie gehen und zentral entschieden werden. Diese ständige Belastung kann zum *Burn-out* führen.

Daher gibt es sowohl positive als auch negative Effekte bei transaktionaler Führung. Transaktionale Führung an sich ist erstmal nicht schlecht. Gut einsetzbar ist sie zum Beispiel in Krisensituationen, bei Zeitdruck, bei fehlenden Strukturen und um vorhandene Ressourcen optimal geplant einzusetzen. Sollten jetzt Führungskräfte transaktionale Führung einsetzen wollen, sollten sie auf folgende *Best Practices* achten:

1. Expertise: Führungskräfte müssen zeigen, dass sie wissen, worüber sie sprechen.
2. Vorbereitung: Sie sollten vorbereitet und ihren Mitarbeitern am besten einen Schritt voraus sein.

3. Planen und Handeln: Es sollte ein Plan vorliegen und gemäß diesem konsequent gehandelt werden.
4. Klare Verantwortlichkeiten: Klare Verantwortlichkeiten und Aufgaben-Splits sollten definiert sein.
5. Operational Excellence: Die Führungskraft muss klar und prägnant handeln.
6. Nachverfolgung: Der Fortschritt muss nachverfolgt werden und gemäß Zielerfüllung konsequent gehandelt werden.

Die transaktionale Führung ist ein wirksames Instrument bei der Überwachung eines bekannten Systems. Wenn allerdings die Lösung noch unklar ist, ist es schwer, auf dieser Basis neue Themen anzugehen. Hier kommt die transformationale Führung zum Einsatz, die einen emotionalen und positiven Führungsstil betont. Führungskräfte sollen durch Inspiration, Vision und Charisma führen. Dadurch soll die intrinsische Motivation bei den Mitarbeitern entfesselt werden.

Hinsichtlich der Führungskraft kann der transformationale Führungsstil durch folgende vier *I*s beschrieben werden:

- Identifizierend: Die Führungskraft kann ihre Mitarbeiter begeistern. Dadurch bringen diese mehr Leistung als erwartet. Die Führungskraft erreicht das durch ihr Charisma, ihre Glaubwürdigkeit und ihr integres Auftreten. Sie ist ihren Mitarbeitern gegenüber wertschätzend und respektvoll.
- Inspirierend: Die Führungskraft inspiriert ihre Mitarbeiter über eine emotionale und fesselnde Vision. Dadurch bringen sich die Mitarbeiter mit Freude ein und sind positiv.
- Intellektuell anregend: Die Führungskraft fördert ein Umdenken. Dafür bringt sie neue Einsichten ein. Mitarbeiter lernen, Themen anders und neu anzugehen, und entwickeln eine hohe Eigenlösungskompetenz.
- Individuell behandelnd: Jeder Mitarbeiter wird einzeln gefördert und gefordert. Die Führungskraft agiert als Coach und Mentor bei der persönlichen Entwicklung eines jeden Mitarbeiters.

Um transformational führen zu können, muss die Führungskraft also die Stärken eines jeden Mitarbeiters identifizieren. Auf Basis der Stärken eines jeden Einzelnen kann dann ein diversifiziertes Team aufgebaut werden. Dieses Team sollte an einem Thema arbeiten, für das seine Mitglieder brennen und mit dem sie sich identifizieren können. Nun muss die Führungskraft jeden Einzelnen aus seiner Komfortzone herausholen. Sie muss die Mitarbeiter quasi *strecken*. Nach Verlassen der Komfortzone sind die Mitarbeiter in der *positiven Stresszone,* in der sie gefordert und gefördert werden. Mitarbeiter sollten aber nicht in eine zu starke Überforderung geraten, sondern die Möglichkeit bekommen, an ihren Aufgaben zu wachsen. Dieses tritt am besten ein, wenn Mitarbeiter einen *Flow* erleben. Der Flow ist der Zustand, der sich einstellt, wenn die Aufgabe ein wenig über den eigenen Fähigkeiten liegt, man aber die Möglichkeit hat, sich die nötigen Fähigkeiten anzueignen, da man schon ein gutes Stück an Grundlagen mitbringt.

Die Führungskräfte der Automobilhersteller müssen jetzt in der Lage sein, das Beste aus beiden Welten zu kombinieren (siehe Abb. 9.1). Beide Führungsstile sollten nicht als sich ausschließend betrachtet werden, sondern können sich gut ergänzen. Es ist wichtig zu verstehen, dass weder der transaktionale noch der transformationale Führungsstil das alleinige Erfolgsrezept zur Transformation zum Techgiganten sind. Die reine transformationale Führung fördert zwar die Kreativität, es fehlt aber an Struktur. Der reine transaktionale Führungsstil führt zu Prozesseffizienz, aber es fehlt an Innovation. Erst der perfekte Mix aus beiden Welten führt zu der Zone in Abb. 9.1, die *Fordern und Fördern* heißt.

9.2   Psychologische Sicherheit und Klarheit

Ein Team ist immer schneller und löst Aufgaben besser als einer alleine. Dies zeigt uns schon der Radsport. Aber auch bei komplexen Aufgaben konnte in Studien gezeigt werden, dass diversifizierte Teams das Individuum übertreffen. Es müssen allerdings einige wichtige Bedingungen erfüllt sein, damit ein Team diese Leistung erbringen kann. Erstens muss sich ein Team auch als Team verstehen. Jeder kennt sicherlich Beispiele, in denen Menschen zwar in einer Gruppe sind, aber eher gegeneinander als miteinander arbeiten. Dort sucht jeder nur seinen eigenen Vorteil. Google hat zur Untersuchung, was ein Hochleistungs-Team ausmacht, eine Studie mit dem Codenamen Project Aristotle durchgeführt [3].

Folgende Faktoren sind dabei herausgekommen:

1. Psychologische Sicherheit
2. Zuverlässigkeit
3. Struktur und Klarheit
4. Auswirkung und Bedeutung der Arbeit

Das Ergebnis der Studie war, dass der wichtigste Faktor überhaupt die sogenannte psychologische Sicherheit ist. Mitarbeiter müssen sich im Unternehmen bei der Arbeit sicher fühlen. Das bedeutet jetzt nicht, dass sie sich geschützt fühlen müssen, sondern sie müssen bereit sein, gewisse Risiken einzugehen. Sie müssen dies tun können, ohne negative Konsequenzen befürchten zu müssen. Dies beinhaltet zum Beispiel auch die Möglichkeit, neue Ideen zu besprechen und frei in Meetings ihre Meinung zu äußern. Haben Mitarbeiter Angst davor, Fragen zu stellen, weil sie denken, dass andere Kollegen sie für dumm oder inkompetent halten, sind sie nicht mehr bereit, neue Impulse zu liefern. Dies ist allerdings entscheidend dafür, dass eine Idee kreativ aus unterschiedlichen Blickwinkeln betrachtet wird. Auch müssen sich Menschen sicher fühlen, wenn sie eigene Fehler eingestehen sollen. Denn nur hieraus kann das ganze Team lernen. Team-Mitglieder, die für eine Fehlentscheidung geächtet und bestraft werden, versuchen in der Folge, entweder keine Entscheidungen mehr zu treffen oder Fehler zu vertuschen. Dies ist das Todesurteil einer offenen Fehlerkultur und von der Umsetzung der Mission „Own your Product" (siehe Abschn. 8.3). Zusammenfassend kann man auch sagen, dass sich Team-Mitglieder untereinander vertrauen müssen. Vertrauen ist die Basis einer jeden Beziehung – egal ob privat oder im beruflichen Umfeld. Die Formel in Abb. 9.2 zeigt, wie man Vertrauen mathematisch ausdrücken kann [4]. Im Nenner steht der Egoismus. Jede Person, die nur zu ihrem eige-

$$\text{Vertrauen} = \frac{\text{Zuverlässigkeit} + \text{Authentizität} + \text{Resultate}}{\text{Egoismus}}$$

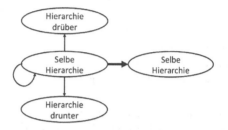

Abb. 9.2 Die Vertrauensformel

nen Vorteil arbeitet, genießt normalerweise ein geringes Vertrauen im Team. Jedes andere Team-Mitglied denkt nämlich, dass, egal was man mit dieser Person an Wissen teilt (zum Beispiel, um eine Idee zu diskutieren), diese Person es nur zu ihrem eigenen Vorteil nutzen wird. Ebenso ist es wichtig, dass man zuverlässig ist, authentisch und Themen wirklich umsetzt. Leuten, die nur reden, aber nichts machen, vertraut man auf lange Sicht auch nicht. Man denkt dadurch nämlich, dass sie sich eines Themas oder einer Sache nicht wirklich annehmen. Zusätzlich spielt auch die Loyalität eine große Rolle. Team-Mitglieder, bei denen wahrgenommen wird, dass sie versuchen, nur dem Chef zu gefallen, genießen ebenfalls weniger Vertrauen als Team-Mitglieder, die versuchen, über alle Hierarchiestufen hinweg loyal zu sein.

Ein zusätzlicher wichtiger Faktor ist Zuverlässigkeit. Team-Mitglieder müssen sich aufeinander verlassen können. Jeder muss zu jedem Zeitpunkt wissen, wie die Aufgaben- und Rollenverteilung im Team strukturiert ist. Dies geschieht am besten durch eine transparente Projektplanung. Mitarbeiter müssen Transparenz haben, um nachvollziehen zu können, wie der Projektstatus ist, welches wichtige Zwischenziele und Deadlines sind.

Der weitere Faktor Struktur und Klarheit ist eng mit der Zuverlässigkeit verbunden. Nicht nur Ziele, Rollen und Projektpläne müssen für alle transparent sein, sondern auch die Aufgaben, für die jeder verantwortlich ist. Jedes Team-Mitglied muss wissen, was die Erwartungen an ihn sind und wie es sie erfüllen kann. Ebenso muss ihm klar sein, was sein Beitrag zum Gesamterfolg ist.

Die beiden letzten Punkte betreffen konkret die Arbeit. Hier muss das Team-Mitglied wissen, warum er täglich zur Arbeit geht und warum es sich lohnt, das warme und weiche Bett zu verlassen. Der Grund des Geldverdienens sollte hier nicht im Vordergrund stehen. Höchstleistungen können nämlich nur dann entstehen, wenn jedes Team-Mitglied das Gefühl hat, etwas Bedeutendes zu schaffen. Es geht hier also stark um die Sinnhaftigkeit. Folgt jedes Team-Mitglied derselben Vision und hat sich somit persönlich sowie gemeinschaftlich einer Mission verschrieben, erreicht erfolgreiche Teamarbeit nochmal ein ganz anderes Niveau. Team-Mitglieder arbeiten am besten, wenn die Arbeit für jeden Einzelnen auch eine persönliche Bedeutung hat. Nur so entsteht die notwendige intrinsische Motivation. Es ist daher wichtig, eine klare Vision zu haben und eine gut definierte Mission zu kommunizieren, die Identifikation im Team schafft. Daneben muss aber auch klar sein, dass jeder Mensch andere persönliche Ziele verfolgt, die er durch die eigene Arbeit erreichen möchte. Das kann finanzielle Sicherheit sein oder aber auch die Möglichkeit, sich stets weiterzuentwickeln und mit den Aufgaben zu wachsen. Darauf sollten Führungskräfte reagieren und den Mitarbeitern helfen, sich schlussendlich auch im Team zu verwirklichen (siehe Abschn. 9.1).

Zusammenfassend kann man also sagen, dass, wie in Abb. 9.3 dargestellt, sowohl Klarheit als auch psychologische Sicherheit die beiden Kriterien sind, die wesentlich sind, um ein Ambiente zu schaffen, in dem Teams Hochleistungen erbringen. Traditionelle Unternehmen sind allerdings noch sehr stark durch transaktionale Führung geprägt. Dies ist gut hinsichtlich Klarheit, Mitarbeiter haben jedoch häufig Angst, Fehler zu machen, worunter die psychologische Sicherheit leidet. In der Forschung (zum Beispiel an Universitäten) muss zwangsweise – und das gar nicht einmal böse gemeint – ein chaotisches Umfeld herrschen. Hier sind weder die Themen klar, da diese noch erforscht werden müssen, noch die Strukturen. Ebenso können Forscher darunter leiden, wenn sie zu schnell gegenüber anderen Forschern ihre Ideen kommunizieren,

Abb. 9.3 Psychologische Sicherheit und Klarheit

da diese sie klauen könnten oder selbst ihre Forschung danach aus-
richten. In Start-Ups liegt meist eine gute Kultur mit hoher psychologischer Sicherheit vor, aber transaktionale Führung findet nicht
statt. Insgesamt muss man es also schaffen, mit transaktionaler
und transformationaler Führung ein Umfeld zu schaffen, in dem
es möglich ist, Hochleistungen zu erbringen.

9.3   Agile Entwicklung

Viele der Techgiganten und auch andere Unternehmen, die sich
stark in einer Transformation befinden, setzen auf agile Entwicklung. Agile Entwicklung beinhaltet sowohl agile Methoden als
auch Vorgehensweisen. Hierdurch ist es möglich, bereichsübergreifend zu arbeiten, Silos aufzubrechen und die Entscheidungs-
wege zu verkürzen. Damit wird die *Ownership* (deutsch: der Besitz
oder die Verantwortung) in die Entwicklungsteams übertragen.
Ursprünglich stammen die Ansätze der agilen Entwicklung aus
dem Bereich der Softwareentwicklung, sie werden aber auch vermehrt in anderen Bereichen (wie zum Beispiel im Vertrieb, in der
Beschaffung etc.) eingesetzt. So ist es möglich, dieses Vorgehen bei
jedem neuen Projekt oder Produkt anzuwenden, bei dem das Projektziel und der Lösungsansatz noch nicht vollends klar sind. Dies
ist sehr schön in der Stacey-Matrix zu erkennen, die in Abb. 9.4
dargestellt ist.

Technologie/Lösungsansatz

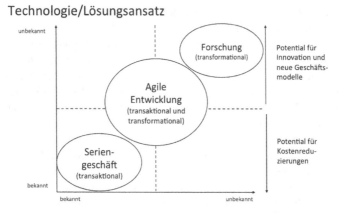

Abb. 9.4 Stacey-Matrix

Die Stacey-Matrix geht auf den britischen Professor für Management Ralph Douglas Stacey zurück [5]. Er beschäftigte sich mit Organisationstheorie und komplexen Systemen. Auf der Abszisse (der x-Achse) wird aufgetragen, wie klar das Projektziel beschrieben ist, das heißt, wie groß die Unsicherheit über die Anforderungen ist. Auf der Ordinate (y-Achse) wird die Unklarheit über den Lösungsansatz aufgetragen, das heißt, wie unbekannt das Vorgehen und die einzusetzenden Technologien sind, um das Projektziel und die Abdeckung der Anforderungen zu erreichen.

Die Stacey-Matrix ist dabei in vier Quadranten aufgeteilt. Im Quadranten unten links sind sowohl die Anforderungen als auch der Lösungsansatz bekannt. Dies war bisher das klassische Geschäft der Automobilhersteller. Häufig wurde das Nachfolgemodell eines Fahrzeugs (zum Beispiel der VW Golf bei Volkswagen) aus dem Vorgängermodell abgeleitet. Es sollte neu sein, durfte aber auch nicht zu neu sein und zu neu aussehen, damit bisherige Golf-Käufer noch einen guten Verkaufspreis für ihren alten Golf erhielten. Sieht das Nachfolgemodell zu unterschiedlich im Vergleich zum Vorgängermodell aus, ist der Preisverfall zu stark. In diesem Segment kann sehr gut mit dem transaktionalen

Führungsmodell gearbeitet werden. Dadurch erfolgt eine kontinuierliche Systemoptimierung.

Im Quadranten oben rechts sind sowohl der Lösungsansatz als
auch das Projektziel höchst unklar. Typischerweise sind hier hoch-
riskante Forschungsprojekte angesiedelt – sowohl in der Industrie als auch im universitären Umfeld. Ein gutes Beispiel hierfür
war die Erforschung eines kundentauglichen Smartphones. Es gab
zahlreiche Projekte in diesem Bereich, aber keinem war klar, was
der Kunde genau wollte und welches die beste Technologie war, bis
Steve Jobs das iPhone auf den Markt brachte. Die passende Technologie war der Touchscreen und die Usability war so optimiert, dass
die Kernanforderung des Kunden, das Internet normal zu erleben
wie im Internet-Browser am PC, abgedeckt war. Dies hatte jedoch
kein Kunde explizit im Vorfeld formuliert. Im Forschungsumfeld
kann zumeist nur transformational gearbeitet werden, da sowohl
die Lösung als auch die passende Technologie exploriert werden
müssen.

Die agile Entwicklung ist zwischen diesen beiden Sektoren
angeordnet und greift sowohl auf transformationale als auch transaktionale Elemente zurück. Agile Entwicklung gibt es in der
Software-Entwicklung bereits seit den 1990er Jahren. Im Jahr
2001 wurde dann das Agile Manifest veröffentlicht, was der agilen
Entwicklung zum Durchbruch verhalf. Das agile Manifest wurde
von siebzehn renommierten Softwareentwicklern verfasst und
publiziert [6]. Es schrieb in Bezug auf den Mindset vier Werte
und zwölf Prinzipien vor. Ein essentieller Wert ist zum Beispiel
die kontinuierliche Zusammenarbeit mit dem Kunden und damit
Kundenorientierung. Die Wünsche und Bedürfnisse des Kunden zu
erfüllen, steht oberhalb der Erfüllung etwaiger vorher definierter
Anforderungen und des Ausführens eines alten Plans. Ebenso ist es
wichtig, in kurzen Zeiträumen eine stets funktionsfähige Software
auszuliefern. Teams sollen crossfunktional aufgesetzt sein (über
alle notwendigen Bereiche hinweg) und Themen selbstorganisiert
planen und umsetzen dürfen. Das Mindset verkörpert Kundenorientierung, Anpassungsfähigkeit und Dynamik. Daher ist es die
ideale Methodik für dynamische Umgebungen und Transformationsprozesse.

Aufbauend auf dem Manifest und den dazugehörigen Werten gibt es eine Vielzahl von Methoden, Praktiken, Tools und Frameworks. Scrum und Kanban sind zum Beispiel sehr weit verbreitet. Bei Scrum werden Funktionen in sogenannten *User Stories* definiert, denen *Story Points* zugeordnet sind. *Story Points* schätzen die Komplexität und den Umfang einer Funktion hinsichtlich ihrer Umsetzung. Aufbauend auf diesen Story Points können dann Burndown Charts aufzeigen, wie der Fortschritt bei der Abarbeitung einer Menge von User Stories ist.

Hinsichtlich agiler Methoden werden wir uns jetzt drei von ihnen genauer anschauen:

1. Design Thinking,
2. Scrum
3. und SAFEScrum (die unternehmenskompatible Version von Scrum).

9.3.1 Design Thinking

Design Thinking ist ein agiles Vorgehen zur Problemlösung oder auch zum Brainstormen/Entwickeln neuer Ideen. Bei dieser Methodik wird sehr stark auf Kundenwünsche und -erwartungen eingegangen. Die technische Machbarkeit und Wirtschaftlichkeit des Resultates wird erst im Nachgang betrachtet. Ziel des Vorgehens ist es ebenso, in einer iterativen Vorgehensweise mit crossfunktionalen (das heißt bereichsübergreifenden) Teams unter stetiger Rückkopplung kreative Lösungen zu entwickeln. In diesen Prozess ist ebenso der Kunde eingebunden. Hierzu ist es auch wichtig, dass die Problemlösung in einem Umfeld stattfindet, welches die Kreativität aller Beteiligten fördert und nicht unterbindet.

Der Design-Thinking-Prozess besteht aus folgenden sechs Phasen:

1. Verstehen: Verstehen der Problemstellung aus Kundensicht
2. Beobachten: Vertiefend mit dem Kunden sprechen und sich mit Fachexperten zu Lösungen aus ähnlichen Problembereichen austauschen
3. Standpunkt definieren: Konsolidierung und Bewertung aller zusammengetragenen Informationen der Team-Mitglieder
4. Ideen finden: Nutzung unterschiedlicher Kreativitätstechniken zur Ideenfindung
5. Prototyp entwickeln: Erstellen eines Prototyps – egal ob Software oder haptisch (auch mit Lego oder Holz)
6. Testen: Zukünftige Kunden testen die Prototypen und geben Feedback

Die ersten drei Phasen gehören zur Problemanalyse. Schritt 4 bis 6 bilden die Lösungsfindung. Der obige Prozess wird wiederholt durchlaufen, bis ein akzeptables Ergebnis erreicht ist. Jedes Teilergebnis eines Durchlaufs wird mit dem Kunden besprochen. Dieses iterative und interaktive Vorgehen hat sich in der Praxis bewährt. Hiermit kann relativ früh am zukünftigen Kunden erprobt werden, ob ein Problem und eine Lösung eine hohe Relevanz für den Kunden haben. Design Thinking ist vielfältig einsetzbar. Man kann es nutzen, um neue Produkte und Geschäftsmodelle zu entwickeln sowie interne Prozesse und Abläufe zu optimieren.

9.3.2 Scrum

Scrum wird heute bereits von vielen Unternehmen und Automobilherstellern eingesetzt. Scrum hat seinen Ursprung in der Softwareentwicklung, kann aber auch wie Design Thinking auf Probleme in anderen Domänen angewendet werden. Der Begriff Scrum kommt ursprünglich aus dem Rugby und bedeutet *angeordnetes Gedränge*. Hier versammeln sich die Spieler beider Mannschaften und drücken Schulter an Schulter, um das Spiel nach einem Regelverstoß wieder aufzunehmen. Scrum eignet sich sehr gut für komplexe Projekte, da es sowohl auf transaktionale als auch transformationale Elemente zurückgreift. Es läuft iterativ ab und das Projektziel wird in Teilziele aufgeteilt. Um ein Teilziel zu erreichen, gibt es einen Sprint, der normalerweise 2 bis 4 Wochen dauert. Für einen Sprint wird eine sehr detaillierte Planung gemacht – eine Überplanung. Dies ist ein stark transaktionales Vorgehen. Nach dem Sprint-Ende wird reflektiert und gegebenenfalls das Vorgehen angepasst, was einem transformationalen Vorgehen entspricht.

Ein Scrum-Team sollte aus fünf bis zehn Mitgliedern bestehen. Amazon nennt diese Teamgröße *2-Pizza-Teams*, da man annimmt, dass bis zu 10 Mitglieder noch durch zwei große amerikanische Pizzen gesättigt werden können [7]. Im Scrum-Team gibt es keine Hierarchie. Die Mitglieder sind selbstorganisiert für die Umsetzung des Projektes/Produktes verantwortlich. Elementar gibt es in jedem Scrum-Projekt drei Rollen:

- Product Owner,
- Scrum Master
- und Team-Mitglied.

Der Product Owner repräsentiert den Endkunden und seinen Arbeitsauftrag. Er ist verantwortlich für die Anforderungsdefinition und Product-Backlog-Priorisierung. Er leitet ebenso die Entwicklung/Umsetzung des Produktes. Der Scrum Master unterstützt das Team und kümmert sich um alle organisatorischen Aspekte. Dies ist wichtig, damit das Team ungestört arbeiten kann. Aus dem Arbeitsauftrag des Product Owners leitet das Team die Anforderungen ab. Diese werden dann in User Storys überführt und in Bezug auf ihren Umsetzungsaufwand (sogenannte Story Points) geschätzt. Die Summe aller User Storys bildet das Product Backlog. Dies ist somit die Sammlung aller Features und Funktionen, die das Produkt irgendwann einmal besitzen soll. Das Product Backlog wird nach jedem Sprint aktualisiert und neu priorisiert.

Bei jeder Sprintplanung nimmt das Team User Storys aus dem Backlog. Diese User Storys werden dann im Rahmen des Sprints bearbeitet und bilden das Sprint Backlog. Aus den User Storys erstellt das Team dann eigenverantwortlich Tickets, die in die Umsetzung gehen. Im täglichen Daily (ein tägliches verpflichtendes Meeting zum Tagesstart) berichtet dann jedes Team-Mitglied in nur 1 bis 2 min, was es am Vortag gemacht hat, was es für den aktuellen Tag plant und was es bisher eventuell behindert hat. Hinderungspunkte (sogenannte Impediments) nimmt der Scrum Master mit und er behebt sie. Das sogenannte Breakdown Chart dokumentiert und visualisiert die Abarbeitung des Sprint Backlogs. Hierdurch ist ein Soll-Ist-Abgleich sehr gut möglich.

Die Dauer der Sprints kann vom Team zu Beginn definiert werden, aber sollte danach konstant bleiben. Auf Basis des gewählten Sprint-Zeitraums nutzt das Team das Time-Boxing-Verfahren, um den Arbeitsumfang unter Beachtung der Prioritäten anzupassen. Darüber wird sichergestellt, dass bei den richtigen Themen dauerhaft an den wichtigsten Aspekten gearbeitet wird. Am Sprint-Ende gibt es immer eine Retrospektive. Hier werden das Ergebnis und etwaige Hinderungsgründe beim Abweichen von der Planung analysiert, um hieraus für zukünftige Sprints zu lernen. Das Ergebnis des Sprints (das vorher definierte Produktinkrement) erhält der Endkunde funktionsfähig zum Testen und Ausprobieren. Es ist bei Scrum sehr wichtig, dass nach jedem Sprint ein voll funktionsfähiges Produkt zur Verfügung steht. Dazu kann der Kunde dann ausgiebig Feedback geben, was wiederum zur Planung der kommenden Sprints und zur Anpassung des Backlogs genutzt wird.

Charakterisierend für Scrum ist also ein iteratives Vorgehen – in festen Zyklen und sich selbst organisierenden Teams. Die starke Einbindung des Endkunden, um Feedback zu den Sprint-Ergebnissen zu bekommen, die direkte Umsetzung von Feedback und die ständige Anpassung des Backlogs und der Anforderungen sollen sicherstellen, dass das finale Produkt wirklich den Kundenanforderungen entspricht. Man spricht bei Scrum daher von einem kundenzentrischen Ansatz. Die Transparenz über den Produkt-/Projektfortschritt sowie der tägliche Abgleich und die offene Kommunikation sollen ein motivierendes Umfeld für alle Beteiligten schaffen. Dies soll in kürzester Zeit zu handfesten Ergebnissen führen.

Daher ist insgesamt die Nutzung agiler Methoden wie Scrum sehr zu empfehlen. Es ist allerdings zu beachten, dass Scrum nicht immer Sinn ergibt. Wie schon in der Stacey-Matrix in Abb. 9.4 dargestellt, ist Scrum für Projekte, bei denen die Anforderungen sowie der Lösungsansatz bekannt sind, wenig sinnvoll. Hier sind

Tab. 9.1 Wasserfallmethode vs. agiles Vorgehen

Wasserfallmethodik	Agiles Vorgehen
Fokus: statisches Vorgehen auf vorher definierten Anforderungen	Fokus: innovative Lösung bei im Prozess zu definierenden Anforderungen
Etabliertes Vorgehen auf Grundlage vorhandener Tools	Bereichsübergreifendes Vorgehen und Zielsetzung mit hohem Abstimmungs-/Kommunikationsbedarf
Eingeschränkte Verfügbarkeit von Wissen und Entscheidungsbefugnis im Team	Wissen und Entscheidungsbefugnis im Team vorhanden
Resultat nur als Gesamtprodukt testbar	Kontinuierliche Einbindung des Kunden und iteratives Testen/Demonstrieren möglich

Verfahren wie die klassische Wasserfallmethodik wesentlich effizienter (siehe Tab. 9.1).

Immer dann jedoch, wenn innovative Lösungen mit noch nicht komplett festgezurrten Anforderungen vorliegen, ein bereichsübergreifendes Team vorhanden ist sowie Entscheidungen möglichst schnell kundenzentrisch getroffen werden sollen, ist Scrum das bevorzugte Vorgehen.

9.3.3 SAFEScrum

Scrum beschränkt sich bewusst auf die Organisation eines Teams und beschäftigt sich daher nicht mit der Frage nach der übergeordneten Organisation des Unternehmens. Sobald ein Projekt bzw. Produkt groß und komplex wird, wird das aber wichtig. Um Scrum auch im Unternehmensfeld sinnvoll einsetzen zu können, gibt es zahlreiche Frameworks, die Scrum für Unternehmen interpretieren. Eines von diesen Frameworks heißt SAFEScrum. Unternehmen haben nämlich meistens nicht nur ein agiles Team, sondern eine Vielzahl davon, die verteilt an einem Produkt arbeiten. Frameworks für Unternehmen versuchen daher, Skalierbarkeit im agilen Vorgehen zu ermöglichen. Ein geeignetes Skalierungs-Framework

stellt sicher, dass die Teams gemeinsam und effizient in die richtige Richtung rudern. Das SAFEScrum Framework führt dazu zwei
weitere Schichten ein. Auf der untersten Schicht findet die normale
Scrum-Methodik statt. Hier arbeiten Teams mit Product Owner,
Scrum Master und Team-Mitgliedern an der Umsetzung eines Teil-
projekts. Die Ebene darüber formt aus diesen einzelnen Teams
sogenannte Release-Trains, die an einem größeren Teilziel arbeiten. Hier gibt es ähnliche Rollen zum Product Owner und Scrum
Master. Sie heißen Product Manager und Release-Train-Engineer.
Auf der obersten Ebene, der Portfolio-Ebene, wird dann versucht,
gemäß der Unternehmensstrategie, die einzelnen Release-Trains
in die richtige Richtung zu steuern. Hier spielen sich auch Themen wie die Finanzierung der agilen Teams und die Messung des
Fortschritts nach Unternehmens-KPIs ab.

9.4   Anpassung der IT-Organisation

Um den Wandel zu einem Techgiganten durchführen zu können,
ist die interne Organisation der Unternehmens-IT bei den Automobilherstellern effizienter aufzustellen. Bereits in der Vergangenheit war die IT der Automobilhersteller mit der Umsetzung
von Softwareprojekten zur Optimierung und Automatisierung der
Geschäftsprozesse beschäftigt. Dies war die vorrangige Aufgabe
der bisherigen Unternehmens-IT. Das Vorgehen war aber stark
technologisch getrieben. Die IT hat daher die klassischen drei Phasen, die sich an den Lebensphasen eines IT-Produktes orientieren:

1. Plan
2. Build
3. Run

Die *Plan*-Organisation setzt dabei Projekte auf und klärt Anforderungen und Konzeption. Die *Build*-Organisation setzt dies dann um
und übergibt es dem Betrieb, der *Run*-Organisation. Hier wurden
bisher die entwickelten Lösungen in den eigenen Rechenzentren
der Automobilhersteller betrieben.

In den Plan- und Build-Einheiten ist die IT-Organisation gemäß den Geschäftsbereichen der alten automobilen Wertschöpfungskette (Forschung und Entwicklung, Beschaffung, Vertrieb, Produktion etc.) aufgeteilt. Diese Art der Organisationsform tut sich allerdings sehr schwer mit den Anforderungen, die Themen wie KI und Daten an sie stellen. Daher haben die Fachbereiche häufig das Gefühl, dass die eigene IT zu wenig innovativ, langsam und sehr bürokratisch ist. Als Reaktion oder Notlösung haben Fachbereiche angefangen, eigene *Schatten*-ITs aufzubauen. Diese Schatten-ITs kommen aber an ihre Grenzen, wenn es an den Betrieb eines IT-Produktes geht. Die Frage ist also, wie man es ermöglichen kann, schnell und agil zu entwickeln und trotzdem die Lösung IT-technisch skalierbar zu betreiben.

Ein erfolgreiches Modell, mit dem Google dieses Problem gelöst hat, nennt sich Site Reliability Engineering. Der Unternehmenserfolg ist bei Google stark mit der IT verknüpft und man suchte damals nach Mitteln, Wegen und Organisationsmodellen, um das Wachstum abbilden zu können. Zwar wurde und wird die klassische Trennung von Entwicklung und Betrieb auch bei Google aufrechterhalten, aber man stellte sich zum Thema Betrieb folgende Frage: Wie eng sollten Softwareentwicklung und Betrieb verzahnt werden und welche Regelungsprozesse werden benötigt? Aus dieser Fragestellung und der Umsetzung der Antworten entwickelte Google das Site Reliability Engineering als ein neues Service-Management-Modell.

Was zunächst simpel klingt, setzt sich im Detail aus einem komplexen Regelwerk mit Vorgaben und Rahmenbedingungen zusammen. Wichtige Faktoren beim Site Reliability Engineering sind:

- Umgang mit Risiken
- Kenngrößen für Qualität im Betriebsalltag
- Daily Business und Optimierung von Aufgaben (inklusive Automatisierung)
- Systemüberwachung und relevante Störungen
- Release-Management

Analysiert man das Buch *How Google Runs Production Systems* [8] von Beyer, Petoff, Murphy und Jones einmal genauer, sieht man deutlich, wie tief das Thema in der DNA von Google verankert ist. Site Reliability Engineering sollte auch nicht mit DevOps verwechselt werden. DevOps stellt nur eine Untermenge davon dar. Jeder Automobilhersteller muss daher für sich prüfen, wie viel „Google" das eigene Geschäftsmodell verträgt. Folgende drei Faktoren sind hierbei wesentlich, bei denen untersucht werden muss, zu welchem Grad sie übernommen werden können:

1. Automatisierung
2. Betriebsorientierung aus der Softwareentwicklung
3. Unternehmensweite Regelprozesse

Mit der gezielten Kombination dieser drei Faktoren lassen sich signifikante Verbesserungen erzielen und die KI-gestützten Dienste von morgen sicher und robust betreiben.

9.5   Die richtigen Leute finden und entwickeln

KI und Daten finden auch immer stärkeren Einzug ins Personalwesen. Vor dem Hintergrund erforderlicher Neueinstellungen müssen die richtigen Leute gefunden und die passenden Kompetenzen entwickelt werden.

Die generationenlange Loyalität der Elterngenerationen zu einem Unternehmen ist Vergangenheit. Daher muss jedes erfolgreiche Unternehmen von morgen massiv in das Thema Mitarbeiterbindung investieren. Wichtige zukünftige Faktoren für eine hohe Mitarbeiterzufriedenheit sind Entwicklungsmöglichkeiten, Freiheiten bei der Wahl des Arbeitsortes, Homeoffice und das Mindset des Unternehmens. Kontinuierlich in die Mitarbeiter hineinzuhorchen, wird verstärkt Aufgabe der Führungskräfte werden. Die neue Generation nennt man *Generation Z*. Dieses sind Jahrgänge, die nach 2000 geboren wurden. *Generation Y* umfasst die Jahrgänge von 1980 bis 2000. Die nächste Generation davor ist die *Generation X*. Typisch für die Generationen Y und Z ist, dass alles Maßregelnde und Strukturierte eher als hemmend wahrgenommen wird. Innovation, Dynamik, Flexibilität und Sinnhaftigkeit werden als sehr motivierend und antreibend aufgefasst.

Die Zeiten, in denen sich die Talente von morgen noch bei den Automobilherstellern aufgrund ihres exzellenten Rufs beworben haben, sind vorbei. Auch Automobilhersteller müssen jetzt um die Talente von morgen kämpfen. Dies startet mit der aktiven Suche nach potentiellen Kandidaten auf Karrierebörsen wie zum Beispiel Xing und LinkedIn. Je spezifischer eine Stelle ist, desto eher kommen auch Plattformen wie zum Beispiel Stack Overflow ins Spiel, welches eine Plattform für Software-Entwickler ist. Ebenso ist es möglich, Ausschreibungen mit spannenden Datensets auf KI-Plattformen wie Kaggle zu starten. Kaggle ist eine Plattform für Data Scientists, wo sich diese untereinander regelmäßig in Wettbewerben messen. Die Wettbewerbe werden von Unternehmen eingestellt, mit den erforderlichen Daten und ein wenig Preisgeld. Dies ist somit ein spannender Kanal, um die Talente von morgen zu sichten.

Ebenso ist es nötig, für technische Rollen im Bereich KI (zum Beispiel Data Scientists und Data Engineers) einen simplen Programmiertest im Vorstellungsgespräch absolvieren zu lassen. Dies kann online geschehen, wie es Google macht, oder von Angesicht zu Angesicht. Hier steht meistens nicht die korrekte Lösung im Vordergrund, sondern das Herangehen an die Aufgabe und die Prüfung, wie tief Grundkenntnisse zu dem jeweiligen technischen Thema vorhanden sind.

Wesentlich wichtiger als der Grad der Expertise und die bisherigen abgelieferten Ergebnisse werden in der sich stark ändernden Welt von morgen die Werte des Bewerbers sein. Wie in Abb. 9.5 dargestellt sind die Techgiganten auf der Suche nach Bewerbern, die im Idealfall handfeste Resulte bereits abgeliefert haben und über passende Werte im Rahmen des agilen Manifestos oder des Unternehmens verfügen. Personen, die solche Werte haben, aber noch nichts Konkretes in ihrem Lebenslauf an Resultaten nachweisen konnten, sind die *unentdeckten Mauerblümchen*. Solche Leute sind über entsprechende Maßnahmen entwickelbar und in Zukunft interessanter als Mitarbeiter, die über handfeste Resultate, aber nicht die passenden Werte verfügen. Diese *einsamen*

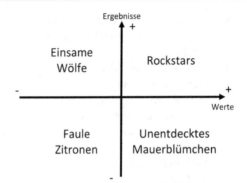

Abb. 9.5 Result-Value-Matrix

Wölfe werden nur noch vereinzelt benötigt, da sie nicht im Team funktionieren. Bei Personen, die weder die passenden Werte noch Resultate nachweisen können, sollten Unternehmen zweimal darüber nachdenken, ob sie diese einladen und einstellen.

9.6   Hindernisse bei der Transformation

Jede Transformation bietet ihre Chancen und Möglichkeiten, birgt aber auch Risiken. In einer Gruppe (und dazu zählen auch die Mitarbeiter eines Unternehmens) sind immer die folgenden Untergruppen zu finden (siehe Abb. 9.6):

1. Fackelträger
2. Frühe Mehrheit
3. Späte Mehrheit
4. Unbelehrbare

Die Fackelträger sind bereit, Veränderungen von Anfang an voranzutreiben. Hierbei gehen sie mit einer positiven und aufgeschlossenen Haltung voran. Die frühe Mehrheit ist einem Wandel gegenüber ebenso positiv aufgeschlossen, aber schaut stets auf die Fackelträger. Wenn sie die ersten Fackelträger identifizieren können, folgen sie ihnen schnell. Die späte Mehrheit hingegen ist

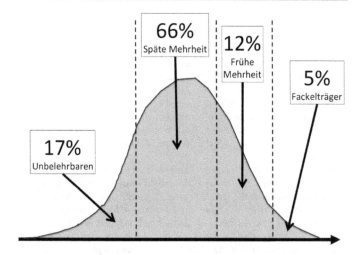

Abb. 9.6 Akzeptanzkurve

anfangs sehr skeptisch. Sie sitzen sozusagen auf der Tribüne und schauen sich das Treiben an. Erst wenn genügend Menschen die Veränderung vorantreiben, verlassen sie ihren Tribünenplatz und schreiten aufs Feld, um mitzuspielen. Zu guter Letzt gibt es die Unbelehrbaren. Sie sind gegen jegliche Entwicklung und Veränderung. Ebenso verweigern sie eine Teilnahme und können sogar den Wandel aktiv sabotieren.

Daher muss jeder Wandel mit den Fackelträgern und der frühen Mehrheit anfangen. Diese müssen bei den Automobilherstellern identifiziert werden, um den Wandel zum Techgiganten vollziehen zu können. Die entscheidende Frage wird allerdings für viele Automobilhersteller sein, wie sie mit den Unbelehrbaren umgehen. Wenn der Wandel den Wendepunkt erreicht haben wird, müssen sich die Unbelehrbaren fragen, ob sie ein Teil der neuen Welt werden wollen oder nicht. Falls nicht, müssen sie zurückgelassen werden. Dieses sollte nicht leichtfertig geschehen. Man sollte ihnen mehrere Chancen bieten. Nehmen sie diese allerdings nicht an, wird kein Weg daran vorbeiführen, da nicht zu viel Energie auf sie verschwendet werden darf. Die komplette Energie wird nämlich nötig sein, um den Wandel zum Techgiganten zu schaffen.

Literatur

1. Eilers, S., Möckel, K., Rump, J., et al. HR-Report 2019 Schwerpunkt Beschäftigungseffekte der Digitalisierung. https://www.hays.de/documents/10192/118775/hays-studie-hr-report-2019.pdf/b4dd2e3c-120e-8094-e586-bdf99ac04194. Zugegriffen: 2. Apr. 2019.
2. Jennewein, W. (2018). Warum unsere Chefs plötzlich so nett zu uns sind – und warum sie es sogar ernst meinen, Ecowin.
3. Google researchers. (2020). re.Work Website von Google. https://rework.withgoogle.com/print/guides/5721312655835136/. Zugegriffen: 2. Apr. 2019.
4. Green, C. H. (2020). Understanding The Trust Equation, Trusted-Advisor Website. https://trustedadvisor.com/why-trust-matters/understanding-trust/understanding-the-trust-equation. Zugegriffen: 2. Apr. 2019.
5. Stacey, R. D. (2012). *The tools and techniques of leadership and management – meeting the challenge of complexity*. London: Routledge.
6. Beck, K., et al. (2011). Manifesto for Agile Software Development, Agilemanifesto.org-Website. http://agilemanifesto.org/. Zugegriffen: 2. Apr. 2019.
7. Gupta, M. (2018). Why „Two Large Pizza" team is the best team ever, Medium.com-Website. https://medium.com/plutonic-services/why-two-large-pizza-team-is-the-best-team-ever-4f19b0f5f719. Zugegriffen: 2. Apr. 2019.
8. Murphy, N. R., Beyer, B., Jones, C., & Petoff, J. (2016). Site Reliability Engineering: How Google Runs Production Systems. Newton: O'Reilly.

Zusammenfassung und Ausblick

10

Zusammenfassung

Dieses Kapitel zieht ein Fazit des Buches und versucht, einen Blick auf die nächsten 5 bis 10 Jahre der Automobilindustrie zu wagen. Dieser futuristische Ausblick soll Automobilherstellern den Mut geben, innovativ und entschlossen voranzugehen. Hierbei ist Schnelligkeit wichtiger als Abwägen eines jeden Details. Die Zukunft ist nicht komplett vorhersagbar und Risiken müssen in Kauf genommen werden. Dies ist ein Thema, mit dem sich speziell die deutsche Automobilindustrie sehr schwer tut. Jetzt ist die Zeit des MACHENS gekommen – und Machen ist wie Wollen, nur krasser! Bei dem kommenden Ausblick ist sowohl die exponentielle Entwicklung der weltweit verfügbaren Rechenleistung als auch die Fähigkeit der Automobilhersteller zur Änderung einbezogen. Die in den letzten Jahren stark zunehmenden Projekte im Bereich der digitalen Dienste, des autonomen Fahrens und des elektrischen Fahrens zeigen deutlich, dass wir den linearen Bereich der Exponentialkurve verlassen haben und jetzt in den steilen Verlauf eintreten. Daher sind die nächsten 5 bis 10 Jahre entscheidend für alle Automobilhersteller. Vor diesem Hintergrund werden wir uns anschauen, mit welcher Wahrscheinlichkeit ein Automobilhersteller die in Kap. 5 postulierte Metamorphose schaffen kann. Daraus leiten wir dann ein Worst-Case-, ein Realistic-Case- und ein Best-Case-Szenario für den Automobilstandort Deutschland

© Der/die Herausgeber bzw. der/die Autor(en), exklusiv lizenziert   283
durch Springer Fachmedien Wiesbaden GmbH, ein Teil von
Springer Nature 2021
M. Nolting, *Künstliche Intelligenz in der Automobilindustrie*,
Technik im Fokus, https://doi.org/10.1007/978-3-658-31567-2_10

ab. Dieses Kapitel schließt mit der Frage, wie groß der aktuelle Vorsprung des Innovators Tesla ist. Vieles in diesem Kapitel ist eine sehr subjektive Einschätzung des Autors. Letztendlich kann zum Glück niemand in die Zukunft sehen.

10.1 Zusammenfassung des Buches

In Kap. 1 leitet dieses Buch in die Herausforderungen der Automobilindustrie ein und nimmt die Techgiganten als Vorbild, um zu diskutieren, wie ein Wandel vom Blechbieger zum Techgiganten möglich ist. Dazu werden US-amerikanische Unternehmen wie Amazon, Apple, Google, Netflix und Facebook als Exempel genutzt. Diese Unternehmen sind hochdigitalisiert und verankerten von Anfang an KI und maschinelles Lernen in ihre Unternehmens-DNA. Das ist ihnen vor allem in der Corona-Pandemie gut bekommen [21]. Bereits im vergangenen Geschäftsjahr haben sie zusammen einen Nettogewinn von 159 Mrd. Dollar erwirtschaftet. Das sind rund 435 Mio. pro Tag [1]. Netflix wird als besonderes Positivbeispiel für Veränderungsbereitschaft und Nutzung des maschinellen Lernens herausgegriffen und im Detail angeschaut. Es gelang dem Unternehmen, sich in den vergangenen Jahren viermal neu zu erfinden und sich an starke Marktänderungen anzupassen.

Der erste Teil des Buches besteht aus den Kapiteln 2 bis 4 und gibt einen Einblick in die Grundlagen der Künstlichen Intelligenz.

Wie in Kap. 2 dargestellt, müssen die richtigen Algorithmen, Big-Data-Verfahren und Cloud-Infrastrukturen zum Einsatz kommen, um eine solide Basis für KI und maschinelles Lernen im Unternehmen zu haben. Ebenso müssen die Daten in ausreichendem Maß zur Verfügung stehen, denn erst die Daten füllen die algorithmischen Hüllen mit Leben und Intelligenz. Um die Algorithmen mit den großen Datenmengen trainieren zu können, werden Cloud-Infrastrukturen eingesetzt, die auf Knopfdruck ausreichend Rechenkapazität zur Verfügung stellen. Das exponentielle Wachstum sorgt seit dem Jahr 1965 dafür, dass die weltweit verfügbare Rechenleistung exponentiell in immer stärkerem Maße ansteigt (siehe Moore'sches Gesetz, Abschn. 2.1). Aber erst die Neuronalen Netze in Kombination mit der Cloud ebneten den Weg dafür, dass mehr Daten auch mehr Intelligenz bedeuten. Auf Basis dieser Trends sind wird jetzt an dem Punkt, wo die synergetische Nutzung der richtigen Algorithmen, mit ausreichend Daten und der verfügbaren Rechenleistung, zu Applikationen führt, die ganze Industrien von heute auf morgen verändern.

In Kap. 3 sind wir in die Grundlagen der Künstlichen Intelligenz eingestiegen. Dazu haben wir uns kurz ihre Geschichte angeschaut und das maschinelle Lernen vom Deep Learning und der Künstlichen Intelligenz abgegrenzt. Ebenso haben wir beleuchtet, wie menschliche Intelligenz und Künstliche Intelligenz im Verhältnis zueinander stehen. Das maschinelle Lernen ist ein Unterthema der Künstlichen Intelligenz und wird auch als Narrow AI bezeichnet. Es umfasst die Verfahren, die heutzutage schon in vielen Industrien zum Einsatz kommen. Die General AI versucht, eine generalistische KI zu entwickeln, die eine Vielzahl von Problemen lösen kann – ähnlich zu dem Verfahren, welches die heutige Google-Tochter Deep Mind ursprünglich einmal entwickelt hatte, um unterschiedliche Atari-Spiele meistern zu können, im Gegensatz zu nur einem Spiel, Schach, wozu Deep Blue in der Lage war. Dies ist aktueller Gegenstand der Forschung. Der nächste Evolutionsschritt wäre die Super AI. Dieses ist eine KI, die dem Menschen überlegen ist. Wann die Super AI so weit ist und ob das überhaupt technisch möglich sein wird, unterliegt philosophischen Spekulationen. Anschließend sind wir in die wichtigsten Verfahren des überwachten Lernens, des unüberwachten Lernens und des sonstigen Lernens eingestiegen. Dazu haben wir uns gängige Verfahren wie die lineare Regressionsanalyse, die Support-Vektor-Maschinen, die Neuronalen Netze und das Reinforcement-Learning angeschaut. Das Kapitel schließt mit Chancen, Grenzen und Risiken von KI-Verfahren.

Da das autonome Fahren einen wichtigen Meilenstein in der KI-Entwicklung und ein relevantes Thema für jeden Automobilhersteller darstellt, haben wir uns in Kap. 4 angeschaut, welche Verfahren der Künstlichen Intelligenz hier zur Anwendung kommen. Eine wesentliche Herausforderung ist das Wahrnehmungsproblem (englisch: perception), bei dem Neuronale Netze helfen können. Erst durch den Einsatz und Verbau digitaler Kameras wird das autonome Fahren für den Endkunden bezahlbar sein und eine

Massenverbreitung erreichen können. Ebenso werden KI-Algorithmen zum Planen und Handeln der nächsten Fahraktionen angewendet. Das Kapitel schließt mit ethischen Betrachtungen zum autonomen Fahren.

Der zweite Teil des Buches mit den Kapiteln 5 bis 6 beleuchtet die Veränderungen, denen die automobile Wertschöpfungskette unterliegt, und wie die vier großen Trends darauf einzahlen, die mit CASE abgekürzt werden.

Kap. 5 erklärt die heutige automobile Wertschöpfungskette und wie sich diese durch die vier großen Trends CASE verändern wird. CASE steht für Connected Services (C), autonomes Fahren (A), Shared Services (S) und Elektromobilität (E). Dazu haben wir uns unterschiedliche Konsumententrends angeschaut, um den Zeitgeist aufzunehmen, der diese Veränderungen treibt. Die automobile Wertschöpfungskette wird sich dahingehend verändern, dass immer mehr digitale Dienste entwickelt werden, um neue Umsatzkanäle zu erschließen. Ebenso müssen über alle Phasen der Wertschöpfungskette KI-Verfahren eingesetzt werden, um die Autos von morgen immer noch kostenoptimal produzieren und verkaufen zu können. Durch die Nutzung von Daten und KI in der automobilen Wertschöpfungskette ergeben sich für die Automobilhersteller neue Umsatz- wie auch Kosteneinsparpotentiale. Die Kosteneinsparpotentiale liegen bei 5 bis 10 % in Bezug auf die jährlichen Kosten des Automobilherstellers. Die größten Kostenpotentiale ergeben sich in der Produktion, Logistik und Beschaffung. Die Umsatzpotentiale könnten bei bis zu 10 % zusätzlicher Rein-Rendite liegen. Um die Voraussetzungen für den Einsatz von Daten und KI im Unternehmen zu schaffen, kann entweder auf Kooperationen zurückgegriffen werden oder die notwendigen Kompetenzen werden selbst aufgebaut.

In Kap. 6 wird detailliert auf jede Phase der automobilen Wertschöpfungskette eingegangen. Ebenso werden konkrete Use-Cases aufgezeigt, die mittels KI umgesetzt werden können. Ingesamt werden über 100 Use-Cases dargestellt. Neben Use-Cases zur Prozessautomatisierung und -optimierung wird auch auf Use-Cases im Bereich der digitalen Dienste eingegangen, die neue Umsatzkanäle erschließen können. Dies reicht von Anwendungsfällen im Fahrzeug und für den Fahrer bis zur Erschließung neuer Märkte durch das Angebot von Mobilitätsdiensten. Das Kapitel schließt mit der Diskussion folgender vier Szenarien mit Rollen (siehe Abb. 10.1), die jeder Automobilhersteller einnehmen kann:

1. Techgigant
2. Foxconn der Automobilindustrie
3. Blechbieger mit IT-Labs
4. Blechbieger

Das Ziel eines jeden Automobilherstellers sollte es sein, ein Techgigant wie Google oder Amazon zu werden. Dazu muss die komplette Wertschöpfungskette mittels Daten und KI optimiert werden. Jedes Kostenpotential, das zu heben möglich ist, muss gehoben werden, um die Gesamtkosten für den Endkunden zu minimieren. Ebenso müssen Daten und KI genutzt werden, um auf Basis des noch herrschenden Wettbewerbsvorteils neue Märkte zu erschließen. So hat der Automobilhersteller die Chance, sich langfristig zum Mobilitätsdienstleister zu entwickeln. Schafft es der Automobilhersteller nicht, eine akzeptable Kundenzentrierung bzw. Kostenoptimalität zu erreichen, wird er entweder zum Foxconn der Automobilindustrie oder bleibt ein Blechbieger (mit oder ohne angeschlossenen IT-Labs).

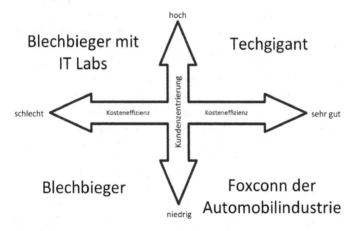

Abb. 10.1 Die vier Szenarien

Teil 3 des Buches beschreibt, wie der Automobilhersteller erfolgreich die Transformation zum Techgiganten schaffen kann. Dazu muss er die passende Vision entwickeln, die an der Basis die richtigen Veränderungsprozesse startet und treibt. Dies wird durch die zugehörige Mission umgesetzt und durch das passende Organisationsmodell und Mindset gestützt.

Kap. 7 stellt eine mögliche Vision dar, die die notwendigen Veränderungsprozesse starten und treiben kann. Sie lautet: *„Wir haben einen digitalen SOP am Tag (nicht alle 3 Jahre) – das heißt, unsere Kunden fahren morgens mit ihrem Auto zur Arbeit und abends mit einem neuen zurück.“* Diese Vision impliziert, das Unternehmen dahingehend umzubauen, dass maximale Kundenzentrierung und Änderungsbereitschaft im Vordergrund stehen. Durch diese Vision wird die digitale Lieferzeit auf ein Minimum reduziert. Die digitale Lieferzeit beschreibt den Zeitraum von der schriftlichen Fixierung einer neuen Datenprodukt-Idee bis zur Auslieferung dieser an die Kunden. Aktuell weisen viele Automobilhersteller noch erhebliche Mängel bei der Gesamtintegration von komplexen Softwareprojekten auf. Diese liegt im Bereich von Monaten anstatt von Minuten, wie es bei den Techgiganten wie Amazon oder Google der Fall ist. Durch die Fähigkeit, täglich neue Software-Versionen an Kunden auszuliefern und Code-Änderungen in Umsystemen (englisch: legacy systems) vorzunehmen, kann der Automobilhersteller neue Umsatzkanäle erschließen und Kosteneffizienzen heben. Um den Umbau zu einem KI-getriebenen Unternehmen zu schaffen, müssen Automobilhersteller verstehen, wie Datenprodukte entwickelt werden und dass diese einen Lebenszyklus mit sich bringen. Um die richtigen Datenprodukte für das unternehmensspezifische Backlog zu finden, wird ein systematisches Vorgehen auf Basis sogenannter Trüffeljagden vorgestellt. Diese Use-Cases müssen danach mit Tempo in diversifizierten Teams angegangen werden.

Kap. 8 beschreibt eine passende Mission zu der vorher definierten Vision. Um eine digitale Lieferzeit wie ein Techgigant zu erreichen und die Vision „Ein digitaler SOP am Tag“ zu erfüllen, müssen alle Engpässe im Unternehmen beseitigt werden, die dies verhindern. Mittels der Mission *Own your Code. Own your data. Own your product.* werden systematisch häufige Engpässe bei Automobilherstellern angegangen. Dieses sind (1) Zugriff auf die Code-Basis aller Umsysteme, (2) Zugang auf eine Integrationsumgebung zum automatischen Testen, (3) Freigabeprozesse innerhalb der Organisation, (4) Zugriff auf Daten aus anderen Domänen und zuletzt (5) Feedback von wichtigen Entscheidern wie Bereichsleitern oder Vorständen.

Kap. 9 zeigt auf, wie eine passende Organisationsform für die Vision und Mission aussehen kann. Ein wesentlicher Bestandteil zur Umsetzung der Vision und Mission, um ein Techgigant zu werden, ist es, die notwendige Organisationsform dafür zu finden und alle Mitarbeiter zu motivieren, die erforderlichen Transformationsprozesse und den Wandel aktiv mitanzugehen. Die neue Organisationsform muss Neugierde, Bereitschaft zur Veränderung und schnelle Entscheidungsprozesse fördern. Nur hierdurch werden Kundenzentrierung, Geschwindigkeit und Agilität ermöglicht, wie wir es in großen Maßstäben bei den Techgiganten wie Amazon, Google oder Netflix vorfinden. Hierzu wird auf den Aspekt der psychologischen Sicherheit eingegangen, den Google sehr stark geprägt hat. Ebenso wird erklärt, wann ein agiles Vorgehen Sinn ergibt und wie eine passende Führungskultur etabliert werden kann. Dazu muss der richtige Mix aus transaktionaler und transformationaler Führung gefunden werden. Ebenso müssen diversifizierte Teams aufgebaut werden, die in einem Ambiente des Vertrauens zusammenarbeiten können. Das Kapitel schließt mit der Betrachtung potentieller Hindernisse bei der Transformation.

Bevor wir uns gleich anschauen, mit welcher Wahrscheinlichkeit jeder Automobilhersteller die Transformation zum Techgiganten schaffen kann, betrachten wir nochmals die sogenannte VUKA-Welt, die als Katalysator des Wandels dienen wird.

10.2 VUKA: Die Welt wird immer dynamischer

Wie bereits im Vorwort angedeutet, leben wir in der sogenannten VUKA-Welt. VUKA steht für Volatilität, Unsicherheit, Komplexität und Ambivalenz. So gibt es zum Beispiel immer mehr Ausschläge an den Aktienmärkten. Die Währungen werden immer volatiler. Neue, aufstrebende Automobilhersteller ohne große Verkaufszahlen erhalten Bewertungen, die höher sind als die von

renommierten Automobilherstellern mit vielen Assets. Ebenso
nimmt die Unsicherheit immer stärker zu. Die Rohstoffe werden
knapper. Der Klimawandel zwingt uns dazu, CO_2-Emissionen
einzusparen. Dieses alles zusammen führt zu einem komplexen
Gefüge, das eine Mehrdeutigkeit (Ambivalenz) nach sich zieht.
Jeder fragt sich: Wie wird der Kunde von morgen aussehen? Was
wird er konsumieren? Welche Produkte und Dienste ergeben Sinn?
Welche Automobilhersteller wird es in 5 oder 10 Jahren noch
geben? Wer wird zum Foxconn der Automobilindustrie? Wer ist
der Kodak und Nokia ohne Zukunft, das heißt, wer wird ein Blechbieger bleiben?

Meiner Meinung nach werden die erhöhte Dynamik und Volatilität als Katalysator für das Rennen *Neu* gegen *Alt* dienen. Die
alten Fahrzeughersteller werden immer mehr unter Druck geraten.
Die neuen Spieler im Markt (wie zum Beispiel ein Tesla) werden
von der VUKA-Umwelt profitieren. Dies sieht man zum Beispiel
bereits anhand der Corona-Pandemie. Die bereits im Internet bestehende Elite an Tech-Unternehmen wie Microsoft, Apple, Amazon,
Alphabet (Google) und Facebook ist durch die Corona-Pandemie
erheblich gewachsen. Die Pandemie macht die Unternehmen noch
größer und wertvoller. Aus Angst vor dem Virus ziehen sich viele
Menschen in die digitale Welt zurück: Zum Einkaufen oder als
Unterhaltungsplattform sowie für die Verbindung vom Homeoffice zum Büro wird das Internet zum Alltag. Der Trend zur Digitalisierung wird in vielen Bereichen durch die Pandemie beschleunigt. Solche Pandemien könnten in der nahen Zukunft noch stärker
zunehmen [2]. Durch die in den letzten Jahrzehnten ansteigende
Globalisierung hat sich weltweit ein stark verwobenes Wirtschafts-
system gebildet, welches nicht mehr robust ist. Der Ausfall einzelner Fabriken (zum Beispiel in China) führt auf der gesamten
Welt zum Stillstand ganzer Produktionsketten – speziell in der
Automobilindustrie. Darüber hinaus werden einige Produkte (zum
Beispiel Schutzmasken) nicht mehr in jedem Land der Welt produziert, sondern größtenteils zentral in China. Das ständig ansteigende Wachstum und unser Wohlstandshunger haben dazu geführt,
dass wir die Natur immer weiter zurückdrängen. So ist es dann auch
möglich, dass wir uns mit Erregern von Fledermäusen infizieren,
wie es bei Corona der Fall war. Hätten wir genug Abstand zur

Natur und würden wir ihr diesen Raum lassen, träte so etwas sel-
tener auf. Da wir ihr aber diesen Raum immer mehr nehmen, wird
es vermehrt zu solchen Vorfällen kommen. Das dadurch hervor-
gerufene Artensterben wird ebenfalls seinen Teil dazu beitragen.
Immer weniger Bienenvölker gibt es von Jahr zu Jahr. Der Feld-
hamster und die Rebhühner gehören mittlerweile zu den bedrohten
Arten und die ständige Monokultur auf unseren Feldern führt zum
weiteren Insektenschwund [5]. Der Klimawandel wird daher ein
maßgeblicher Faktor in der VUKA-Welt werden. Diese VUKA-
Welt wird insbesondere bei den Unternehmen Schmerzen verursachen, die nicht so anpassungsfähig sind wie die Techgiganten.
Dazu gehören die traditionellen Automobilhersteller.

Ein anderer Aspekt, der immer weiter zunimmt, ist die Unsicherheit. Kunden werden immer komplexer und müssen differenzierter betrachtet werden. Konnte man früher noch eine Zielgruppe
anhand von Sinus-Milieus definieren, geht man heutzutage über
Eigenschaftsmerkmale, die die Anzahl möglicher Unterzielgrup-
pen exponentiell ansteigen lassen. Das Geschlecht und das Alter
verlieren an Relevanz. Es ist zum Beispiel entscheidender, welche
Hobbys eine Person hat, in welchem Lebensabschnitt sie steckt
und welche Ziele sie aktuell verfolgt. Um jetzt passgenau Produkte für seine Zielgruppe (oder eine Unterzielgruppe davon) entwickeln zu können, muss man sie kennen. Dies geschieht heutzutage über Daten. Europäische Firmen nehmen den Datenschutz
sehr ernst, was ich persönlich ausgezeichnet finde. Strategisch führt
dies aber zu einem erheblichen Wettbewerbsnachteil, da andere
Länder wesentlich lockerer damit umgehen. Hierzu gehören die
Vereinigten Staaten, die Daten gezielt zur Spionage nutzen [6],
oder auch die Chinesen, die auf Basis von Daten und KI digitale
Produkte erschaffen und sich zum neuen Silicon Valley entwickeln
[3]. China wird langfristig die meisten Daten haben und damit die
besten KI-Modelle trainieren können. Damit werden sie zum einen
das beste Kundenverständnis aufbauen können und zum anderen
auch die besten Modelle zur Optimierung industrieller Wertschöp-
fungsketten liefern.

Auch wenn ich jetzt nur zwei Aspekte der VUKA-Welt herausgegriffen habe, lässt sich nicht leugnen, dass der Klimawandel
(einschließlich Pandemien) und die zunehmende Anzahl weltweit
verfügbarer Daten ein großer Treiber für die VUKA-Welt sein wer-

den. Wir sehen uns jetzt an einem konkreten Beispiel an, wie die
Ausgangssituation eines traditionellen deutschen Automobilherstellers ist und welche Chancen er hat, ein Techgigant zu werden.

10.3   Automobilhersteller – was wirst Du?

Gemäß den Prozessautomatisierungen und -optimierungen, die
möglich sind, um Kosten einzusparen, und den neuen Märkten,
die es zu erschließen gilt, gibt es für jeden Automobilhersteller die
in Tab. 10.1 dargestellten vier Optionen.

Meine persönliche Einschätzung ist, dass jeder Automobilhersteller eine geringe Chance hat, die Transformation zum Techgiganten zu schaffen (siehe Tab. 10.1). Gegen eine höhere Wahrscheinlichkeit spricht, dass es schwierig sein wird, die
Transformation mit den Job-Profilen der bestehenden Kernmann-
schaft zu erreichen und auch schnell genug eine erstklassige
Rumpfmannschaft (sogenannte A-Level-Mitarbeiter) mit den
erforderlichen neuen Job-Profilen aufzubauen, auf die man aufsetzen kann. Aktuell vergeben Automobilhersteller im Bereich der
Softwareentwicklung noch viele Aufträge an externe Dienstleister. Um Kompetenz im Bereich der Softwareentwicklung aufzubauen, müssten die Automobilhersteller im ersten Schritt sämtlichen extern entwickelten Code *insourcen* (das heißt, in eigenen,
unternehmensinternen Code-Repositorys speichern), dann eine
Struktur zur Bewertung neuen Codes aufbauen und zum Schluss
den Code selbst zu einem lauffähigen System integrieren können.
Mitarbeiter, die dies abdecken, müssen sowohl über ausgespro-
chene Projektleitererfahrung als auch gute Entwicklungskennt-

Tab. 10.1 Die Chance für jeden Automobilhersteller, die Transformation zum
Techgiganten zu schaffen

Szenario	Chance
Techgigant	Gering
Foxconn der Automobilindustrie	Gering bis mittelhoch
Blechbieger mit IT-Labs	Hoch
Blechbieger	Gering bis mittelhoch

nisse verfügen. Sie müssen mindestens 3 bis 5 Jahre als Software-
entwickler gearbeitet haben und große Projekte geleitet haben.
Dies ist ein extrem seltenes Profil. Diese Seniorentwickler müssen
dann die notwendigen Umbauten vornehmen und unternehmensweit etablieren, dass dynamische Testinfrastrukturen und Feature-
Toggles genutzt werden. Nachdem diese Strukturen aufgebaut und
die Entwicklungsstandards etabliert worden sind, können Junior-
Entwickler eingestellt werden, um die externen Entwickler durch
interne Entwickler zu ersetzen. Im nächsten Schritt muss man
die Fachbereiche (Produktion, Beschaffung, Vertrieb usw.) dazu
bringen, mit diesen Entwicklern bereichsübergreifend an Datenprodukten zusammenzuarbeiten – unabhängig von Hierarchie und
Bereichsdenke. Das ist die notwendige Grundlage, um dann KI und
maschinelles Lernen zur Entwicklung von Datenprodukten anzuwenden. Ich sehe keine andere Möglichkeit, die Transformation
zum Techgiganten zu schaffen. Aufgrund des komplexen Ablaufs,
des Risikos, unter Zeitdruck die richtigen Leute zu finden, sowie
der internen Hürden im Unternehmen, bereichsübergreifend ohne
Hierarchie, Partikularinteressen und Politik zusammenzuarbeiten,
sehe ich eine geringe Chance, dass Automobilhersteller eine solche
Transformation innerhalb der nächsten 5 bis 10 Jahren schaffen.

   Ich sehe eine geringe bis mittelhohe Chance, dass ein Automobilhersteller zum Foxconn der Automobilindustrie wird. Je größer
der Automobilhersteller ist, desto besser stehen hier aufgrund des
bereits adressierten Marktvolumens und der Produktionskapazitä-
ten seine Chancen. Volkswagen hat zum Beispiel gute Aussichten,
diese Positionierung einzunehmen, da es über viele Erfahrungen
in der Entwicklung von Baukästensystemen verfügt. Das Baukas-
tenprinzip ist bereits seit vielen Jahren innerhalb des Volkswagen-
Konzerns etabliert, damit unterschiedliche Marken auf derselben
technologischen Basis aufsetzen können. Dies wurde bisher auf
Motoren und Karosserien angewendet. Ebenso sieht man, dass
Volkswagen mit seiner MEB-Plattform genau das versucht [8].
Es soll eine offene Plattform werden, die unterschiedliche Auto-
mobilhersteller nutzen können, um ihre E-Fahrzeuge zu bauen [7].
Die Kundenschnittstelle wird dann allerdings zwangsläufig durch
denjenigen besetzt, der die Plattform einkauft. Apple kauft zum
Beispiel seine iPhones als Ganzes bei der Firma Foxconn in China

ein. Apple liefert lediglich das Design und die Spezifikation, und
Foxconn produziert dies. Apple kann die Geräte für ein Vielfa-
ches des Einkaufpreises verkaufen, weil sie eine gute Kundenschnittstelle auf Basis ihres Betriebssystems und viele Apps bieten. Die Apps tragen allerdings nur zu einem Bruchteil von App-
les Umsatz bei. Um hier dennoch als Automobilhersteller ähnlich zu der Firma Foxconn erfolgreich sein zu können, müssen
die zukünftigen Foxconns der Automobilindustrie alle Kosteneffizienzen intern heben. Die Plattformen müssen maximal effizient
produziert werden. Hierzu muss KI über die komplette Wertschöpfungskette eingesetzt werden. Damit dies möglich ist, müssen alle
notwendigen IT-Legacy-Systeme überarbeitet werden. Die große
Herausforderung wird darin liegen, dass es IT-Legacy-Systeme bei
Automobilherstellern gibt, die vor 20 bis 30 Jahren entwickelt wurden. Ist diese Überarbeitung geschehen, muss auch hier bereichsübergreifend und hierarchielos zusammengearbeitet werden. Aufgrund der hohen Komplexität bei der Refaktorisierung der bestehenden IT-Legacy-Systeme sehe ich nur eine geringe bis mittelhohe Chance, dass ein Automobilhersteller diese Positionierung
rechtzeitig einnehmen kann.

Am wahrscheinlichsten ist es, dass ein Automobilhersteller zum
Blechbieger mit IT-Labs wird. Diese Positionierung ist bereits bei
einigen deutschen Automobilherstellern erkennbar, die jetzt hek-
tisch anfangen, Innovation-Hubs und Software-Companys aufzubauen [9]. Prozessual ist das relativ einfach. Es müssen lediglich
einige der bisherigen Kerndienstleister aufgekauft und zusammen-
geführt werden. Diese Positionierung ist zwar einfach einzunehmen und umzusetzen, ist aber auch sehr riskant. Sie vernachlässigt
nämlich die Optimierung des aktuellen Kerngeschäfts. Innovation
wird in einem neuen Bereich außerhalb des Kernunternehmens
stattfinden. Auf Dauer werden sich beide Bereiche zu stark voneinander entfernen und die Margen werden erodieren, da nicht alle
Phasen der automobilen Wertschöpfungskette optimiert werden.

Dafür, dass ein Automobilhersteller so bleibt, wie er ist, und die
Transformation gar nicht versucht, sehe ich als wenig bis mittel-
hoch wahrscheinlich an. Einige Automobilhersteller werden diese
Positionierung einnehmen, da ihnen die liquiden Mittel fehlen,
um die Transformationsprozesse anzustoßen. Auf Dauer ist diese

Positionierung allerdings höchst kritisch, da weder Kompetenz zur Entwicklung kundenzentrierter Dienste noch KI-Verfahren zur Optimierung der automobilen Wertschöpfungskette eingesetzt werden. Hierdurch werden die Margen zurückgehen und Mitarbeiter werden sich umorientieren.

Nachdem wir uns die Chance angeschaut haben, mit der jeder Automobilhersteller die Transformation innerhalb der vier Szenarien schaffen kann, betrachten wir jetzt ein Worst-Case-, ein Realistic-Case- und ein Best-Case-Szenario für die deutsche Automobilbranche.

10.4   Szenarien für die deutsche Automobilindustrie

Auf Basis der vorher aufgestellten Chance für jeden Automobilhersteller, sich zum Techgiganten zu transformieren, versuche ich hier jetzt, eine Prognose für die deutsche Automobilindustrie zu geben.

10.4.1 Worst-Case-Szenario

Im Worst-Case-Szenario wird kein deutscher Automobilhersteller ein Techgigant. Das liegt entweder daran, dass sie es nicht schaffen, das notwendige Mindset im Unternehmen aufzubauen, oder es nicht schaffen, die technischen Anpassungen innerhalb des Unternehmens vorzunehmen. Wenn kein deutscher Automobilhersteller ein Techgigant wird, bedeutet dies, dass sie eine der anderen Positionierungen einnehmen. Dadurch werden zwar nicht alle Arbeitsplätze verloren gehen, aber es ist ein Sterben auf Raten. Vielleicht wird sich einer der größeren Automobilhersteller als Foxconn der Automobilindustrie positionieren können. Dies bedeutet allerdings für den Standort Deutschland, dass die Produktion ins Ausland verlagert werden könnte, da bei dieser Positionierung die Höhe der Produktionskosten ein entscheidender Faktor ist. Deutschland wird es mit seinen hohen Lohnnebenkosten schwer haben. Die deutschen Standorte werden, soweit es geht, automatisiert werden.

In diesem Szenario werden die Techgiganten aus den Vereinigten Staaten (bzw. aus China) das Rennen gewinnen und noch größer
und mächtiger werden. Sie werden zu Mega-Giganten, da sie den
sehr lukrativen Automobilmarkt unter sich aufteilen können.

10.4.2 Realistic-Case-Szenario

Im Realistic-Case-Szenario schafft jeder vierte Automobilhersteller die Transformation. Bei sechs deutschen Automobilherstellern
wären es somit aufgerundet zwei. Es werden dadurch immer noch
viele Arbeitsplätze verloren gehen, aber der Standort Deutschland
hätte weiterhin die Chance, weltweit eine zentrale Rolle in der
Automobilindustrie einzunehmen. Sollten es wirklich zwei Unternehmen schaffen, wäre es ebenso ein Vorteil, dass sie eine Allianz
bilden und eine kritische Menge an qualifizierten Arbeitskräften
im Software- und KI-Umfeld anziehen könnten. Ebenso kann sich
dies sehr positiv auf Deutschland als Forschungsstandort auswir-
ken und neue Impulse beim Aufbau einer deutschen oder europäischen Cloud liefern. Sollten solche innovativen Techgiganten in
Deutschland vorhanden sein, kann dies auch interessante Experten im KI-Umfeld wie zum Beispiel Professoren anziehen, die
Deutschland insgesamt helfen können, zum KI-Land zu werden
[10].
  Diese zwei Unternehmen werden die Unternehmen sein, die
über die größten Liquiditätsreserven verfügen und eine Mannschaft mitbringen, die dem Wandel positiv gegenübersteht.

10.4.3 Best-Case-Szenario

Im Best-Case-Szenario schafft die Hälfte der Automobilhersteller die Transformation zum Techgiganten. Dies wären 3 bis 4
Automobilhersteller in Deutschland. In diesem Szenario werden
kaum Arbeitsplätze verloren gehen, da die erfolgreiche Positionierung mehrerer Automobilhersteller den Drang nach noch mehr

Innovation nach sich ziehen wird. Hier werden sicherlich immer neue Ideen entstehen, wofür Arbeitskräfte jeglicher Qualifikationsstufe gebraucht werden. Dies kann vom Aufbau sogenannter Label-Factories, in denen Mitarbeiter Bilder für das überwachte Lernen mit Labels versehen, bis hin zu digitalen Schulungsprogrammen reichen, bei denen programmieraffine Mitarbeiter zum Softwareentwickler qualifiziert werden. Vielleicht werden auch KI-Programme die ungeschulten Mitarbeiter beim Schreiben qualitativ hochwertiger Software unterstützen, weil sich die Technik stark weiterentwickelt hat [11]. Aufgrund der großen Datenmengen, die die Automobilhersteller täglich einfahren und auswerten werden, wird ihre Positionierung im Markt nachhaltig gestärkt werden.

In diesem Szenario wird es möglich sein, dass die deutschen Automobilhersteller in Konkurrenz mit den echten Techgiganten aus den Vereinigten Staaten und China treten können. Aber wie groß ist zum Beispiel der Vorsprung des größten Innovators aus den Vereinigten Staaten? Das schauen wir uns jetzt im letzten Teil dieses Kapitels an.

10.5 Wer wird das Rennen machen? Wie groß ist Teslas Vorsprung?

Nehmen wir jetzt einmal an, dass einige der Automobilhersteller die Transformation zum Techgiganten schaffen werden.

Eine Frage, die mir dann häufig gestellt wird, ist: Wer wird das Rennen machen? Wird Tesla die deutschen Automobilhersteller vom Markt verdrängen oder nicht? Wie groß ist Teslas Vorsprung? Ich versuche, hier eine kurze, subjekte Antwort und Einschätzung zu Teslas Vorsprung zu geben, bevor dies Buch endet.

Wir gehen dabei von dem in Abschn. 5.1 erstellten Weltbild aus: der CASE-Welt. Ein für die Zukunft sehr bedeutendes Geschäftsfeld für die Automobilindustrie sind die mobilen Online-Dienste, auch Connected Services (C) genannt. Das A steht für das autonome Fahren, welches unsere Welt ohne Zweifel revolutionieren wird. S steht für Shared Services, die Dienste rund um Mobilitätsdienstleistungen. Das E steht für die Elektromobilität.

Elon Musk ist der Gründer von Tesla. Auch wenn ihn einige für größenwahnsinnig halten, hat er die Vision, die Welt zu einem besseren, CO_2-neutralen Ort zu machen. Seine Projekte geht er normalerweise so an, dass er sich einen Markt sucht, in dem er eine Lösung anbieten kann, die 10-mal besser als die der aktuellen Wettbewerber ist. Dieses Vorgehen nennt sich 10-times [4]. Dazu setzt er auf neue Technologien, um dies zu ermöglichen, oder nutzt bestehende Technologien, die er auf den Anwendungsfall individuell anpasst. Die neue Lösung muss eben nur 10-mal besser sein. Genau dieses Vorgehen hat Elon Musk auf drei der vier CASE-Trends angewendet, nämlich auf:

1. die Elektromobilität,
2. das autonome Fahren
3. und die Connected Services.

Bei der Elektromobilität ist die Batterie eine wesentliche Komponente. Die heutzutage verfügbaren Batterien haben immer noch eine wesentlich geringere Energiedichte als fossile Brennstoffe wie Diesel oder Benzin. Durch diese geringe Energiedichte werden die Batterien sehr groß und schwer. Dies verstärkt wiederum das Reichweitenproblem von E-Fahrzeugen. Daher gibt es eine Vielzahl von Forschungsprojekten weltweit, die genau dieses Problem zu lösen versuchen. Elon Musk hat das früh erkannt, in dieses Thema investiert und verfügt damit über einen zeitlichen Vorsprung. Die Batterien der Tesla-Fahrzeuge sind pro Kilowattstunde rund 25 % billiger als die der Konkurrenz. Das führt zu erheblichen Wettbewerbsvorteilen, weil die Reichweiten bei den Tesla-Fahrzeugen höher sind als bei den Wettbewerbern [12].

Ebenso hat Elon Musk diese Methodik beim autonomen Fahren angewendet. Hier fokussierte sich das Unternehmen darauf, einen Computer-Chip selbst zu entwickeln, der 10-mal schneller beim Training von Neuronalen Netzen ist als die Lösung von NVIDIA. Während andere Hersteller die NVIDIA-Prozessoren einkaufen und für das autonome Fahren nutzen, hat Tesla einen eigenen Chip entwickelt, der optimal an die anzuwendenden Computer-Algorithmen angepasst ist. Eigentlich ist dies ein relativ simples

Vorgehen, es verschafft Tesla jetzt allerdings erhebliche Vorteile, weil es dadurch seine Algorithmen schneller trainieren und mehr Umfeldinformationen in kürzerer Zeit qualifizieren kann. Tesla fährt jetzt schon mit den ausgelieferten Fahrzeugen weltweit durch die Gegend, erhebt Daten wie zum Beispiel Ampelphasen und Schilder und qualifiziert diese Daten gegen seine Algorithmen für das autonome Fahren. Dieser Datenvorsprung wird Tesla helfen, früher als die Konkurrenz Algorithmen für das autonome Fahren anbieten zu können [13]. Dies ist maßgeblich dadurch getrieben, dass Tesla einen Computerchip entwickelt hat, der in seinem spezifischen Anwendungsgebiet 10-mal schneller als der der Konkurrenz ist [14].

Im Bereich der Connected Services hat Tesla Folgendes gemacht. Sie haben sich gefragt: Wie können wir ein 10-mal besseres Kundenerlebnis im Auto schaffen als bisher? Die Antwort war einfach. Das Kundenerlebnis eines Produktes ist maßgeblich dadurch geprägt, wie einfach wir das Produkt nutzen können. Werden nun viele Best Practices in das Produkt übernommen, das heißt Funktionsweisen, die wir bereits aus anderen Bereichen kennen, fällt es uns leichter, das neue Produkt zu nutzen. Genau das hat Tesla gemacht. Tesla hat ein 17-Zoll-Display in seine Fahrzeuge eingebaut und bietet uns das Internet, wie wir es von einem Smartphone oder PC kennen, gewohnt an [15]. Es gibt Google Maps zur Navigation, Spotify zum Musikhören und Google zum Browsen. Im Vergleich zu den Infotainmentsystemen anderer Automobilhersteller ist dies genau das, was man sich als Kunde im Auto wünscht. Darüber hinaus hat Tesla von Anfang an sein System so aufgesetzt, dass die komplette Software over the air aktualisiert werden kann. Hier schafft es Tesla, Fehler im Infotainmentsystem schneller zu beheben, und erreicht ebenfalls ein verbessertes Kundenerlebnis.

Zusammenfassend können wir sagen, dass Tesla somit 75 % der zukünftigen Trends besser abdeckt als die Konkurrenz. Eine zentrale Frage bei Tesla wird allerdings sein, wie schnell und qualitativ hochwertig es seine Produktion skalieren kann. Hier gab es in der jüngsten Vergangenheit immer wieder Pressemitteilungen, dass Anläufe aufgrund von Qualitätsproblemen verschoben werden mussten [16].

Jetzt schauen wir uns an, wie die deutschen Automobilhersteller vorgehen. Die deutschen Automobilhersteller haben ebenfalls erkannt, dass die Elektromobilität ein wichtiger Zukunftstrend sein wird und dass nur durch sie der Klimawandel bekämpft werden kann. Unternehmen wie Volkswagen gehen dieses Thema mit voller Schlagkraft an [17]. Im Vergleich zu Tesla verfügen sie über etablierte Produktionsprozesse und können diese skalieren. In Bezug auf die Produktion von Elektrofahrzeugen haben die Automobilhersteller Vorteile gegenüber Tesla. Wie bereits vorher beschrieben, hat Tesla allerdings noch einen Vorsprung bei den Batterien.

Beim autonomen Fahren gehen die deutschen Automobilhersteller aktuell Kooperationen mit etablierten Firmen ein. Volkswagen kooperiert bei diesem Thema zum Beispiel mit Ford [18]. Wie bereits in Abschn. 5.3 beschrieben, können Kooperationen helfen, Themen schneller anzugehen, langfristig wird dies aber ein Wettbewerbsnachteil sein. Durch eine Kooperation wird kein strategisches Wissen aufgebaut und es entsteht eine starke Abhängigkeit zum Partner, was irgendwann Druck auf die Margen ausüben wird. Auch in diesem Feld denke ich, dass Tesla die bessere Positionierung gewählt hat.

Bei den Connected Services fangen deutsche Automobilhersteller an, sogenannte Software-Companys aufzubauen. Diese sind typischerweise nicht im Kernunternehmen angesiedelt, um als unbürokratisches Schnellboot agieren zu können. Der große Nachteil dieses Vorgehens ist allerdings, dass dadurch das Kerngeschäft nicht transformiert wird. Hier sind die Automobilhersteller also abhängig von dem, was die eigene Software-Company liefert. Da der Automobilhersteller präferiert die Produkte der eigenen Software-Company abnehmen muss, kann es vorkommen, dass die Qualität nicht marktüblich sein wird.

Im Bereich Shared Mobility ist Tesla nicht aktiv. Einige deutsche Automobilhersteller wie Daimler und BMW haben hier Initiativen gestartet und gute Erfolge verzeichnet. Allerdings ist es schwierig, das Geschäft rentabel zu gestalten, solange noch die Personalkosten der Fahrer anfallen. Daher ginge ich persönlich auch davon aus, dass derjenige dieses Feld für sich behaupten wird, der die Herausforderung autonomes Fahren am besten löst.

Zusammenfassend käme ich somit auf ein 3:0 für Tesla, wenn man das Thema Shared Mobility als unentschieden wertet. Ein weiterer Vorteil, den Tesla aktuell hat, ist, dass es in einigen Kernthemen (wie zum Beispiel Künstliche Intelligenz und maschinelles Lernen) über weltweit renommierte Experten verfügt [19]. Tesla hat somit in wichtigen Themen A-Level-Angestellte beschäftigt. Wenn die deutschen Automobilhersteller jetzt Firmen zusammenziehen, um Software-Companys aufzubauen, verfügen sie vielleicht über insgesamt mehr Software-Entwickler als Tesla, dies ist allerdings nicht so entscheidend, wenn die Entwickler hauptsächlich auf B- und C-Level sind. Die nächste Frage ist: Wo sollen die ganzen Entwickler herkommen? Nur weil die deutschen Automobilhersteller jetzt Software-Companys aufbauen möchten, sind ja nicht auf einmal mehr A-Level-Mitarbeiter im Markt verfügbar. A-Level-Experten zeichnen sich dadurch aus, dass sie teilweise eine Produktivität von 50 bis 100 Entwicklern haben, da sie in ihrem jeweiligen Themengebiet absolute Koryphäen sind. Zusätzlich darf man nicht unterschätzen, dass zum Beispiel der Gründer von Tesla wesentlich risikofreudiger ist als deutsche Automobilhersteller. Das vorher durch Paypal gewonnene Vermögen hat er komplett in Tesla investiert und er hat sein eigenes Gehalt an den Aktienkurs der Firma gekoppelt [20]. Tesla verfügt über Milliarden US$ Risikokapital, die eingesetzt werden können. Deutsche Automobilhersteller sind immer noch Aktiengesellschaften und müssen Dividenden ausschütten. Hier wird selten Geld nicht ausgezahlt und für Neuinvestitionen (wie es Tesla und Amazon machen) zurückgestellt. Allerdings geht das Risiko Hand in Hand mit der etwaigen Rendite, die man erzielen kann (genauso wie bei Aktien). Geht der Plan von Elon Musk auf und er hat auf die richtigen Themen gesetzt, wird er durch die exponentielle Entwicklung, in der wir uns befinden, über einen Wettbewerbsvorsprung verfügen, der kaum noch aufzuholen ist.

Ingesamt würde ich daher bei einer 5- bis 10-Jahres-Prognose denken, dass Tesla die besseren Karten hat. Aber man sollte die deutschen Automobilhersteller nicht aufgeben – auch Kohlenstoff wird nur unter Druck zum Diamanten. Das Rennen ist eröffnet.

Literatur

1. Börse-Online-Redaktion: Sieben Tech-Konzerne, die trotz Corona-Krise unaufhaltsam wachsen und hohe Gewinne versprechen, Börse-Online (2020). https://www.boerse-online.de/nachrichten/aktien/sieben-tech-konzerne-die-trotz-corona-krise-unaufhaltsam-wachsen-und-hohe-gewinne-versprechen-1029202623. Zugegriffen: 15. Juli 2020.
2. Steffens, D., & Habekuss, F. (2020). *Über Leben – Zukunftsfrage Artensterben*. Penguin.
3. Lee, K.-F. (2018). AI Superpowers – China, Silicon Valley, and the New World Order, Houghton Mifflin Harcourt.
4. Thelen, F. (2020). *10xDNA – Das Mindset der Zukunft, Frank Thelen Media*.
5. WWF: Die Rote Liste bedrohter Tier- und Pflanzenarten, WWF-Website. (2020). https://www.wwf.de/themen-projekte/weitere-artenschutzthemen/rote-liste-gefaehrdeter-arten/. Zugegriffen: 15. Juli 2020.
6. Snowden, E. (2020). *Permanent Record – Meine Geschichte*. Fischer Taschenbuch Verlag.
7. Ecomento-Redaktion: Elektro-Ford auf VWs MEB-Plattform soll hochdifferenziert ausfallen, Ecomento-Website. (2020). https://ecomento.de/2020/06/16/elektro-ford-auf-vws-meb-plattform-soll-hochdifferenziert-ausfallen/. Zugregiffen: 15. Juli 2020.
8. Ecomento-Redaktion: Volkswagen stellt modularen Elektroauto-Baukasten MEB vor, Ecomento-Website. (2020). https://ecomento.de/2018/09/17/volkswagen-stellt-modularen-elektroauto-baukasten-meb-vor/. Zugegriffen: 15. Juli 2020.
9. Ecomento-Redaktion: Volkswagen stellt modularen Elektroauto-Baukasten MEB vor, Ecomento-Website. (2020). https://ecomento.de/2018/09/17/volkswagen-stellt-modularen-elektroauto-baukasten-meb-vor/. Zugegriffen: 15. Juli 2020.
10. Die Bundesregierung: Nationale Strategie für Künstliche Intelligenz, Website der Bundesregierung. (2020). https://www.ki-strategie-deutschland.de/home.html. Zugegriffen: 15. Juli 2020.
11. Radford, A., Wu J., Amodej D., Clark J., Brundage M., & Sutskever I. (2019). Better Language Models and Their Implications von OpenAI. https://openai.com/blog/better-language-models/. Zugegriffen: 19. März 2019.
12. Berger, K. (2020). Tesla hat bei E-Auto-Batterien einen entscheidenden Vorteil gegenüber anderen Autobauern, Business-Insider-Website. https://www.businessinsider.de/wirtschaft/tesla-hat-bei-e-auto-batterien-einen-entscheidenden-vorteil-gegenueber-anderen-autobauern/. Zugegriffen: 15. Juli 2020.

13. Field, K. (2020). Tesla Achieved The Accuracy Of Lidar With Its Advanced Computer Vision Tech, Clean-Technica-Website. https://cleantechnica.com/2020/04/24/tesla-achieved-the-accuracy-of-lidar-with-its-advanced-computer-vision-tech/. Zugegriffen: 15. Juli 2020.

14. Ernst, N. (2019). KI für autonomes Fahren – Teslas FSD-Chip vereint CPU, GPU und KI-Prozessor, Heise-Website. https://www.heise.de/newsticker/meldung/KI-fuer-autonomes-Fahren-Teslas-FSD-Chip-vereint-CPU-GPU-und-KI-Prozessor-4408291.html. Zugegriffen: 15. Juli 2020.

15. T3N-Redaktion: Kein sichtbarer Rand: Tesla verbessert seine Touchscreens, T3N-Website (2019). https://t3n.de/news/kein-sichtbarer-rand-tesla-1207322/. Zugegriffen: 15. Juli 2020.

16. Shilling, E. (2020). Tesla Is Having Trouble Scaling The Model Y, Jalopnik-Website. https://jalopnik.com/tesla-is-having-trouble-scaling-the-model-y-1843969100. Zugegriffen: 15. Juli 2020.

17. Volkswagen Aktiengesellschaft: The future lies in e-mobility, Volkswagen-Website. (2019). https://www.volkswagenag.com/en/news/stories/2019/09/the-future-lies-in-e-mobility.html. Zugegriffen: 15. Juli 2020.

18. NDR-Redaktion: Kooperation: VW und Ford unterzeichnen Verträge, NDR-Website. (2020). https://www.volkswagenag.com/en/news/stories/2019/09/the-future-lies-in-e-mobility.html. Zugegriffen: 15. Juli 2020.

19. Deveza, C. (2020). Tesla AI Autopilot Head Andrej Karpathy Discusses The Scalability Of Autonomous Vehicles, Tesmanian-Website. https://www.tesmanian.com/blogs/tesmanian-blog/tesla-autopilot-fsd-andrej-karpathy. Zugegriffen: 15. Juli 2020.

20. Kiersz, A. (2019). Elon Musk said in court he's low on cash. He could be right – and it shows how complicated CEO compensation has become, Business-Insider-Website. https://www.businessinsider.de/international/elon-musk-tesla-compensation-explanation-2019-6/. Zugegriffen: 15. Juli 2020.

21. Economist-Redaktion: Winners from the pandemic – Big tech's covid-19 opportunity, Economist-Website. (2020). https://www.economist.com/leaders/2020/04/04/big-techs-covid-19-opportunity. Zugegriffen: 15. Juli 2020.

Glossar

A/B-Test   (auch Split Test genannt) ist eine Testmethode zur Bewertung von zwei Varianten einer Funktion. Hierbei wird die Originalversion gegen eine leicht veränderte Version getestet. Anwendung findet diese Methode hauptsächlich bei der Entwicklung von Software mit dem Ziel, eine bestimmte Nutzeraktion oder Reaktion zu optimieren. Im Laufe der Jahre hat es sich zu einer der wichtigsten Testmethoden im Online-Marketing entwickelt. Mit dem A/B-Test werden aber auch Preise, Designs und Werbemaßnahmen verglichen.

Agiles Projektmanagement   wird häufig für crossfunktionale (das heißt bereichsübergreifende) Teams genutzt, um unter Unsicherheit schnell Projekterfolge zu erzielen. Häufig eingesetzte Methoden sind Design Thinking, Scrum und SAFEScrum im Unternehmenskontext.

AlexNet   ist ein neuronales Netz, welches mit Hilfe von 15 Mio. Bildern trainiert wird. Es wurde ursprünglich zur Klassifikation von Bildern eingesetzt und hatte bisher einen großen Einfluss auf die Entwicklung des maschinellen Lernens. Das Netzwerk gewann 2012 den Wettbewerb in der Erkennung von Bildern ImageNet LSVRC-2012 (mit einer Fehlerquote von 15,3 %).

API   heißt Application Programming Interface (deutsch: Anwendungsprogrammierschnittstelle). Die API ist für Entwickler eine überaus wichtige Schnittstelle. Sie ist ein Programmteil,

M. Nolting, *Künstliche Intelligenz in der Automobilindustrie*,
Technik im Fokus, https://doi.org/10.1007/978-3-658-31567-2

der von einem Softwaresystem anderen Programmen zur An-
bindung an das System zur Verfügung gestellt wird.

Mobile App oder App   steht für Application Software (deutsch:
Anwendungssoftware). Hiermit wird eine Anwendungssoftware für Mobilgeräte beziehungsweise mobile Betriebssyste-
me bezeichnet. Auch wenn sich der Begriff App auf jegliche
Art von Anwendungssoftware bezieht, wird er im deutschen
Sprachraum häufig mit Anwendungssoftware für Smartphones
und Tablets assoziiert. Bei mobilen Apps wird zwischen nativen
Apps, die nur auf einer Plattform (zum Beispiel iOS oder Andro-
id) funktionieren, und plattformunabhängigen Web-, Hybrid-
und Cross-Platform-Apps unterschieden.

Big Data   umfasst   Datenbestände,   die   aufgrund   ihrer
Unterschiedlichkeit (Variety), ihrer Datenmenge (Volume) oder
ihrer Schnelllebigkeit (Velocity) schwer in klassischen relationalen Datenbanken gespeichert und verarbeitet werden können. In Abgrenzung zu Business Intelligence (BI) und Data-
Warehouse-Systemen (DWS) arbeiten Big-Data-Anwendungen
normalerweise ohne aufwendige Aufbereitung der Daten.

Chatbots   oder kurz Bots sind textbasierte Dialogsysteme, die
das Chatten mit einem technischen System ermöglichen. Sie haben je eine Funktion zur Textein- und -ausgabe, über die man in
natürlicher Sprache mit dem System kommunizieren kann. Mit
steigender Computerleistung können Chatbot-Systeme immer
schneller auf immer umfangreichere Datenbestände zugreifen
und daher auch intelligente Dialoge für den Nutzer bieten. Solche Systeme werden manchmal auch als virtuelle persönliche
Assistenten bezeichnet.

Cloud Computing   (deutsch: Rechnerwolke oder Datenwolke)
ist eine IT-Infrastruktur, die zum Beispiel über das Internet zur
Verfügung gestellt wird. Sie beinhaltet in der Regel Speicherplatz, Rechenleistung oder Anwendungssoftware als Dienstleistung. Technisch formuliert ist Cloud Computing die Bereitstellung von IT-Infrastrukturen über ein Rechnernetz, ohne dass
dieses auf dem lokalen Rechner installiert ist.

Connected Services   bezeichnen digitale Serviceangebote rund
um das Fahrzeug. Dieses können Dienste zu den Themen Se-
curity (deutsch: Sicherheit) und Fernwartung, Flottenmanage-

ment, Mobilität, Navigation, Infotainment, Versicherungen sowie Parken sein. Häufig werden mehrere Dienste zu einem Paket gebündelt und dem Kunden gegen eine monatliche Servicegebühr angeboten. Die Dienste bauen auf einer Vielzahl von Telematik-Funktionen aus dem Fahrzeug auf. So ist der Begriff Connected Services entstanden.

Connectivity   (deutsch: Netzwerkfähigkeit) ist die Möglichkeit zum Vernetzen oder Verbinden von Computern per Hardware oder Software. Ein Computer, Mobiltelefon oder Fahrzeug mit Connectivity ist damit ein Gerät, welches über ein Netzwerk verfügt und zum Beispiel mit dem Internet eine Verbindung aufbauen kann.

Content-Provider   (deutsch: Anbieter von Inhalten) sind Unternehmen, die Inhalte anbieten, damit diese durch Dritte weiterverwendet werden können. Auf Basis der Inhalte schaffen Dritte (zum Beispiel Automobilhersteller) Mehrwertapplikationen. Die Inhalte können käuflich erworben, lizenziert oder manchmal auch kostenfrei genutzt werden.

CRM System   (Customer Relationship Management System) ist ein zentrales System, das zur vollständigen Planung und Steuerung aller Kundeninteraktionsprozesse eingesetzt wird. Hier werden alle Kundendaten zentral gespeichert.

Data Lakes/Data Stores   (deutsch: Datenseen) sind Mengen digitaler Daten, die im Rohdatenformat gespeichert werden. Normalerweise sind dies Dateien oder andere unstrukturierte Daten. Ein Data Lake ist in der Regel ein einziger Speicher für alle Unternehmensdaten, einschließlich Rohkopien von Quellsystemdaten und transformierten Daten. Diese Daten werden häufig für Aufgaben wie Berichterstellung, Visualisierung, erweiterte Analysen und maschinelles Lernen verwendet. Ein Data Lake kann eine Vielzahl von Datentypen enthalten: strukturierte Daten aus relationalen Datenbanken (Zeilen und Spalten), halbstrukturierte Daten (CSV, Protokolle, XML, JSON), unstrukturierte Daten (E-Mails, Dokumente, PDFs) und binäre Daten (Bilder, Audio, Video).

Data Warehouse   (kurz DWH oder DW; deutsch: „Datenlager") ist eine für Analysezwecke optimierte zentrale Datenbank, die Daten aus mehreren, in der Regel heterogenen Quellen zusammenführt. Der Begriff stammt aus dem Informationsmanagement.

Deep Learning (deutsch: mehrschichtiges Lernen, tiefes Lernen oder tiefgehendes Lernen) umschreibt einen Bereich aus der künstlichen Intelligenz, in dem künstliche neuronale Netze (KNN) mit zahlreichen Zwischenschichten (englisch: hidden layers) zwischen Eingabeschicht und Ausgabeschicht eingesetzt werden. Hierdurch ist es möglich, Strukturen aus Daten zu lernen. Im Gegensatz dazu müssen bei klassischen Verfahren im Bereich der künstlichen Intelligenz die Strukturen vorher definiert werden.

DevOps bezeichnet einen Ansatz zur Prozessverbesserung aus den Bereichen der Softwareentwicklung und Systemadministration. DevOps ist ein Kunstwort aus den Begriffen Development (deutsch: Entwicklung) und IT Operations (deutsch: IT-Betrieb). DevOps soll durch gemeinsame Anreize, Prozesse und Software-Werkzeuge (englisch: tools) eine effektivere und effizientere Zusammenarbeit der Bereiche Dev, Ops und Qualitätssicherung (QS) ermöglichen. Mit DevOps werden die Qualität der Software, die Geschwindigkeit der Entwicklung und die Auslieferung sowie das Miteinander der beteiligten Teams verbessert.

Digital Native (deutsch: digitaler Eingeborener) wird eine Person der gesellschaftlichen Generation bezeichnet, die in der digitalen Welt aufgewachsen ist.

Digitale Dienste sind Online-Services, welche durch das Internet erbracht werden. Dazu greifen sie auf Datenbanken und Umsysteme eines Automobilherstellers zu und bieten dem Kunden eine Interaktionsschnittstelle (Frontend).

Digitaler Zwilling ist die digitale Abbildung eines realen Objektes auf ein virtuelles Objekt, das alle Produkteigenschaften, Funktionen und Prozessparameter aufweist. Der digitale Zwilling wird häufig für computergestützte Simulationen genutzt.

Echtzeit-Monitoring (englisch: real-time monitoring) umfasst die ständige Erfassung eines Systemzustandes durch Messung und Analyse relevanter Metriken. Dies können physikalische Größen (wie zum Beispiel Schwingungen, Temperatur und Positionen) bei echten Maschinen sein bzw. digitale Größen in IT-Systemen (zum Beispiel Software-Fehler, Speicherverbrauch über die Zeit, CPU usw.).

Edge-Computing ist im Gegensatz zum Cloud Computing die dezentrale Datenverarbeitung am Rand des Netzwerks, der sogenannten Edge (deutsch: Rand oder Kante). Im Automobilumfeld ist die Kante das Fahrzeug. Edge-Computing umschreibt damit die Vorprozessierung von Daten im Fahrzeug.

Feature Toggle ist eine Programmiertechnik in der modernen Softwareentwicklung, bei der ein in der Entwicklung befindliches Feature oder eine Funktionalität zur Laufzeit der Software an- oder ausgeschaltet werden kann.

FEM das heißt die Finite-Elemente-Methode, auch „Methode der finiten Elemente" genannt, ist ein allgemeines, bei unterschiedlichen physikalischen Aufgabenstellungen angewendetes numerisches Verfahren. Am bekanntesten ist die Anwendung der FEM bei der Festigkeits- und Verformungsuntersuchung von Festkörpern mit geometrisch komplexer Form, weil sich hier der Gebrauch der klassischen Methoden (z. B. der Balkentheorie) als zu aufwendig oder nicht möglich erweist. Logisch basiert die FEM auf dem numerischen Lösen eines komplexen Systems aus Differentialgleichungen (Quelle: Wikipedia).

GPS steht für Global Positioning System und wird offiziell NAVSTAR GPS genannt. Es ist ein globales Navigationssatellitensystem zur Positionsbestimmung. Es wurde seit den 1970er Jahren vom US-Verteidigungsministerium entwickelt.

IAM (Identity und Access Management; deutsch: Identifizierungs- und Zugriffsmanagement) simplifiziert und automatisiert die Erfassung und Verwaltung von elektronischen Identitäten der Benutzer. Immer häufiger werden hierzu zentrale Systeme angelegt, die als Grundlage für Unternehmen dienen, ein eigenes Ökosystem aufzubauen.

Industrie 4.0 ist die vierte Evolutionsstufe der Produktion. Die erste Stufe war Nutzung von Wasser- und Dampfkraft. Die zweite Stufe umfasste die Massenfertigung. Die dritte Stufe war die Automatisierung. Durch die vierte Stufe ergeben sich neue Möglichkeiten hinsichtlich Effizienzsteigerungen, Echtzeit-Monitoring und künstlicher Intelligenz.

Internet der Dinge (englisch: Internet of Things oder kurz IoT) umfasst die Vernetzung von Gegenständen mit dem Internet. Es ermöglicht, physische und virtuelle Gegenstände miteinander zu vernetzen und sie durch Informations- und Kommunikationstechniken zusammenarbeiten zu lassen.

IT-Container enthalten eine komplette Laufzeitumgebung, in der die jeweilige Applikation mit allen notwendigen technischen Abhängigkeiten (Bibliotheken und Konfigurationen) lauffähig ist. Dadurch führen Container dazu, dass Applikationen verlässlich laufen – unabhängig davon, wo sie installiert werden. Vom Laptop des Entwicklers bis hin zur Produktionsumgebung kann immer derselbe Container eingesetzt werden.

KI steht für Künstliche Intelligenz. KI wird unterschieden in Narrow AI, General AI und Super AI. Narrow AI steht für eingeschränkte KI in einem spezifischen Anwendungsgebiet. General AI umschreibt eine allgemeine KI, die anwendbar ist auf jedes Thema. Super AI steht für eine KI, die der menschlichen Intelligenz überlegen ist.

LISP ist eine Familie von Programmiersprachen, die 1958 erstmals spezifiziert wurde und am Massachusetts Institute of Technology (MIT) in Anlehnung an das ungetypte Lambda-Kalkül entstand. Es ist nach Fortran die zweitälteste Programmiersprache, die noch verbreitet ist (Quelle: Wikipedia).

Machine Learning (deutsch: maschinelles Lernen) umfasst den Einsatz von künstlicher Intelligenz in einem spezifischen Anwendungsgebiet.

Microservices umschreiben ein Architekturmuster in der Softwareentwicklung. Hier wird eine komplexe Software-Applikation in kleine, unabhängige Software-Teile zerlegt, die miteinander über APIs (Programmierschnittstellen) kommunizieren. Durch die Zerlegung in Teile ist die Komplexität beherrschbarer und es ist möglich, die Applikation mit mehreren Teams gleichzeitig zu entwickeln.

Moore'sches Gesetz ist eine von Gordon Moore 1965 formulierte Beobachtung. Er propagierte, dass sich die Anzahl von Schaltkreisen auf einem integrierten Chip ungefähr alle 1,5 bis 2 Jahre verdoppeln werde. Hiermit stellte er somit als Erster die

These auf, dass sich die verfügbare Rechenleistung exponentiell entwickeln werde.

MVP steht für Minimal Viable Product. Ein MVP, wörtlich ein „minimal überlebensfähiges Produkt", ist die erste minimal funktionsfähige Iteration eines Produkts, das entwickelt werden muss, um mit minimalem Aufwand den Kunden-, Markt- oder Funktionsbedarf zu decken und handlungsrelevantes Feedback zu bekommen.

Neuronale Netze umfassen eine Anzahl von miteinander verbundenen Neuronen im Gehirn. Dieser Verbund bildet einen Teil eines Nervensystems. Der Begriff stammt aus den Neurowissenschaften. Dieses Konzept wurde in der Informatik übernommen, um sogenannte künstliche neuronale Netz zu modellieren.

OEM steht für Original Equipment Manufacturer (deutsch: Originalgerätehersteller). Ein OEM ist ein Hersteller von Komponenten oder Produkten, der diese nicht selbst in den Einzelhandel bringt. OEM wird in der Automobilindustrie synonym mit einem Fahrzeughersteller genutzt.

Platform as a Service (kurz: PaaS) sind Dienstleistungen, die einen leichten Zugriff auf die Cloud ermöglichen – ohne dass man selbst die darunterliegende Infrastruktur konfigurieren muss. Hierbei kann es sich sowohl um schnell verfügbare Laufzeitumgebungen (typischerweise für Webanwendungen) als auch um Entwicklungsumgebungen handeln. Häufig wird hierdurch Komplexität reduziert, um den Anwendern einen einfachen Zugriff auf die Cloud-Infrastruktur zu ermöglichen.

PROLOG (vom Französischen: programmation en logique, deutsch: „Programmieren in Logik") ist eine Programmiersprache, die Anfang der 1970er Jahre maßgeblich von dem französischen Informatiker Alain Colmerauer entwickelt wurde und ein deklaratives Programmieren ermöglicht. Sie gilt als die wichtigste logische Programmiersprache (Quelle: Wikipedia).

Robo-Taxis sind autonom fahrende Taxis, die komplett ohne Fahrer auskommen.

Repositorys (deutsch: Lager, Depot oder auch Quelle) sind Dateiverzeichnisse zur Speicherung und Verwaltung digitaler Objekte. Bei den verwalteten Objekten handelt es sich um

Software-Code. Eine wichtige Funktion bei Repositorys ist die Versionsverwaltung der verwalteten Objekte.

Scrum (englisch: Gedränge) ist ein Vorgehensmodell des Projekt- und Produktmanagements für die agile Softwareentwicklung. Es stammt aus der Softwareentwicklung, wird mittlerweile aber auch in anderen Bereichen eingesetzt.

Single Sign-on (kurz: SSO) ist ein zentraler Authentifizierungsprozess. Dazu hinterlegt der Nutzer zentral einen Namen und ein Passwort und muss sich nur einmal anmelden, um unterschiedliche Applikationen nutzen zu können.

Social Media ist ein Oberbegriff für Internet-Angebote, die die Vernetzung und den Austausch von Personen ermöglichen. Bekannte soziale Medien sind Facebook, Instagram und Snapchat.

SOP steht für Start of Production. Hiermit wird in der Industrie (auch in der Automobilindustrie) der Beginn der Serienproduktion bezeichnet. Genau betrachtet handelt es sich dabei um den Zeitpunkt der Produktion des ersten unter Serienbedingungen aus Serienteilen auf Serienwerkzeugen gefertigten Produkts. Die Fertigung von Produkten vor dem SOP wird auch als Vorserie bzw. Vorserienfertigung bezeichnet (Quelle: Wikipedia).

SUV steht für Sport Utility Vehicle und bedeutet übersetzt Stadtgeländewagen. Dies sind Personenkraftwagen mit erhöhter Bodenfreiheit und einer selbsttragenden Karosserie, die an das Erscheinungsbild von Geländewagen angelehnt sind. Der Fahrkomfort ähnelt dem einer Limousine.

Total Cost of Ownership (kurz: TCO) ist die Gesamtsumme aller für ein Objekt anfallenden Kosten. Dies umfasst sowohl die Kosten für die Anschaffung als auch die Entsorgung. Bei einem Fahrzeug fallen hierunter also der Kauf und der Betrieb des Fahrzeugs.

Transaktionale Führung beschreibt die aktive Kontrolle von Mitarbeitern durch die Führungskraft. Hierzu wird im Vorfeld durch den Führungsstab ein System aufgebaut, welches die Steuerung ermöglicht. Dazu müssen Prozesse, Verantwortlichkeiten, Regeln und Vorschriften definiert werden. Auf Basis dieses Systems werden dann Ziele definiert, deren Fortschritt gemessen und kontrolliert wird. Auf Grundlage der Erreichung der Ziele wird Feedback gegeben.

Transformationale Führung   beschreibt einen emotionalen und
positiven Führungsstil. Führungskräfte sollen durch Inspiration, Vision und Charisma führen. Dadurch soll die intrinsische
Motivation bei den Mitarbeitern entfesselt werden.

VPN   steht für Virtual Private Network. Es ermöglicht einen ver-
schlüsselten Fernzugriff auf Unternehmensanwendungen und
gemeinsam genutzte Ressourcen, ohne dass sich die VPN-
Partner dafür an das Unternehmensnetz binden. Mit VPN erhält
man also einen Fernzugriff auf das Unternehmensnetzwerk.

Web 2.0   ist eine weitere Evolutionsstufe des World Wide Web.
Wesentlich hierbei ist, dass Nutzer bei der Generierung und
Verbreitung von Daten der entscheidende Treiber sind.

WLTP   steht für Worldwide Harmonized Light-Duty Vehicles Test Procedure (deutsch: weltweit einheitliches Leichtfahr-
zeuge-Testverfahren). WLTP ist ein von Experten aus der Europäischen Union, Japan und Indien und nach den Richtlinien
des World Forum for Harmonization of Vehicle Regulations
der Wirtschaftskommission für Europa der Vereinten Nationen
(UNECE) entwickeltes, neues Messverfahren zur Bestimmung
der Abgasemissionen (Schadstoff- und CO_2-Emissionen) und
des Kraftstoff-/Stromverbrauchs von Kraftfahrzeugen. Das
Testverfahren ist seit 1. September 2017 in der Europäischen
Union eingeführt und gilt für Personenkraftfahrzeuge und leich-
te Nutzfahrzeuge. Hierzu gehört auch der neue Prüfzyklus
WLTC (Worldwide Harmonized Light-Duty Vehicles Test Cy-
cle). Da in Deutschland die Kraftfahrzeugsteuer an den CO_2-
Ausstoß pro Kilometer gebunden ist, steigt die Kraftfahrzeugsteuer für neu zugelassene Autos zum 1. September 2018 aufgrund der Einführung des WLTP teils deutlich an (Quelle: Wikipedia).

Stichwortverzeichnis